U0319117

普通高等教育"十三五"规划教材

矿 山 机 械

主　编　魏大恩
副主编　杨晓明　陈国山　郑建军　杨明春

北　京

冶 金 工 业 出 版 社

2024

内 容 提 要

　　本书按设备基本类型分为10章，主要介绍了矿产资源露天开采设备和地下开采设备的基本结构、工作原理、性能参数、设备选型匹配等内容。其中露天开采设备包括穿孔设备（潜孔钻机、牙轮钻机）、采装设备（单斗挖掘机、液压挖掘机）和运输设备（矿用自卸汽车）三个方面；地下开采设备包括钻孔设备（凿岩机、凿岩钻车）、采装机械（电耙、铲运机、装运机）、运输机械（电机车、矿车、地下矿用汽车）、提升机械（罐笼、箕斗、提升机）、矿山辅助机械（通风机主扇、水泵、空压机）五个方面。书中所涉设备或为典型，或为当下应用主流。

　　本书可作为高等院校采矿工程、矿山机械等专业的教学用书，也可作为从事矿山工程机械设计、制造、使用与维修、管理等工程技术人员的参考书籍和培训教材。

图书在版编目 (CIP) 数据

　　矿山机械/魏大恩主编 . —北京：冶金工业出版社，2017.1 （2024.1 重印）
　　普通高等教育"十三五"规划教材
　　ISBN 978-7-5024-7371-6

　　Ⅰ . ① 矿 … 　 Ⅱ . ① 魏 … 　 Ⅲ . ① 矿 山 机 械 — 高 等 学 校 — 教 材
Ⅳ . ① TD4

　　中国版本图书馆 CIP 数据核字 （2016） 第 273025 号

矿山机械

出版发行	冶金工业出版社	**电　　话**	(010)64027926
地　　址	北京市东城区嵩祝院北巷 39 号	**邮　　编**	100009
网　　址	www.mip1953.com	**电子信箱**	service@ mip1953.com

责任编辑　戈　兰　美术编辑　吕欣童　版式设计　彭子赫
责任校对　卿文春　责任印制　窦　唯
三河市双峰印刷装订有限公司印刷
2017 年 1 月第 1 版，2024 年 1 月第 7 次印刷
787mm×1092mm　1/16；17.5 印张；422 千字；267 页
定价 48.00 元

投稿电话　(010)64027932　投稿信箱　tougao@cnmip.com.cn
营销中心电话　(010)64044283
冶金工业出版社天猫旗舰店　yjgycbs.tmall.com
（本书如有印装质量问题，本社营销中心负责退换）

前　言

采矿工业是国民经济的基础性产业，其工艺和技术的发展离不开其作业工具——矿山机械的发展和进步。

对金属、非金属矿产资源机械开采而言，露天开采包括穿孔爆破、采装、运输、排土等主要工艺，地下开采包括井巷掘进与支护、矿岩运输与提升、通风与排水、动力与压气供应等开拓工程以及落矿、矿石运搬、地压管理等回采过程，这些工艺和过程都需要通过相应的矿山机械来完成，以降低劳动强度，提高产能和效率，提升安全技术水平。因此，矿山机械包括凿岩机械、采装机械、运输机械、提升机械和辅助机械（如空气压缩机、通风设备、排水设备等）。

金属、非金属采矿工程本科专业学生应当学习和掌握矿山机械的功能、结构、工作原理、设备选型匹配等方面的基础知识，甚至需要具备一定的操作、维修技能。

为适应当下连续开采、高效开采要求，矿山采掘设备朝大型化、自动化方向发展和应用，因此选择凿岩机、凿岩钻车、潜孔钻机、牙轮钻机、挖掘机、电动轮自卸汽车等高效率穿孔、采装、运输机械成为本书的重要组成部分。本书所选的这些机械设备均为典型设备或主流设备。

本书由攀枝花学院魏大恩担任主编，东北大学杨晓明、吉林电子信息职业技术学院陈国山、内蒙古科技大学郑建军、四川机电职业技术学院杨明春担任副主编。参加本书编写工作的还有攀枝花学院蒋成荣和黄毅、内蒙古科技大学陈世江、江西理工大学李晓波和王晓军、东华理工大学谢胜军和杜勋、武汉理工大学黄刚。具体分工如下：第1、4章由魏大恩编写，第2章由蒋成荣、黄毅编写，第3章由杨明春编写，第5章由杨晓明编写，第6章由郑建军、陈世江编写，第7章由谢胜军、杜勋编写，第8章由黄刚编写，第9章由陈国山编写，第10章由李晓波、王晓军编写。

本书在编写过程中，参考了很多的文献，在此对这些文献的作者表示诚挚的感谢。

限于编者水平所限，书中不足之处，欢迎广大读者斧正。

编　者

2016 年 8 月

目　　录

第 1 篇　凿岩机械

第 2 篇　装载机械

第3篇　运输与提升机械

第 4 篇　辅助机械

第 1 篇

凿 岩 机 械

本篇包括第 1~4 章，主要介绍凿岩机、凿岩钻车、潜孔钻机、牙轮钻机。

在采矿工作中，承担凿岩工作的设备统称凿岩机械或钻孔机械。采矿根据方式的不同，有露天开采和地下开采两种。相应的，凿岩机械也分为露天开采凿岩机械和地下开采凿岩机械两种。露天开采凿岩机械包括露天凿岩钻车、露天潜孔钻机和牙轮钻机。地下开采凿岩机械包括凿岩机、掘进凿岩钻车、采矿凿岩钻车和地下潜孔钻机。

1 凿 岩 机

【学习要求】

(1) 了解凿岩钎具的分类、结构、应用。

(2) 掌握气动凿岩机的工作原理、构造、性能参数。

(3) 了解常用的气动凿岩机类型。

(4) 掌握液压凿岩机的工作原理、构造、性能参数。

(5) 能够完成液压凿岩机的选型。

1.1 凿岩机概述

1.1.1 凿岩机分类

根据《凿岩机械与气动工具产品型号编制方法》（JB/T 1590—2010），凿岩机型号依次由其类别、组别、型别、产品主参数、产品改进设计状态和制造企业标识等产品特征信息代码组成。当产品主参数系双主参数时，应采用斜杠"/"将其分隔；企业标识码为可选要素，其余为必备要素。例如，YT 表示气腿式凿岩机，其中 Y 表示凿岩机（岩）的类别，组别为气动，T 为型别代号（气腿式）；YSP 表示向上式高频凿岩机，S 表示型别代号为上向式，P 表示特性代号（高频）；YGP 表示导轨式高频凿岩机，G 表示其型别代号为导轨式。FT 表示气腿，其中 F 表示该气腿的类别为辅助凿岩设备（辅），T 为该气腿的组别。

1.1.2　凿岩机凿岩原理

冲击回转式凿岩适用于钻凿硬岩，主要有冲击、回转、排粉三个过程。其代表机具是凿岩机，其工作原理如图1-1所示。

凿岩机的冲击配气机构推动活塞以 $30 \sim 60\,\text{Hz}$ 的频率做往复运动，以一定的动能打击钎尾，通过钎杆传递到刃角为 α 的钎头，对孔底及旁侧岩石施加轴向冲击压力 F，形成一道深度为 h 的凿痕 I-I。随着凿岩机的冲击配气机构活塞做回程运动，转钎机构随即将钎杆回转一定角度 β，凿岩机的冲击配气机构推动活塞再次冲击钎尾，于是在新位置形成第二道凿痕 II-II。两道凿痕之间的扇形岩瘤借助钎头切削刃上所产生的水平分力 F_J 剪碎。如此循环往复，钎头不断凿碎孔底岩石而形成炮孔。随着炮孔逐渐加深，必须及时排除岩粉。

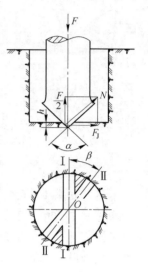

图 1-1　冲击回转式
凿岩原理

1.2　凿岩钎具

通常把凿岩机使用的凿岩工具称为钎具，把潜孔钻机、牙轮钻机等钻凿大孔径的工具称为钻具。它们对凿岩速度有较大影响，只有合理选择钎（钻）具，才能充分发挥凿岩机的效率。

1.2.1　钎具分类

钎具由钎头、钎杆、钎尾组成。三者连成一体的称为整体钎子（见图1-2），采用实心钎钢制作。整体钎子凿岩速度稍高，拔钎阻力较小，无须连接钎头，但其寿命必须和钎头寿命相适应，方能同步报废。一字形钎头整体钎子因其制造、修磨最简便，在整体致密岩石中凿岩的经济性好，常被优先使用。钎头或钎尾可以从钎杆上拆卸下来的称为分体钎子（见图1-3）。整体钎子和分体钎子都仅有一根钎杆，不能延长，只能钻凿小直径浅孔。

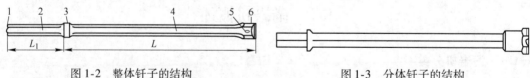

图 1-2　整体钎子的结构　　　　　　　图 1-3　分体钎子的结构

1—钎柄端面；2—钎杆；3—钎肩；4—杆体；5—冲洗孔；
6—钎头；L_1—钎柄长度；L—钎杆长度

钎头、多根钎杆（中继钎杆）、钎尾分别由连接套相连接的称作接杆钎子（见图1-4），接杆钎子主要用于中深孔凿岩。

浅孔凿岩接杆钎杆由中继钎杆（见图1-5）和尾钎杆（见图1-6）组成。其按结构可分为带六角钎柄的锥体连接钎杆（见图1-7）和带螺纹钎柄的螺纹连接钎杆；按截面形状

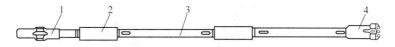

图 1-4 接杆钎子的结构

1—钎尾；2—连接套；3—钎杆；4—钎头

可分为带中心孔的正六角形钎杆和带中心孔的圆形钎杆。一般小直径钎杆都是用六角中空钎钢制造，大直径钎杆多用圆形中空钎钢制造。中深孔凿岩采用螺纹连接的接杆钎杆，其螺纹形状有波形螺纹（R）、复合螺纹（HL）、梯形螺纹（T(FI)）三种形式，与具有相应螺纹形式的钎头连接。

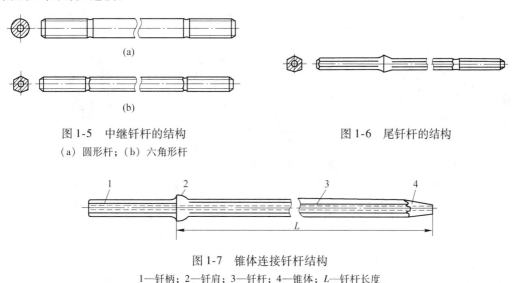

(a)

(b)

图 1-5　中继钎杆的结构　　　　　　图 1-6　尾钎杆的结构

（a）圆形杆；（b）六角形杆

图 1-7　锥体连接钎杆结构

1—钎柄；2—钎肩；3—钎杆；4—锥体；L—钎杆长度

1.2.2　钎头

根据钎头上所镶硬质合金的形状不同，钎头分为刃片形钎头、球齿形钎头和复合片齿型钎头三大类。每种类型具有不同的布置方式，如图 1-8 所示。

（1）刃片钎头。刃片型钎头的布置方式有一字形、三刃形、十字形、X 形等，如图 1-8（a）～（f）所示。其特点为：

1）整体坚固性好，可钻凿任何种类岩石。

2）使用寿命长。

3）合金利用率较高，合金片残留刃高，可降至 8mm 以下，且可回收利用。

4）最大直径受限制（一字形、三刃形不大于 45mm，十字形不大于 64mm，X 形一般不大于 89mm）。

5）钎刃受力与磨损不均匀，导致钎刃外缘破岩效率低而磨损快，钎刃中心部分则原地重复破碎岩石，磨损缓慢。

6）修磨频繁，造成总的凿岩效率低，工人劳动强度大。

许多工业发达国家现在已淘汰了一字形钎头。

（2）球齿形钎头。球齿形钎头的布置方式有 3 齿、4 齿、……、22 齿等，如图 1-8

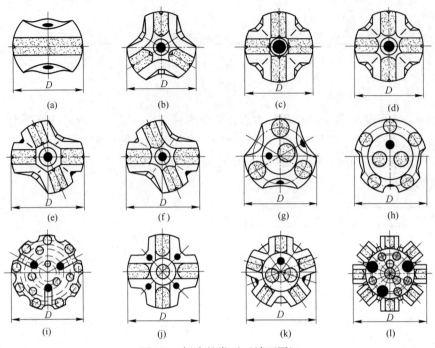

图 1-8　钎头的类型（端面图）

（a）一字形（马蹄形）；（b）三刃形（实芯形）；（c）十字形（镶芯形）；（d）十字形（实芯形）；
（e）X 形（镶芯形）；（f）X 形（实芯形）；（g）球齿形（4 齿）；（h）球齿形（7 齿）；（i）球齿形（15 齿）；
（j）复合形（四刃一齿）；（k）复合形（五刃二齿）；（l）复合形（八刃八齿）

（D = 32 ~ 127mm 锥体或螺纹连接）

（g）~（i）所示。其特点为：

1）布齿自由，可根据凿孔直径和破岩负荷大小，合理确定边、中齿数目及位置。

2）破岩效率高，既可有效地消除破岩盲区，又避免了岩屑的重复破碎。

3）不修磨寿命长，重磨工作量小。

4）钎头直径不受限制。

5）边齿承受弯曲应力，抗冲击能力低。

6）外缘钢体接触矿岩，抗径向磨损能力低。

7）不适用于单轴抗压强度不小于 350MPa 的极坚韧矿岩。

（3）复合片齿形钎头。复合片齿形钎头的布置方式有三刃一齿型、四刃一齿型、五刃三齿型、八刃八齿型等，如图 1-8（j）~（l）所示。其兼具刃片形钎头和球齿形钎头的优点，并避免二者的缺点。

1）整体坚固性好，边刃与中齿均承受压应力，刃锋尖锐，可钻凿任何岩石。

2）众多边刃外侧直接接触孔壁岩石，抗径向磨损能力强。

3）边刃与中齿受力与磨损均匀，钝化周期较长。

4）钎头直径不受限制。

5）边刃可用小规格砂轮修复，且合金磨损量小，重磨费用降低。

6）使用寿命长，为同直径刃片或球齿钎头寿命的 2 倍以上。

7）合金有效利用率高，残留刃齿可回收利用。

8）需配备经过技术培训的专职钎头修磨工。

钎头采用锥体（见图1-9）或螺纹（见图1-10）与钎杆连接。

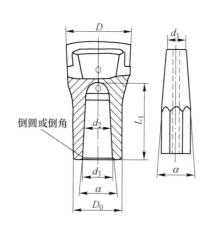

图1-9　锥体连接钎头

D—钎头大端直径；D_0—钎头小端直径；

d_1—钎杆锥体小端直径；d_2—钎头锥孔小端直径；

d_3—钎头锥孔大端直径；α—锥角；L_1—钎头锥孔深度

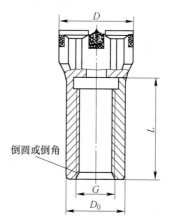

图1-10　螺纹连接钎头

D—钎头大端直径；D_0—钎头小端直径；

G—钎头螺纹直径；L—钎头内孔深度

刃片钎头的结构与几何参数主要包括刃片数目与排列，钎头相对翼厚、排粉沟与冲洗孔，与钎杆的连接形式，钎头直径、刃角、隙角等，如图1-11（a）所示。

球齿钎头的结构与几何参数如图1-11（b）所示，与刃片钎头不同之处主要是把刃片变为柱齿，齿形、齿数以及布齿方式为其特点。齿形有半球齿、弹头齿、楔形齿。半球齿坚固耐磨，为球齿钎头的基本齿形，其缺点是容易钝化；弹头齿的齿冠更尖一些，易凿入岩石，修磨寿命长，但其坚固性和抗径向磨损能力不如半球齿；楔形齿将弹头齿冠改作楔形齿冠，刃角为70°~110°，其凿入效率最高，但强度与耐磨性比以上两者都差。

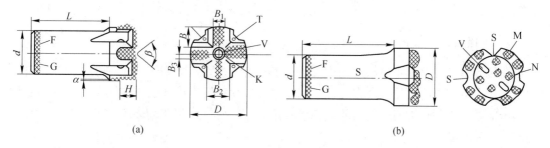

(a)　　　　　　　　　　(b)

图1-11　钎头结构其参数

（a）刃片钎头；（b）球齿钎头

B—合金片长度；B_1—翼厚；B_2—合金片厚度；B_3—起始刃宽；D—钎头直径；d—裤体外径；

F—商标；G—标牌；H—合金片高；K—隔芯；L—裤体长度；M—边齿；

N—中心齿；S—排粉沟；T—旁侧冲洗孔；V—中心冲洗孔；α—隙角；β—刃角

1.2.3　钎尾

钎尾一般指接杆用钎尾，其作用是将凿岩机活塞的冲击能量传递给钎杆和钎头，分为整体钎尾和和分体钎尾两类，如图 1-2 和图 1-3 所示。分体钎尾按供水方式分为中心供水和旁侧供水两种，如图 1-12 和图 1-13 所示。

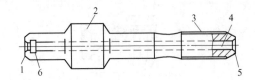 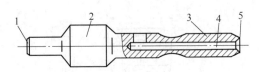

图 1-12　中心供水钎尾　　　　　　　　　图 1-13　旁侧供水钎尾
1—活塞冲击端面；2—钎耳；3—螺纹；4—中心供水孔；　　1—活塞冲击端面；2—钎耳；3—螺纹；
5—钎杆接触面；6—密封槽　　　　　　　　　　　4—供水孔；5—钎杆接触面

钎尾有钎肩式、钎耳式和花键式三种类型。钎肩式钎尾用于轻型凿岩机，而其他两种用于重型凿岩机。

钎肩式钎尾的断面形状为六角形，内切圆直径为 22mm 或 25mm，钎尾尾部长度有 108mm 和 159mm 两种。

钎尾按钎耳结构分为双翼、三翼、四翼、五翼、六翼、八翼、十翼钎耳钎尾，如图 1-14 所示。前两种用于气动凿岩机，后几种用于液压凿岩机和重型凿岩机。

钎尾按断面形状分为六角形钎尾和圆形钎尾。前者用于轻型凿岩机，后者用于重型凿岩机和液压凿岩机。

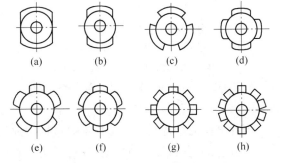

图 1-14　钎尾的钎耳结构形式
（a），（b）双翼式；（c）三翼式；（d）四翼式；
（e）五翼式；（f）六翼式；（g）八翼式；（h）十翼式

钎尾按螺纹结构分为波形、复合、梯形、S 螺纹等钎尾。波形螺纹广泛应用于中、小截面钎具；梯形螺纹结构螺纹应用于中、大截面钎具；S 螺纹实际上是一种双头梯形螺纹，它比梯形螺纹具有更小的扭紧与卸开力矩。

1.2.4　连接套

连接套是接杆钎具不可缺少的配套件，其作用是把钎尾、钎杆与钎头连接成一整体。利用连接套内螺纹将两根或多根钎杆，或钎尾与后续钎杆连接在同一轴线上，传递凿岩机的冲击能量，达到钻凿炮孔的目的。连接套按螺纹结构可分为波形螺纹、复合螺纹、梯形螺纹等连接套。

按套内钎杆之间的连接形式，常用连接套有筒式或直接贯通式、半桥式、桥式。无论哪种形式，都必须注意冲击力并不由连接螺纹承受，而是通过钎杆相顶端面或连接套端面传递。因此接触端面必须平整，以利于传递应力波。

筒式连接套的螺纹是连贯通的，它适用于普通波形螺纹连接。半桥式与桥式连接套均可防止钎杆在连接套中窜动，主要用于反锯齿螺纹和双倍长螺纹的连接。

按几何结构，连接套可分为直通式连接套（见图 1-15）、变径式连接套（见图 1-16）和中止式连接套（见图 1-17）三种。图 1-15 ~ 图 1-17 中，L 为连接套长度，G 为连接套内径；D 为连接套外径。

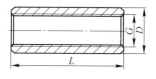

图 1-15　直通式连接套

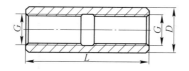

图 1-16　变径式连接套

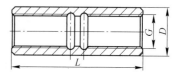

图 1-17　中止式连接套

连接套筒一般采用低碳合金钢制造，表面渗碳及淬火处理。为连接方便，连接套的一端可固定在一根钎杆上，或将钎杆一端头镦粗，做上半个连接套也可，但必须注意不能形成加工的内应力。快接钎杆即是利用钎杆一端镦粗后加工的内螺纹代替连接套，达到快速接长钎杆的目的。

1.2.5　钎具的能量传输原理

凿岩机的活塞以一定速度冲击钎尾，极短作用时间（几十微秒）内，在相互撞击部位，作用力由零骤升至几十千牛顿。钎尾端部受到冲击后，以压应力波（称入射波）的形式向钎头方向传播。当压应力波到达钎头与炮孔底部的接触表面时，如果钎头与孔底岩石接触良好，则大部分能量以压应力波形式进入岩石，使凿入区的应力迅速升高，钎头凿入岩石使其破碎，仅有小部分作为拉应力波反射回去。如果压力波到达钎头时，钎头与孔底岩石没有接触，压应力波将全部从钎头端面反射，并以拉应力波形式迅速向钎尾方向返回。当它返回抵达钎尾端时，又反射成第二次入射的压应力波。如果界面不变，这种压缩-拉伸将交替持续进行，直至能量完全消耗在钎杆的波阻上。钎杆承受这种反复载荷作用，产生疲劳断裂。因此，不论是从提高凿岩效率还是从延长钎杆寿命来说，都必须给钎具（凿岩机）适当的轴推力，以保持钎头与孔底岩石的良好接触，且每冲击一次就需要旋转一个角度，以形成圆形炮孔，避免重复凿击。

1.3　气动凿岩机

气动凿岩机常按其支撑方式、配气机构、转钎方式、冲击频率、重量进行分类。各种类型的气动凿岩机，由于结构和技术特征不同，应用范围有别。一般根据作业场所（平巷、天井、竖井和采场等）、所凿炮孔参数（方向、孔径、孔深）、矿岩坚硬程度等进行选型。

按照冲击回转式凿岩的凿岩原理，凿岩机必须具备一些借以完成各冲击、旋转、推进、排渣等动作的机构和装置，即冲击配气机构、转钎机构、推进机构、排粉机构、润滑系统和操纵机构等，如图 1-18 所示。各种气动凿岩机就是这些机构的不同组合，主要差异在于冲击配气机构和转钎机构。

冲击配气机构是风动凿岩机的主要机构。它由配气机构、气缸、活塞以及气路等组成。配气机构的作用是将由节气阀输入的压气依次输送到气缸的后腔和前腔中，推动活塞做往复运动，从而获得活塞对钎尾的连续冲击动作。配气机构的制造质量和结构性能的优劣，直接影响活塞的冲击功、冲击频率、转矩和耗气量等主要技术指标。配气机构按其动

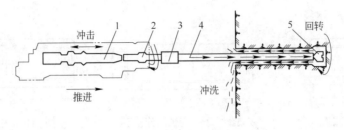

图 1-18　冲击回转式凿岩基本动作

1—活塞；2—钎尾；3—接杆套；4—钎杆；5—钎头

作原理和结构形式，可分为活阀（从动阀）配气机构、控制阀配气机构和无阀构配气机构三种。

现代凿岩机中常用的转钎机构有内回转和外回转两大类。内回转转钎机构有内棘轮转钎机构（用于 YT23、YT24、YT25、YT28、YT30、YG40、YSP45 等型凿岩机）、外棘轮转钎机构（用于 YG80、YG65 和 BBC120E 等型凿岩机）以及滚针式转钎机构等。外回转转钎机构（YGZ90）由独立的发动机带动钎杆作连续转动。

各类凿岩机中，以气腿式凿岩机应用最广，其结构和气路具有代表性。现以 YT23 型（7655）气腿式凿岩机为典型予以剖析。

1.3.1　YT23 型凿岩机

1.3.1.1　YT23 型凿岩机的构造

图 1-19 所示为 YT23（原 7655）型气腿式凿岩机，该机配有 FT160 型气腿 9 和 FY200A 型自动注油器 10。

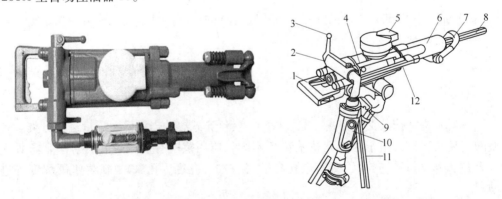

图 1-19　YT23 型气腿式凿岩机结构

1—手把；2—柄体；3—操纵手柄；4—气缸；5—消声罩；6—机头；7—钎卡；
8—钎杆；9—气腿；10—自动注油器；11—水管；12—连接螺栓

YT23 型凿岩机体可分解成柄体 2、气缸 4 和机头 6 三大部分。这 3 个部分用两根连接螺栓 12 连成一体。凿岩时，将钎杆 8 插到机头 6 的钎尾套中，并借助钎卡 7 支持。凿岩机操作阀手柄 3 及气腿伸缩手柄集中在缸盖上。冲洗炮孔的压力水是风水联动的，只要开动凿岩机，压力水就会沿着水针进入炮孔冲洗岩粉并冷却钎头。YT23 型气腿式凿岩机内部构造如图 1-20 所示。

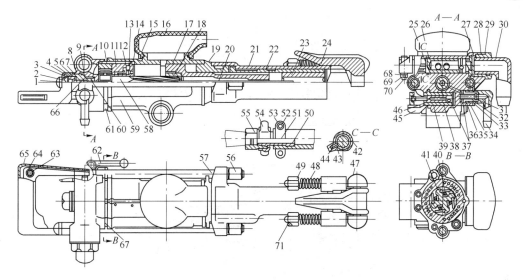

图 1-20 YT23 型气腿式凿岩机内部构造

1—簧盖；2，44—弹簧；3，27—卡环；4—注水阀体；5，8，9，26，32，35，36，66—密封圈；6—注水阀；

7，29—垫圈；10—棘轮；11—阀柜；12—配气阀；13，43—定位销；14—阀套；15—喉箍；16—消声罩；

17—活塞；18—螺旋母；19—导向套；20，60—水针；21—机头；22—转动套；23—钎尾套；24—钎卡；

25—操纵阀；28—柄体；30—气管弯头；31—进水阀；33—进水阀套；34—水管接头；37—胶环；

38—换向阀；39—胀圈；40—塔形弹簧；41—螺旋棒头；42—塞堵；45—调压阀；46—弹性定位环；

47—钎卡螺栓；48—钎卡弹簧；49，53，69—螺母；50—锥形胶管接头；51—卡子；52—螺栓；

54—碟形螺母；55—管接头；56—长螺杆螺母；57—长螺杆；58—螺旋棒；59—气缸；

61，67—密封套；62—操纵把；63—销钉；64—扳机；65—手柄；68—弹性垫圈；70—紧固销；71—挡环

1.3.1.2 YT23 型凿岩机冲击配气机构工作原理

YT23 型凿岩机采用凸缘环状阀配气机构，其工作原理如图 1-21 所示。

（1）活塞冲击行程。它是指活塞由缸体的后端向前运动到打击钎尾的整个过程。冲程开始时，活塞在左端，阀在极左位置。当操纵阀转到机器的运转位置时，从操纵阀气孔 1 来的压气经缸盖气室 2、棘轮孔道 3、阀柜孔道 4、环形气室 5 和配气阀前端阀套孔 6 进入缸体左腔，而活塞右腔则经排气口与大气相通。

此时，活塞在压气压力作用下迅速向右运动，直至冲击钎尾。当活塞的右端面 A 越过排气口后，缸体右腔中余气受到活塞的压缩，其压力逐渐升高。经过回程孔道，右腔与配气阀的左端气室 7 相通，于是气室 7 内的压力也随着活塞继续向右运动而逐渐增高，有推动阀向右移动的趋势。当活塞的左端面 B 越过排气口后（见图 1-21a），缸体左腔即与大气相通，气压骤然下降。在此瞬时，配气阀在两侧压力差的作用下，迅速右移，并与前盖靠合，切断通往左腔的气路。与此同时，活塞借惯性向右运动，并冲击钎尾，冲击结束，开始回程。

（2）活塞返回行程。开始时，活塞及阀均处于极右位置。这时，压气经由缸盖气室 2、棘轮孔道 3、阀柜孔道 4 及阀柜与阀的间隙、气室 7 和回程孔道进入缸体右腔，而缸体左腔经排气口与大气相通，故活塞开始向左运动。当活塞左端面 B 越过排气口后，缸体左腔余气受活塞压缩，压迫配气阀的右端面。随着活塞向左移动，逐渐增加压力的气垫也有推动阀向左移动的趋势，而当活塞的右端面 A 越过排气孔后（见图 1-21b），缸体右腔即

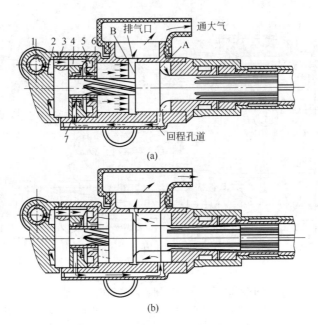

图1-21　环状阀配气机构配气原理

（a）冲程；（b）回程

1—操纵阀孔；2—缸盖气室；3—棘轮孔道；4—阀柜孔道；5—环形气室；6—配气阀前端阀套孔；

7—配气阀左端气室；A—活塞右端面；B—活塞左端面

与大气相通，气压骤然下降，同时亦使气室7内的气压骤然下降。配气阀在两侧压力差的作用下，被推向左边与阀柜靠合，切断通往缸体右腔的气路和打开通往缸体左腔的气路。此刻活塞回到缸体左端，结束回程。压气再次进入气缸左腔，开始下一个工作循环。

1.3.1.3　YT23型凿岩机转钎机构工作原理

YT23型凿岩机的转钎机构如图1-22所示。它由棘轮1、棘爪2、螺旋棒3、活塞4（其大头一端装有螺旋母）、转动套5、钎尾套6等组成。整个转钎机构贯穿于气缸及机头中。

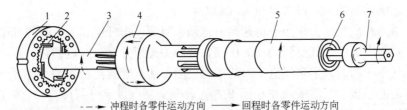

--→ 冲程时各零件运动方向　——→ 回程时各零件运动方向

图1-22　YT23型凿岩机的转钎机构

1—棘轮；2—棘爪；3—螺旋棒；4—活塞；5—转动套；6—钎尾套；7—钎具

螺旋棒3插入活塞大端内的螺旋母中，其头部装有四个棘爪2。这些棘爪在塔形弹簧（图中未画出）的作用下，抵住棘轮1的内齿。棘轮用定位销固定在气缸和柄体之间，使之不能转动。转动套5的左端有花键孔，与活塞上的花键相配合，其右端固定有钎尾套6。钎尾套6内有六边形孔，便于六边形钎尾插入其中。

由于棘轮机构具有单方向间歇回转特征，因此当活塞冲程时，利用活塞大头上螺旋母的作用，带动螺旋棒3转动一定角度。棘爪在此情况下，处于顺齿位置，它可压缩弹簧而随螺旋棒转动。当活塞回程时由于棘爪处于逆齿位置，它在塔形弹簧的作用下，抵住棘轮内齿，阻止螺旋棒转动。这时由于螺旋母的作用，活塞在回程时被迫沿螺旋棒上的螺旋槽方向转动，从而带动转动套5及钎尾套6，使钎子7转动一个角度。这样活塞每冲击一次，钎子就转动一次。钎子每次转动的角度与螺旋棒螺纹导程及活塞运动的行程有关。

这种转钎机构的特点是合理地利用了活塞回程的能量来转动钎子，具有零件少、凿岩机结构紧凑的优点。其缺点是转钎扭矩受到一定限制，螺旋母、棘爪等零件易于磨损。

1.3.1.4　YT23型凿岩机炮孔的吹洗及强吹装置

凿岩机在工作过程中，会产生大量岩粉。这些岩粉必须及时排出孔外。在YT23型凿岩机中，采用凿岩时注水冲洗与吹风和停止冲击强力吹扫两种方式排除岩粉。凿岩机正常工作中，冲程时，有少量压气沿螺旋棒与螺母之间的间隙经活塞和钎子中心孔进入炮孔底部；回程时，也有少量压气沿活塞花键槽进入钎杆中心孔到炮孔底部与冲洗水一道排除孔底的岩粉。此外，这些少量压气可防止冲洗水倒流入凿岩机的气缸内。

（1）冲洗机构。YT23型凿岩机气水联动冲洗机构的特点是接通水管后，凿岩机一开动，即可自动向炮孔中注水冲洗；凿岩机停止工作，又可自动关闭水路，停止供水。吹洗机构安装在柄体后部，由操纵阀手柄控制。冲洗机构的构造如图1-23所示。它由进水阀（见图1-23a）和气水联动注水阀（见图1-23b）两部分组成。

气水联动冲洗机构的工作原理为：凿岩机工作时，压气经操纵阀柄体气路进入气孔A，使注水阀芯5克服弹簧2的压力，向左移动，注水阀芯的顶尖离开胶垫8。这时压力水从水管接头13经进水阀芯14和柄体水孔进入注水阀体6的B孔，然后通过胶垫8、水针10进入钎杆中心孔，到炮孔底部排除岩粉。当凿岩机停止工作时，气孔A无压气进入，注水阀芯5在弹簧2的作用下，恢复原来位置，阀芯锥部堵住了注水孔路，停止供水。当进水阀随同胶皮水管从凿岩机上卸下时，在水压力作用下，进水阀芯14左移，封闭水路，使管中的压力水不会漏出。

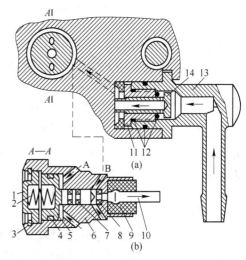

图1-23　气水联动冲洗机构
(a) 进水阀；(b) 气水联动注水阀
1—簧盖；2—弹簧；3—卡环；4，7，12—密封圈；
5—注水阀芯；6—注水阀体；8—胶垫；9—水针垫；
10—水针；11—进水阀套；13—水管接头；
14—进水阀芯；A—气孔；B—水孔

（2）强吹气路。当向下凿岩或炮孔较深时，聚集在孔底的岩粉较多，如不及时排除，就会影响正常凿岩作业。排除时，需扳动操纵阀到强吹位置（见图1-24），使凿岩机停止冲击，注水水路切断，强吹气路接通，从操纵阀孔1进入大量压气，经气路2～6进入钎杆中心孔7，到孔底强吹，把岩粉排除。为了防止强吹时活塞后退，导致从排气孔漏气，在气缸左腔钻有小孔8。小孔8与强吹气路相通，使压气进入气缸左腔，保证强吹时，活塞处于封闭排气孔的位置，防止漏气和影响强吹效果。

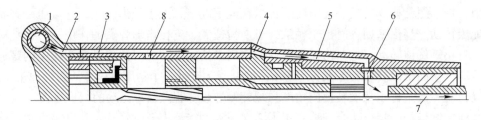

图 1-24　YT23 型凿岩机强吹气路

1—操纵阀孔；2—柄体气孔；3—缸体气道；4—导向套孔；5—机头气路；
6—转动套气孔；7—钎杆中心孔；8—强吹时平衡活塞气孔

凿岩结束时，为使孔底干净，提高爆破效果，仍需强力吹扫，将孔底岩粉和泥水排除。

1.3.1.5　YT23 型凿岩机的支承及推进机构

为了克服凿岩机工作时产生的后坐力，并使活塞冲击钎尾时钎刃能抵住孔底，以提高凿岩效率，必须对凿岩机施以适当的轴推力。轴推力是由气腿发出的，同时气腿还起着支承凿岩机的作用。

YT23 型凿岩机采用 FT160 型气腿为其支承与推进机构，其基本结构如图 1-25 所示。

FT160 型气腿的最大轴推力为 1600N，最大推进长度为 1362mm。它有外管 10、伸缩管 8、气管 7 三层套管。外管 10 与架体 2 用螺纹连接，下部安有下管座 11。伸缩管 8 的上部装有塑料碗 5、垫套 6 和压垫 4，下部安有顶叉 14 和顶尖 15。气管 7 安设在架体上。气腿工作时，伸缩管 8 沿导向管 12 伸缩，并以防尘套 13 密封。

FT160 型气腿的支承与推进原理如图 1-26 所示。气腿借连接轴 1 与凿岩机铰接，伸缩管 6 下端的顶叉 7 支撑在底板岩石上。钻凿水平炮孔时，气腿轴心线与地平面成 α 角。当压气进入气缸上腔时，活塞 4 伸出，把凿岩机支撑在适当的钻孔位置。顶叉 7 抵住底板岩石后，气缸上腔继续通入压气，对凿岩机产生一个作用力 R，此力可分解为水平分力 R_H 和垂直分力 R_V。

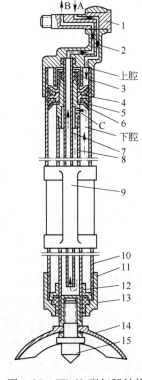

图 1-25　FT160 型气腿结构

1—连接轴；2—架体；3—螺母；
4—压垫，5—塑料碗；6—垫套；
7—气管；8—伸缩管；9—提把；
10—外管；11—下管座；12—导向管；
13—防尘套；14—顶叉；15—顶尖；
A—进气孔；B—排气孔；C—换向阀；

$$R_H = R\cos\alpha$$

$$R_V = R\sin\alpha$$

R_H 用于平衡凿岩机工作时产生的后坐力，并对凿岩机施加适当的轴向推力，使凿岩机获得最优钻速。因此，R_H 必须大于凿岩机的后坐力 R_F。

R_V 用于支承和平衡凿岩机及钎杆的重量。

随着炮孔不断加深，活塞杆继续伸出，α 角逐渐缩小。调节进气量可保持凿岩机工作时所需的最优轴推力和适当的推进速度。如果活塞已全部伸出，或在调换钎杆时，可转动换向阀使压气进入气腿的下腔，从而使活塞杆快速缩回。在移动顶叉的位置之后，再重新支撑好凿岩机以便继续凿岩。

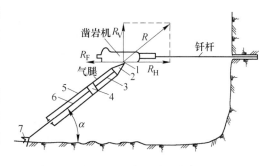

图 1-26 FT160 型气腿支承与推进原理
1—连接轴；2—架体；3—气针；4—活塞；
5—气缸；6—伸缩管；7—顶叉

1.3.1.6 YT23 型凿岩机的操纵机构

YT23 型凿岩机有三个操纵手柄，分别控制凿岩机的操纵阀、气腿的调压阀及换向阀。三个操纵手柄都安装在柄体上，集中控制，操纵方便。

（1）操纵阀。操纵阀用来开闭凿岩机气路及控制凿岩机进气量。如图 1-27 所示，操纵阀呈柱状中空形。A—A 剖面中的 a 气孔共有两个，分别沟通配气装置和气缸；B—B 剖面的 b 气孔用于凿岩机停止冲击时进行弱吹风；B—B 剖面的 c 气孔用于凿岩机停止作业时进行强力吹扫，其断面大于 b 孔。

操纵阀的 5 个操纵挡位如图 1-28 所示。其中：

0 挡——停止工作，停风停水；

1 挡——轻运转、注水和吹洗炮孔，操纵阀的 a 孔被部分接通；

2 挡——中运转、注水和冲洗炮孔，a 孔接通部分较大；

3 挡——全负荷运转、注水和冲洗炮孔，a 孔被全部接通；

4 挡——停止工作、停水和进行强力吹扫，a 孔被全部堵死，而 c 孔接通强吹气路。

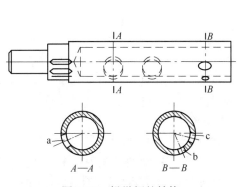

图 1-27 操纵阀的结构

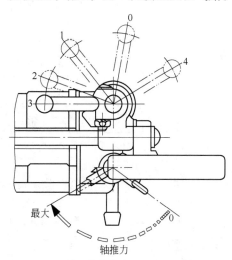

图 1-28 操纵阀、调压阀的挡位

（2）调压阀和换向阀。调压阀和换向阀组合在一起，分别用两个手柄控制，均用于控制气腿的运动，二者相互配合，但又各自独立。调压阀可以无级调节气腿的轴推力，以适应凿岩机在不同作业条件下对轴推力的要求。换向阀除配合调压阀控制气腿运动外，还控制其快速缩回。调压阀上有两个方向相反的半月槽，如图 1-29 所示，B—B 剖面的 m 为进气槽，C—C 剖面的 n 为泄气槽。

气腿的调压与换向工作原理及气路如图 1-30 所示。当需伸长气腿并调整压力时，转

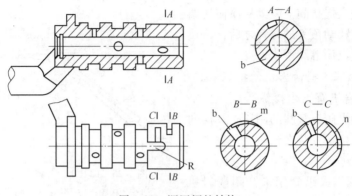

图 1-29　调压阀的结构

m—进气槽；n—泄气槽；R—直槽

动调压阀手柄 1。当配合调压或使气腿快速缩回时，扳动处于手柄 2 内的扳机 3。现结合图 1-29 所示调压阀的结构来说明换向与调压的动作原理。

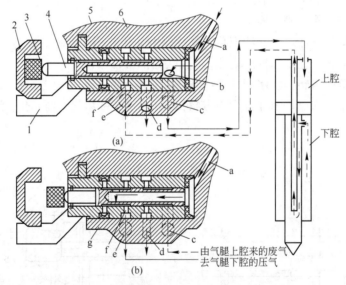

图 1-30　调压阀与换向阀工作原理及气路系统

（a）气腿伸出；（b）气腿快速缩回

1—调压阀手柄；2—手柄；3—扳机；4—换向阀；5—柄体；6—调压阀；a～g—通气孔道

1）气腿伸出。图 1-30（a）所示为气腿伸出时的位置，扳动调压阀手柄 1，调压阀上的半月形进气槽 m 把调压阀气孔 b 和柄体上气孔 c 接通。此时从操纵阀和柄体孔 a 进来的压气按图中实线箭头所示方向，经孔 b 和孔 c 进入气腿上腔，伸缩管伸出，支撑和推进凿岩机。此时气腿下腔的废气按虚线箭头所示方向，经柄体孔 c、调压阀孔 f 和柄体孔 d 排入大气。

2）气腿轴推力调节。气腿伸出后，扳动调压阀手柄置于不同位置，可以实现气腿轴推力从零到最大值之间的变化。

在逆时针方向转动调压阀手柄时，孔 b 和孔 c 接通的半月牙形槽 m 的断面积越来越小，通入气腿上腔的压气量也相应减小；与此同时，孔 b 和孔 d 接通的放气槽 n 的断面积越来越大，由孔 b 经孔 d 排入大气的压气量相应增大，从而实现了气腿轴推力的调节。

3）气腿快速缩回。图 1-30（b）所示为气腿快速回缩位置，由换向阀 4 控制。凿岩机工作时，进入调压阀的压气将换向阀推到最左位置（见图 1-30a）。当扳动手柄 2 里面尼龙扳机 3 时，扳机 3 克服压气推力，将换向阀推至最右位置（见图 1-30b）。此时气路改变方向，由孔 a 进入的压气按实线箭头所示方向经换向阀孔 h、调压阀孔 f、柄体孔 e 进入气腿下腔，使气腿快速缩回。此时气腿上腔的废气按虚线箭头所示方向，经孔 c、调压阀气路和孔 d 排入大气。

1.3.1.7 YT23 型凿岩机及气腿的润滑

凿岩机及气腿内的所有运动零部件都需要润滑，这样才可保证其正常作业和延长其使用寿命。现代凿岩机中，一般都在进风管路上连接一个自动注油器，实现自动润滑。YT23 型凿岩机配用 FY200A 型自动注油器，如图 1-31 所示，该注油器的容量为 200mL，可供凿岩机工作 2h 的油耗。

当凿岩机工作时，压气沿箭头方向进入注油器后，一部分压气顺

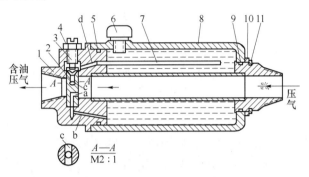

图 1-31　FY200A 型自动注油器
1—管接头；2—油阀；3—调油阀；4—螺帽；5，9—密封圈；
6—油堵；7—油管；8—壳体；10—挡圈；11—弹性挡圈

孔 a 经孔 b 进入壳体 8 内，对润滑油施加一定压力。同时，由于孔 c 的方向与气流方向垂直，故在高速气流的作用下，在 c 孔口产生一定负压，使壳体内有一定压力的润滑油沿油管 7 和孔 d 流到 c 孔口，被高速压气气流带走，形成雾状，送至凿岩机及气腿内部，润滑各运动零部件。可用调油阀 3 调节供油量的大小。YT23 型凿岩机的润滑油耗油量一般调节为 2.5mL/min 左右。

风动凿岩机所用润滑油，应根据凿岩机冲击频率高低和作业地点的气候条件来选择。YT23 型凿岩机系普通凿岩机，一般工作地点气温在 0℃ 以上时选用 40 号机油；在 0℃ 以下时选用 30 号机油；在西北或东北地区露天作业时，气温常在 −20 ～ −10℃，必须选用 22 号和 32 号透平油；当气温再低时则应选用冷冻机油。

1.3.2　YT24 型凿岩机

YT24 型凿岩机是吸收 Y130 型和 ZY24 型凿岩机的优点后的改进机型，配用 FT140 型气腿和 FY200A 型注油器。YT24 型凿岩机的冲击配气机构如图 1-32 所示。配气阀由阀柜 4、碗状阀 5 和阀盖 6 组成，属于控制阀（主动阀）式配气类型。其他结构与 YT23 型凿岩机相似。

（1）冲击行程。如图 1-32（a）所示，压气经操纵阀 1、柄体气室 2、内棘轮 3 和阀柜 4 的周边气道进入阀柜气室，因碗状阀 5 在左侧位置，压气经冲程气孔 7 进入气缸后腔，推动活塞 8 向前（右）运动，气缸前腔的空气从排气孔 17 排出。当活塞凸缘关闭排气孔 17 和气孔 21，并打开气孔 10 时，压气经孔 10、缸体气道 11 和阀柜气孔 12 进入碗状阀 5 的左面。同时，气缸前腔被活塞压缩的空气，经孔 9、缸体气道 22 和返程气孔 24，也到

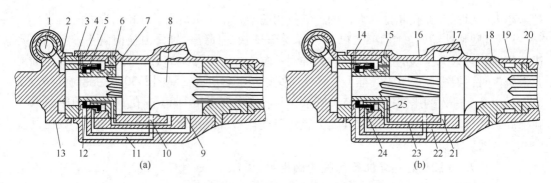

图 1-32　YT24 型凿岩机的冲击配气机构

（a）冲程；（b）回程

1—操纵阀；2—柄体气室；3—棘轮；4—阀柜；5—碗状阀；6—阀盖；7—冲程气孔；8—活塞；
9，10，21—气孔；11，22，23—缸体气道；12—阀柜气室；13—柄体；14，15—排气小孔；
16—缸体；17—排气孔；18—导向套；19—机头；20—转动套；24—返程气孔；25—阀盖气孔

达碗状阀 5 的左面。碗状阀 5 在它们的共同作用下向右移动，关闭冲程气孔 7，使返程气孔 24 与压气接通。与此同时，活塞 8 后缘打开排气孔 17，并猛力冲击钎尾，冲程结束。为减少阀 5 的移动阻力，阀盖和缸体上钻有小孔 15，使阀右侧的气体从该孔排出。

　　（2）返回行程。如图 1-32（b）所示，压气从阀柜气室经返程气孔 24、缸体气道 22 和孔 9 进入气缸前腔，推动活塞 8 向后（左）运动，气缸后腔的空气从排气孔 17 排出。当活塞凸缘关闭排气孔 17 和孔 10，并打开孔 21 时，压气经孔 21、缸体气道 23 和阀盖气孔 25，到达碗状阀 5 的右面。同时，气缸后腔被活塞压缩的空气，经冲程气孔 7，也到达碗状阀 5 的右面。碗状阀 5 在它们的共同作用下，向左移动，关闭返程气孔 24，使冲程气孔 7 与压气连通。与此同时，活塞 8 打开排气孔 17，回程结束，冲程又开始。为了减小碗状阀 5 的移动阻力，阀柜和缸体上有排气小孔 14，碗状阀左侧的气体从该孔排出。

1.3.3　YTP26 型凿岩机

　　YTP26 型凿岩机属于高频凿岩机，配用 FT170 型气腿和 FY700 型注油器。YTP26 型凿岩机属无阀配气类型，其活塞结构特殊，如图 1-33 所示。活塞 4 的凸缘后端（右侧）的柱体上，有一个凸柱面和一个凹柱面。这两个柱面与配气体 2 配合向气缸配气，使活塞做往复运动。活塞凸缘前端（左侧）的柱体上开两个螺旋槽和两个直槽，用这四个槽与导向套 6 前面的外棘轮配合，完成转钎作业。水针穿过活塞中心孔直达钎子中心孔，供冲洗使用。

　　（1）冲击行程。如图 1-33（a）所示，压气经操纵阀、柄体 1 的气室、配气体 2 的冲程气道及活塞 4 的右柱体凹面进入气

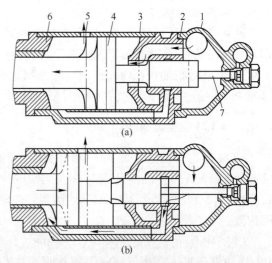

图 1-33　YTP26 型凿岩机的冲击配气机构

（a）冲程；（b）回程

1—柄体；2—配气体；3—缸体；4—活塞；
5—排气孔；6—导向套；7—水针

缸后腔，推动活塞向左（前）运动。气缸前腔的空气从排气孔 5 排出。当活塞凸缘向左运动关闭排气孔 5 时，活塞柱体凸面（图 1-33a 右端双点划线）也关闭了配气体 2 的冲程气道，气缸后腔的压气膨胀做功，继续推动活塞向左运动。在活塞凸缘打开排气孔 5 的瞬间，活塞猛力冲击钎尾，完成冲程作业。

（2）返回行程。如图 1-33（b）所示，压气经回程气道、缸体气道进入气缸前腔（如图中箭头所示），推动活塞向右运动（返回），气缸后腔的空气从排气孔排出。当活塞凸缘关闭排气孔时（图 1-33b 双点划线位置），活塞柱体凸面（右端）也关闭了配气体的回程气道，气缸前腔的压气膨胀做功，继续推动活塞后退（向右运动）。当活塞凸缘打开排气孔时，活塞柱体凹面也接通了配气体的冲程气道，又开始冲程。

转钎的外棘轮装置如图 1-34 所示。在机头 6 的后端装有四个塔形弹簧 12 和棘爪 11，插入机头内的活塞 2 外面装有螺套 4 和外棘轮 5。当活塞冲击行程时，其质量大于外棘轮，因其惯性沿直线前进，活塞上的螺旋槽迫使螺套 4 带动外棘轮 5 转动。此时棘爪 11 压缩塔形弹簧 12，在棘齿上跳动。当活塞返回行程时，外棘轮被棘爪 11 顶住不能反向转动，螺套迫使活塞沿螺纹旋转后退，通过活塞上的直槽带动转动套 8 及钎套 9，驱动钎子 10 转动。活塞往复一次，钎子就转动一个角度。

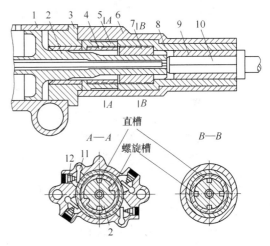

图 1-34　转钎的外棘轮装置

1—缸体；2—活塞；3—导向套；4—螺套；5—外棘轮；
6—机头；7—螺套；8—转动套；9—钎套；
10—钎子；11—棘爪；12—塔形弹簧

1.3.4　YSP45 型凿岩机

YSP45 型（向上式风动）凿岩机主要用于天井掘进和采矿场打向上炮孔（60°～90°的浅孔）。其结构如图 1-35 所示。整机由机头 1、缸体 6、柄体 11 和气腿 14 组成，气腿用螺纹拧接在柄体上，柄体、缸体、机头用两根长螺栓 21 连接成为整体，在缸体的手把上装有放气阀 19，在柄体上有操纵手柄 22、气管接头 20 和水管接头 23。凿岩机内有冲击配气机构、转钎机构、冲洗装置和操纵装置。

冲击配气机构和转钎机构与 YT23 型凿岩机的相似。配气阀由阀盖 8、滑阀 9 和阀柜 18 组成，属于从动阀式配气类型。其结构特点是水针 13 的外面套有气针 12，压气沿水针表面喷入钎子中心孔，可阻止中心孔内的冲洗水倒流，另一路压气经专用气道（图中未画出），喷入钎套与钎子的接触面，阻止钎子外面的水流入机头。这两股压气直接从柄体进气道引入，不通过操纵阀，只要接上气管，就向外喷射。同时，开气即注水。活塞冲程时，直线前进，回程时，因螺旋棒 16 被棘轮 10 逆止，活塞被迫旋转后退，通过转动螺母 4、转动套 2 和钎套 3，驱动钎子旋转。钎套与转动套用螺纹连接，钎套外端呈伞形，盖住机头 1，防止冲洗泥浆污染机器内部。

YSP45 型凿岩机的气腿结构（见图 1-36）比较简单，只有外管和伸缩管，内管中没有中心管。外管上端设有横臂和架体，外管直接用螺纹拧接在柄体上。旋转操纵阀至气腿工

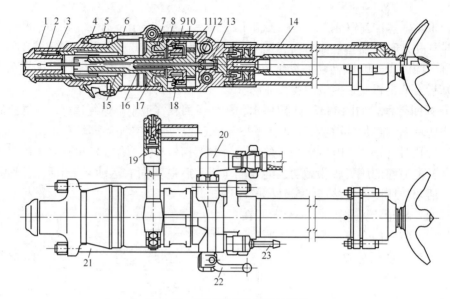

图 1-35 YSP45 型凿岩机的结构

1—机头；2—转动套；3—钎套；4—转动螺母；5—消声罩；6—缸体；7—配气缸；8—阀盖；9—滑阀；
10—棘轮；11—柄体；12—气针；13—水针；14—气腿；15—活塞；16—螺旋棒；17—螺旋母；
18—阀柜；19—放气阀；20—气管接头；21—长螺栓；22—操纵手柄；23—水管接头

作位置，压气从操纵阀 5 经柄体气道（图中不可见）进入调压阀 3，经调压后，从气道 2 和 12 进入气腿 1 的外管上腔，使外管上升，推动凿岩机工作。此时，外管下腔的空气从排气口 13 排出。工作时，若气腿推力过大，除用调压阀调节外，还可按动手把上的放气按钮 9，推动阀芯 7 向左移动，使输入的部分压气经气道 6 从放气管 10 放出，以减少进入气腿的气量。放松按钮 9，弹簧 8 使阀芯 7 复位，封闭放气口，旋转操纵阀至停止工作位置时，通到调压阀的柄体气道被切断，排气口 11 被接通。气腿上腔的空气经气道 12 和操纵阀 5，从排气口 11 排出。气腿外管在凿岩机重力作用下缩回，空气从排气口 13 吸入气腿下腔。当气腿外管完全缩回时，活塞顶部螺帽外侧的胶圈挤入柄体孔内，被柄体夹紧，使搬移凿岩机时内管不会伸出。

　　YSP45 型凿岩机操纵阀和气腿调压阀的工作原理与 YT23 型凿岩机的相似。操纵阀手柄有 7 个操作位置，如图 1-37 所示。调压阀的控制是连续的，逆时针转动手轮，气腿推力加大；反之则推力减小。

　　YSP45 型凿岩机配用 FY500A 型注油器，其结构与 FY200A 型注油器相似。值得注意的是，凿岩机在工作中，油量要调节好，以耗油量 1~5mL/min 为宜。

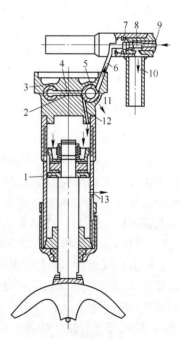

图 1-36 YSP45 型凿岩机
气腿结构

1—气腿；2，6，12—气道；
3—调压阀；4—柄体；5—操纵阀；
7—阀芯；8—弹簧；9—放气按钮；
10—放气管；11，13—排气口

1.3.5 YG80 型凿岩机

导轨式凿岩机主要用来钻凿中深孔。因为钻凿炮孔较深，所以须用螺纹连接套逐根接长钎杆钻进，炮孔钻凿完毕再使钎杆逐根与连接套分离，将其从中取出。为此，装卸钎杆时，转钎机构必须能带动钎杆双向回转（正转和反转）。同时，导轨式凿岩机质量都较大，必须装在推进器的导轨上进行凿岩，它也因此得名为导轨式凿岩机。导轨式凿岩机与钻架（支柱）或钻车配套使用。国内常用的导轨式凿岩机有内回转和外回转两类。

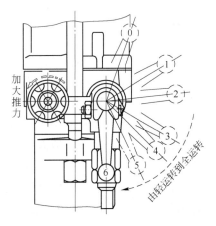

图 1-37 操纵阀和气腿调压阀的操纵位置
位置 0—停机，停水，吹风；位置 1—停机，停水，吹风，气腿慢慢伸出；位置 2—停机，停水，吹风，气腿伸出；位置 3—微运转，停水，吹风，气腿伸出；位置 4—轻运转，注水，吹风，气腿伸出；位置 5—中运转，注水，吹风，气腿伸出；位置 6—全运转，注水，吹风，气腿伸出

YG80 型是典型的内回转导轨式凿岩机。其冲击机构与 YT24 型凿岩机的相似，属于控制阀式配气类型。冲洗装置与 YSP45 型凿岩机的相似，以利于钻凿上向孔。YG80 型凿岩机结构如图 1-38 所示，冲击机构由气缸 15、活塞 11、导向套 13、导向衬套 12、阀套 17、阀 18 及阀柜 19 等组成。

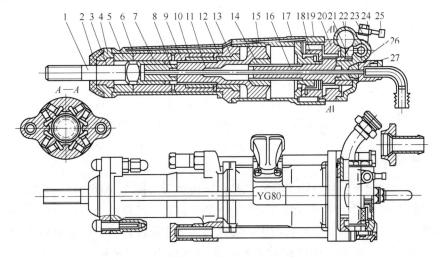

图 1-38 YG80 型导轨式凿岩机的构造

1—钎尾；2—防水罩；3—导向套（衬套）；4—机头盖；5—卡套；6—机头；7—钎尾套；8—密封圈；9—转动套；10—花键母；11—活塞；12—导向衬套；13—导向套；14—螺旋母；15—气缸；16—螺旋棒；17—阀套；18—阀；19—阀柜；20—棘轮套；21—换向套；22—柄体；23—垫片；24—进气螺钉；25—气管接头；26，28—垫圈；27—水针螺母

YG80 型凿岩机的特点是具有双向的内回转机构，其动作原理如图 1-39 所示。凿岩和接杆时，使气管 B 接通压气，气管 A 接通大气，滑套 1 被推向右移动（从机器后端向前看），滑套凹槽带动换向套 2 顺时针转动一个角度，棘爪 a、c、e、g 在弹簧力作用下落入

换向套的槽中，并与螺旋棒 3 后部的外棘轮齿接触。螺旋棒受棘爪的止逆作用，只能逆时针转动。活塞做冲程运动时，活塞直线前进，螺旋棒逆时针转动。活塞回程时，外棘轮被棘爪逆止，螺旋棒不能顺时针转动，迫使活塞 4 带动转动套 5、钎套 6 及钎尾 7 逆时针旋转（左旋）。因钎杆与连接套用左旋螺纹连接，钎杆被拧紧在连接套。卸钎时气管 A 接压气，气管 B 接大气，滑套向左移动，带动换向套逆时针转动一个角度，棘爪 a、c、e、g 被抬起，棘爪 b、d、f、h 落入换向套的槽中，并与螺旋棒外棘轮齿接触。由于棘爪 b、d、f、h 和棘爪 a、c、e、g 的安装方向相反，因此迫使活塞及与其牵连一起的机件在冲程时做顺时针转动（右旋）。在回程时活塞做直线运动，螺旋棒顺时针转动。当气管 A 和 B 都接大气时，滑套 1 在两侧弹簧力的均衡作用下，处于中间位置，8 个棘爪全部被抬起，棘轮与棘爪分离，螺旋棒可自由转动，不起任何止逆作用。因此，凿岩机只冲击，而钎子不转动。

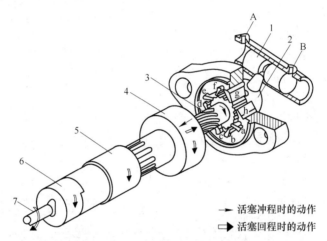

图 1-39 YG80 型凿岩机双向转钎机构动作原理

1—滑套；2—换向套；3—螺旋棒；4—活塞；5—转动套；6—钎套（掐套）；7—钎尾；

A—右进气管；B—左进气管；a，c，e，g—正常凿岩接杆用棘爪；b，d，f，h—卸钎用棘爪

1.3.6 YGZ90 型凿岩机

此前介绍的凿岩机，从结构上看，都是内回转式凿岩机（间歇转钎），具有结构简单、重量轻、无需配备专门用于回转的马达等特点。但是具有棘轮棘爪转钎机构的内转式凿岩机，其冲击与回转相互依从，并有固定的参数比，无法在较软岩石中给出较小的冲击力和较高的回转速度，或在硬岩中给出较大的冲击力和较小的回转速度，不仅凿岩适应性较差，而且在节理发达、裂纹较多的矿岩中容易卡钎。独立（外）回转式凿岩机正是从克服内回转式凿岩机的缺点出发，研制出以独立回转的转钎机构代替依从式棘轮棘爪转钎机构。这种机构具有以下特点：

（1）由于采用独立的转钎机构，可增大回转力矩，这样对凿岩机可施加更大的轴推力（而内回转式凿岩机会因此堵转），从而提高了纯凿岩速度。

（2）转钎和冲击相互独立，适用于各种矿岩条件下的作业（因转速可调），且使机器维护与拆装方便。

（3）取消了依从式转钎机构中最易损耗的棘轮、棘爪等零件，延长了凿岩机的使用寿命。

YGZ90 型是典型的外回转导轨式凿岩机，其外形如图 1-40 所示。凿岩机由气动马达 1、减速器 2、机头 4、缸体 6 和柄体 9 五个主要部分组成。机头、缸体、柄体用两根长螺杆 5 连接成一体，气动马达和减速器用螺栓固定在机头上，钎尾 3 由气动马达经减速器驱动。

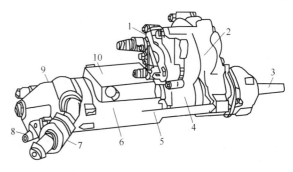

图 1-40　YGZ90 型凿岩机的外形

1—气动马达；2—减速器；3—钎尾；4—机头；
5—长螺杆；6—缸体；7—气管接头；
8—水管接头；9—柄体；10—排气罩

YGZ90 型凿岩机的结构如图 1-41 所示。钎尾 40 插入机头 36 内，用卡（掐）套 2 掐住钎尾凸起的挡环（钎耳），由转动套 34 驱动卡套及钎尾旋转，导向套 1 和钎尾套 35 则控制钎尾往复运动的方向。机头 36 用机

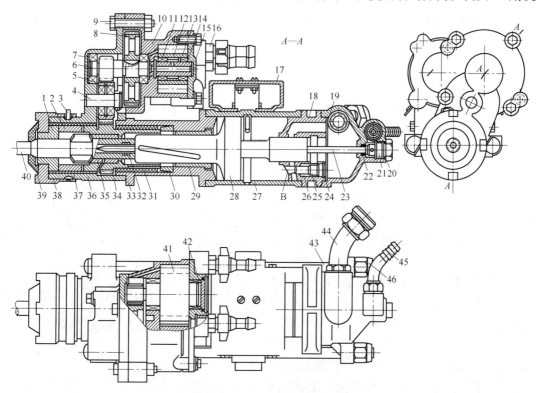

图 1-41　YGZ90 型凿岩机的结构

1—导向套（衬套）；2—卡套（掐套）；3—弹簧卡圈；4—芯轴；5—惰性齿轮；6—轴齿轮；7—单列向心球轴承；
8，13—齿轮；9—螺栓；10—气动马达体；11—滚针轴承；12—隔圈；14—销轴；15，42—盖板；
16，44—气管接头；17—排气罩；18—配气体；19—柄体；20，32—密封圈；21—进水螺塞；22—水针胶垫；
23—水针；24—挡圈；25—启动阀；26—弹簧；27—气缸；28—活塞；29—铜套；30—垫环；31，37—衬套；
33—连接体；34—转动套；35—钎尾套；36—机头；38—机头盖；39—防水罩；40—钎尾；
41—气动马达的双联齿轮；43—长螺杆；45—水管接头；46—螺母

头盖 38 盖住，外有防水罩 39，可防止向上凿岩时，泥浆污染机头。钎尾前端有左旋波状螺纹，钎杆用连接套拧接在钎尾上。在机头上装有齿轮式气动马达和减速器。当气动马达旋转时，通过马达输出轴的小齿轮（41 左）带动大齿轮 8 转动，大齿轮 8 借月牙形键将动力传递给轴齿轮 6，又通过惰性齿轮 5 驱动转动套 34，使钎尾 40 回转。

冲击配气机构属无阀式配气类型，与 YTP26 型凿岩机的相似。为了防止活塞可能停在关闭进、排气口的死点位置，使凿岩机无法启动，在柄体内的配气体上安装了一个启动阀，其工作原理如图 1-42 所示。当启动凿岩机，且活塞处于死点位置时，压气由配气体后室进气孔道的环形空间经启动孔 3

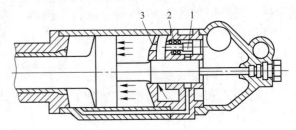

图 1-42　启动阀作用原理
1—启动阀；2—弹簧；3—启动孔

进入气缸后腔，推动活塞向前（左）运动，离开死点位置。与此同时，由于启动阀 1 前后端面积大小不等，启动阀在压力差的作用下，克服弹簧 2 的张力向左移动，关闭启动孔 3。当凿岩机冲击工作停止时，启动阀 1 两端压力差随之消失，启动阀 1 在弹簧 2 的作用下右移，打开启动孔 3，为下一次启动做好准备。

1.3.7　风动支柱与圆盘导轨架

导轨式凿岩机通常架设在支柱上或台车上工作。常用支柱为风动支柱和圆盘导轨架。

1.3.7.1　风动支柱

风动支柱如图 1-43 所示。立柱 3 用无缝钢管制成，是一个双作用气缸。将缸体的底座放在巷道底板上，向缸体通入压气，活塞杆伸出，活塞杆的顶尖顶紧巷道顶板，立柱就稳固地站立在顶板与底板之间。横臂 4 用卡盖 1 和螺栓 2 与立柱连接，可沿立柱上下移动和绕立柱旋转，定位后拧紧螺栓 2 使之固定。为防止横臂在凿岩时向下松动，用螺栓 11 夹紧托圈 12 托住横臂。上托座 5 和下托座 10 装在横臂上，可沿横臂左右移动和绕横臂旋转，定位后拧紧螺栓 8 使之固定。在上托座 5 的侧面有卡子 6，用销轴 9 铰接在托座上，凿岩机导轨架下端的底座就放在卡子 6 与上托座顶部的弧形槽之间，可以左右转动，定位后用螺栓 7 固定。利用上述装置，凿岩机能够钻凿工作面的各类浅孔和中

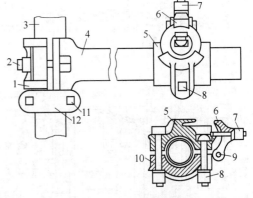

图 1-43　风动支柱
1—卡盖；2，7，8，11—螺栓；3—立柱；
4—横臂；5—上托座；6—卡子；
9—销轴；10—下托座；12—托圈

深孔。

通常在立柱下部装一个手摇小绞车，在立柱上部装一个滑轮，用钢绳上下移动横臂和左右移动凿岩机。

1.3.7.2 圆盘导轨架

圆盘导轨架是在采场中用导轨式凿岩机钻凿扇形中深孔的专用支架。

FJY/TJ-25 型圆盘导轨架的结构如图 1-44 所示,整个设备由工作部分和操纵部分组成,二者间用风水管连接。由于两部分分开,可在离工作面较远的地方操纵,对工作和安全有利。工作部分由柱架、气动马达推进器、转盘及手摇绞车组成;操纵部分由注油器、气动操纵阀组、水阀及司机座组成。

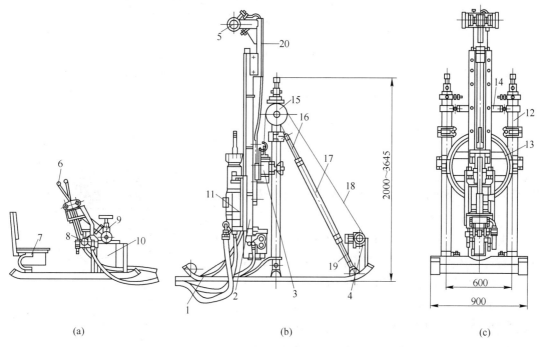

图 1-44　FJY/TJ-25 型圆盘导轨架结构
(a) 操纵部分;(b) 圆盘导轨架侧视图;(c) 圆盘导轨架正视图
1—撬板;2—气动马达推进器;3—横梁;4—手摇绞车;5—夹钎器;6—操纵手柄;7—司机座;
8—水阀;9—总进气阀;10—注油器;11—凿岩机;12—立柱;13—转盘;14—横杆;
15—滑轮;16—左螺杆;17—拉杆;18—钢绳;19—右螺杆;20—连接板

(1) 柱架。柱架的底盘为一对钢材焊成的撬板 1,在左右撬板上用铰轴各装有一根立柱 12,立柱可绕铰轴转动,用拉杆 17 支撑。拉杆两端螺母与左螺杆 16 和右螺杆 19 相互作用,可使立柱前后俯仰到所需角度。

立柱的结构如图 1-45 所示。活塞 5 用螺母 3 和止动垫圈 4 固定在活塞杆 9 上,活塞与缸体 1 及活塞杆 9 之间,用密封圈 7 及 O 形圈 6 密封。缸体 1 前端有缸帽 10,缸帽与活塞杆及缸体之间,用密封圈 18 及胶垫 11 密封。缸帽端部有油封 12,用以刮拭活塞杆上的岩粉,防止污物进入缸体内。当压气经接头 2 进入缸体后腔时,活塞杆伸出,顶尖 15 顶紧巷道顶板,柱架就固定在工作面前。从弯头 17 通入压气,活塞杆缩回,柱架在外力拖动下,可沿地面移动。

为了使活塞杆的伸出长度可以调节,在活塞杆 9 内,装有内套管 14,二者用销轴 13 连接并用开口销 16 固定。将销轴插入内套管的不同穿孔中,活塞杆的伸出长度即随之改变。

24

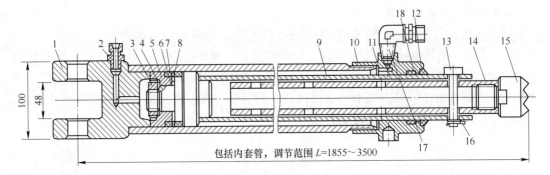

包括内套管，调节范围 $L=1855\sim3500$

图1-45 立柱结构

1—缸体；2—接头；3—螺母；4—止动垫圈；5—活塞；6—O形圈；7，18—密封圈；8—挡圈；9—活塞杆；
10—缸帽；11—胶垫；12—油封；13—销轴；14—内套管；15—顶尖；16—开口销；17—弯头

（2）气动马达推进器。气动马达推进器与其他马达推进器相似，不同之处只是在导轨架前端通过连接板20装有夹钎器5（见图1-44）。夹钎器的作用是使接卸钎杆机械化，并在开眼时引导钎杆方向，使之便于定位。

夹钎器的结构如图1-46所示。两个缸体1对称焊在夹钎器体15上，缸体中装有活塞4，用圆柱销定位，使之不能旋转，活塞与缸体间装有衬套8，并用O形圈6和9密封，其前端有油封5防尘。夹爪2用螺栓3和垫圈7固定在活塞上，并用O形圈14密封。缸体后端用端盖12、挡圈11和O形圈10封闭。当压气进入缸体后腔时，一对夹爪伸出夹住接钎套，可用于凿岩机接卸钎杆。反之，压气进入缸体前腔，夹爪缩回。开眼时可让一对夹爪伸出托住钎杆，防止钎杆跳动或弯曲。开眼后缩回夹爪，以防磨损。

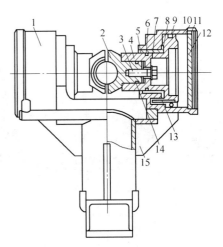

图1-46 夹钎器结构

1—缸体；2—夹爪；3—螺栓；4—活塞；
5—油封；6，9，10，14—O形圈；7—垫圈；
8—衬套；11—挡圈；12—端盖；
13—圆柱销；15—夹钎器体

（3）转盘。转盘的结构如图1-47所示。横梁1上焊有两个卡座2，通过卡盖12和螺栓3，套装在左右立柱9上，可沿立柱上下移动，定位后用螺母11固定。横梁中部有一个轴孔，孔内镶有铜套13，转盘23的短轴装在铜套中，可左右旋转，定位后用端盖14和螺栓16固定。推进器的导轨架24用螺栓22固定在转盘上，可随转盘旋转。转盘背面有角度指示牌20，横梁上有指示针21，可指示转盘的旋转角度。角度调好后，再用螺栓4将转盘夹紧在两块压板18上，以便凿岩。横梁上有吊钩19，挂在图1-44所示的钢绳18上，用手摇绞车4牵引，可升降横梁和转盘。

（4）气动系统。气动系统如图1-48所示。压气经总进气阀2、过滤网3、注油器4进入操纵阀组，控制各部件的动作。

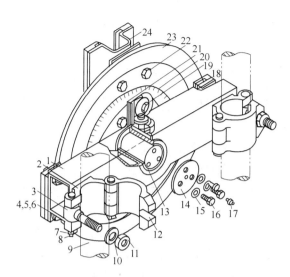

图 1-47　转盘立体图

1—横梁；2—卡座；3，4，16，22—螺栓；5，11—螺母；
6，10，15—垫圈；7—销轴；8—开口销；9—立柱；
12—卡盖；13—铜套；14—端盖；17—油杯；
18—压板；19—吊钩；20—角度指示牌；
21—指示针；23—转盘；24—导轨架

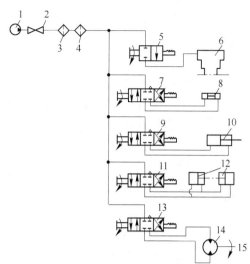

图 1-48　气动系统

1—压气来源；2—总进气阀；3—过滤网；4—注油器；
5—凿岩机冲击器操纵阀；6—凿岩机冲击器；
7—凿岩机换向器操纵阀；8—凿岩机换向器；
9—立柱操纵阀；10—立柱气缸；11—夹钎器操纵阀；
12—夹钎器气缸；13—推进气动马达操纵阀；
14—推进气动马达；15—推进螺杆

1.4　液压凿岩机

液压凿岩机是以循环的高压油作为动力，而气动凿岩机是以压缩空气推动活塞运动的冲击凿岩工具，这是两者之间最本质的区别。该本质区别使液压凿岩机克服了气动凿岩机存在的一系列问题。相比之下，液压凿岩机具有以下优点：

（1）能量利用率高，可达40%以上；动力消耗少，仅为气动凿岩机的1/4~1/3。

（2）力学性能好、凿岩速度高，由于油压比气压高20~40倍，因此液压凿岩机的冲击功大为提高，进而使凿岩速度高出气动凿岩机1倍以上。

（3）液压做动力便于根据岩石情况调整冲击频率和旋转速度，使机器在最佳工况下工作。

（4）便于和柴油驱动的液压凿岩台车配套，实现能源单一化，提高设备机动性和台班工效。

（5）无排气，从而消除了排气噪声和油雾，工作面环境大为改善。

（6）活塞等运动部件均在油液中工作，润滑条件好，寿命长。

（7）气动设备在高海拔地区，不但自身效率会下降，而且空压机工作效率也大幅下降，综合能耗增加很多。液压凿岩机的效率不会受此影响。

实际使用的液压凿岩机绝大多数为导轨式。按配油方式，液压凿岩机可分为有阀型和无阀型两大类；前者按阀的结构又可分为套阀式和芯阀式（或称外阀式）。按回油方式，液压凿岩机分为单面回油和双面回油两种；单面回油又分前腔回油和后腔回油两种。

1.4.1　常用液压凿岩机工作原理

液压凿岩机主要由冲击机构与回转机构两大部分组成，回转机构的工作原理都是一样的，都是采用液压马达驱动齿轮，经过减速，将扭矩与转速传递给钎杆。最常用的液压凿岩机冲击机构实际只有后腔回油与双面回油两种类型。

1.4.1.1　后腔回油、前腔常压油型液压凿岩机工作原理

此类液压凿岩机的活塞前腔常通高压油，通过改变后腔油液的压力状态，来实现活塞的往复冲击运动。图1-49所示为套阀式液压凿岩机的工作原理。其配流阀（换向阀）采用与活塞做同轴运动的三通套阀结构。当套阀4处于右端位置时，缸体后腔与回油O相通，于是活塞2在缸体前腔压力油P的作用下向右做回程运动（见图1-49a）。当活塞2超过信号孔位A时，套阀4右端推阀面5与压力油相通，因该面积大于阀左端的面积，故阀4向左运动，进行回程换向，压力油通过机体内部孔道与活塞后腔相通，活塞向右做减速运动，后腔的油一部分进入蓄能器3，另一部分从机体内部通道流入前腔，直至回程终点（见图1-49b）。由于活塞台肩后端面大于活塞台肩前端面，因此活塞后端面作用力远大于前端面作用力，活塞向左做冲程运动（见图1-49c）。当活塞越过冲程信号孔位B时，阀4右端推阀面5与回油相通，阀4进行冲程换向（见图1-49d），为活塞回程做好准备，与此同时活塞冲击钎尾做功，如此循环工作。

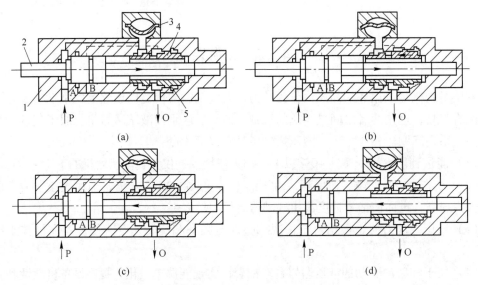

图1-49　后腔回油套阀式液压凿岩机工作原理

（a）回程；（b）回程换向；（c）冲程；（d）冲程换向（冲击钎尾）

1—缸体；2—活塞；3—蓄能器；4—套阀；5—右推阀面；A—回程换向信号孔位；

B—冲程换向信号孔位；P—压力油；O—回油

后腔回油芯阀式液压凿岩机冲击工作原理与上述相同，如图1-50所示，只是阀不套在活塞上，而是独立在外面，故又称外阀式。

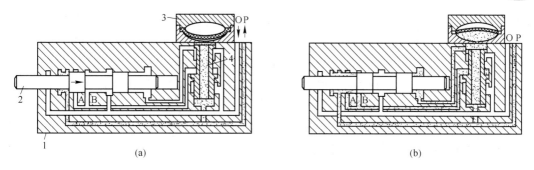

图 1-50 塞科马公司后腔回油芯阀式凿岩机工作原理

(a) 回程；(b) 冲程

1—缸体；2—活塞；3—蓄能器；4—阀芯；A—回程换向信号孔位；B—冲程换向信号孔位

1.4.1.2 双面回油型液压凿岩机工作原理

双面回油型液压凿岩机都为四通芯阀式结构，采用前后腔交替回油，冲击工作原理如图 1-51 所示。

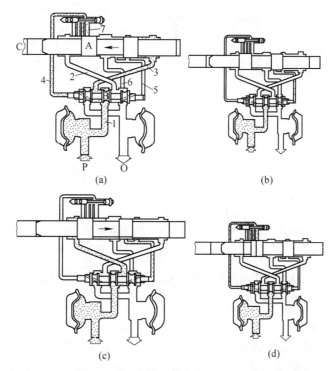

图 1-51 阿特拉斯·科普柯公司双面回油型凿岩机工作原理

(a) 冲程；(b) 冲程换向；(c) 回程；(d) 回程换向

1—高压进油路；2—前腔通道；3—后腔通道；4—前推阀通道；5—后推阀通道；
6—回油通道；7—信号孔通道；A—活塞；B—阀芯；C—钎尾

在冲程开始阶段（见图 1-51a），阀芯 B 与活塞 A 均位于右端，高压油 P 经高压油路 1 到后腔通道 3 进入缸体后腔，推动活塞 A 向左（前）做加速运动。活塞 A 向前至预定位置，打开右推阀通道口（信号孔），高压油经后推阀通道 5，作用在阀芯 B 的右端面，推动阀芯 B 换向（见图 1-51b），阀左端腔室中的油经前推阀通道 4、信号孔通道 7 及回油通道 6 返回油箱，为回程运动做好准备。与此同时，活塞 A 打击钎尾 C，接着进入回程阶段（见图 1-51c）；高压油从进油路 1 到前腔通道 2 进入缸体前腔，推动活塞 A 向后（右）运动；活塞 A 向后运动打开前推阀通道 4 时（图中缸体上有 3 个通口称为信号孔，为调换活塞行程之用），高压油经前推阀通道 4 作用在阀芯 B 左端面上，推动阀芯 B 换向（见图 1-51d），阀右端腔室中的油经后推阀通道 5 和回油通道 6 返回油箱，阀芯 B 移到右端，为下一循环做好准备。

1.4.2 液压凿岩机基本结构

阿特拉斯·科普柯公司 COP1238 型液压凿岩机由钎尾装置 A（内含供水装置与防尘系统等部分）、转钎机构 B、钎尾反弹吸收装置 C 与冲击机构 D 四个部分组成，如图 1-52 所示。

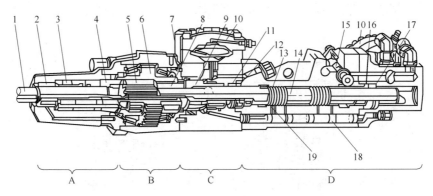

图 1-52　COP1238 型液压凿岩机结构

1—钎尾；2—耐磨衬套；3—供水装置；4—止动环；5—传动套；6—齿轮套；7—单向阀；
8—转钎套筒衬套；9—缓冲活塞；10—缓冲蓄能器；11，17—密封套；12—活塞前导向套；
13—缸体；14—活塞；15—阀芯；16—活塞后导向套；18—行程调节柱塞；19—油路控制孔道；
A—钎尾装置；B—转钎机构；C—钎尾反弹吸收装置；D—冲击机构

各厂家液压凿岩机的结构各有特点，如钎尾反弹吸收装置的有无、活塞行程调节装置的有无、缸体缸套的有无，是中心供水还是旁侧供水。国外有些液压凿岩机还设有液压反冲装置，在卡钎时可起拔钎作用。

1.4.2.1 冲击机构

冲击机构是冲击做功的关键部件，它由活塞、缸体、活塞导向套、配流阀、蓄能器、活塞行程调节装置等主要部件组成。

（1）活塞。液压凿岩机活塞是产生与传递冲击能量的主要零件，活塞形状对传递能量的应力波波形有很大影响：活塞直径越接近钎尾的直径越好，且活塞直径变化越小越好。图 1-53 所示为液压和气动凿岩机活塞直径的比较。液压活塞重量只比气动活

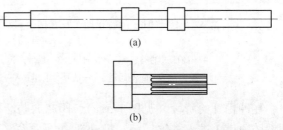

图 1-53　液压活塞与气动活塞直径比较

（a）液压活塞；（b）气动活塞

塞大19%，输出功率却大一倍，而钎杆内的应力峰值则减少了20%。

  不同的液压凿岩机活塞，只有双面回油的活塞断面直径变化最小，且细长，是最理想的活塞形状。图1-54所示为3种活塞的结构。

  （2）缸体。缸体（见图1-52中13）是液压凿岩机的主要零件，体积和重量都较大，结构复杂，孔道和油槽多，要求加工精度高。有厂家为简化缸体工艺，加工2～3个较短缸套或将缸体分为两段，以保证加工精度。

  （3）活塞导向套。COP1238型液压凿岩机活塞前后两端都有导向套（也称支承套）支承（见图1-52中12和16）。导向套的材料有单一材料和复合材料两种。前者制造简单，后者性能优良。COP1238型液压凿岩机活塞导向套是由耐磨复合材料制成的。

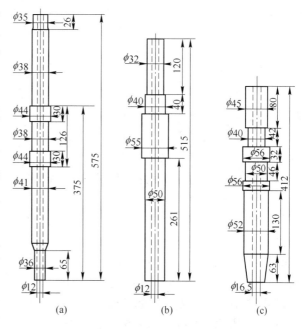

图1-54　活塞结构（单位：mm）
（a）双面回油型（COP系列）；（b）前腔常压油Ⅰ型；
（c）前腔常压油Ⅱ型

  （4）配流阀。液压凿岩机的配流阀有多种多样的形式，概括起来有三通阀与四通阀两大类。前腔常压油型液压凿岩机是利用差动活塞的原理，故只需用三通滑阀，而双面回油型液压凿岩机则必须采用四通滑阀。

  三通滑阀的典型结构是三槽二台肩（见图1-55a），即阀体上有三个槽，阀芯上有两个台肩。四通滑阀的典型结构是五槽三台肩（见图1-55b）。三通滑阀阀芯比四通滑阀阀芯少一个台肩，因而可以做得比较短，从而减轻了阀芯重量，这可提高冲击机构的效率。另外三通滑阀只有3个关键尺寸和一条通向油缸的孔道，结构简单，工艺性好，而四通滑阀则有5个关键尺寸和两个通向油缸的孔道，结构复杂，工艺性差，加工难度大。

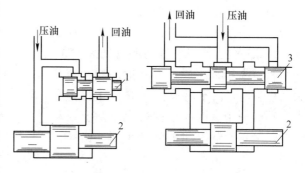

图1-55　冲击机构的配流阀结构
（a）三通滑阀型；（b）四通滑阀型
1—三通滑阀；2—活塞；3—四通滑阀

  三通配流阀与四通配流阀都有很好的工作性能。阿特拉斯公司的液压凿岩机都是采用四通滑阀，山特维克公司的液压凿岩机多是采用三通滑阀，它们都是性能优良，工作稳定可靠的著名产品。

  （5）蓄能器。冲击机构的活塞只在冲程时才对钎尾做功，而回程时不对外做功。为了充分利用回程能量，需配置高压蓄能器储存回程能量，并利用它提供冲程时所需的峰值流量，以减小泵的排量。此外，蓄能器还可以吸收由于活塞与阀高频换向引起的系统压力冲击和流量脉动，以提高机器工作的可靠性与各部件的寿命。目前国内外各种液压凿岩机都配有一个或两个高压蓄能器；有的液压凿岩机为了减少回油的脉动，还设有回油蓄能器。因液压凿岩机冲击频率较高，故都采用速度快的隔膜式蓄能器。隔膜式蓄能器的结构如图 1-56 所示。

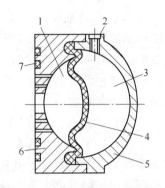

图 1-56　隔膜式蓄能器结构
1—蓄油腔；2—充气口；3—氮气腔；
4—隔膜；5—上盖；6—底座；7—密封圈

　　（6）活塞行程调节装置。有的液压凿岩机的冲击能与冲击频率是可调节的，可以得到冲击能和冲击频率的不同组合，以适应不同性质的岩石，提高钻孔效率。各型液压凿岩机的行程调节装置结构各异，但原理基本相同，都是利用活塞行程调节装置来改变活塞的行程。

　　图 1-57 所示为 COP1238 型液压凿岩机行程调节装置的工作原理。在行程调节杆 1 上沿轴向铣有 3 个长度不等的油槽，沿圆周等分排列。当调节杆处于图 1-57（b）所示位置时，反馈孔 A 通过油道与配流阀阀芯 4 的左端面相通，一旦活塞回程左凸肩越过反馈孔 A，活塞 3 的前腔高压油就通到阀芯的左端面（见图 1-57d），同时活塞右侧封油面也刚好封闭了阀芯右端面与高压油相通的油道，并使其与系统的回油相通，这样阀芯在左端面高压油的作用下，迅速由左位移到右位，于是活塞前腔与回油相通，而后腔与高压油相通，活塞由回程加速转为回程制动。由于反馈孔 A 是 3 个反馈孔最左端的一个，因此这种情况下活塞运动的行程最短，输出冲击能最小而冲击频率最高。

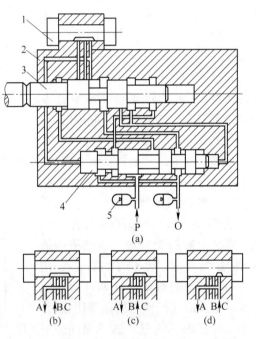

图 1-57　COP1238 型液压凿岩机行程调节原理
1—行程调节杆；2—缸体；3—活塞；4—阀芯；
5—蓄能器；A～C—反馈孔；P—压力油；O—回油

　　当行程调杆处于图 1-57（c）所示位置时，反馈孔 A 被封闭，活塞行程越过反馈孔 A 并不能将系统的高压注引到阀芯左端面，因而不会引起配流阀换向，只有当活塞越过反馈孔 B 时，阀芯左端面才与高压油相通，使阀芯换向，动作同前。此时活塞行程较前者为长，因此冲击能较高而冲击频率较低。

　　当调节杆处于图 1-57（d）所示的位置时，反馈孔 A 和 B 都被封闭，只有当活塞回程越过反馈孔 C 时才能引起阀芯换向。在这种情况下，活塞行程最长，冲击能最大，冲击频率最低。

　　COP1238 型液压凿岩机的行程调节是有级的机械调节，分为三挡，装置结构简单，调节作用很可靠，缺点是调节动作很麻烦，不能在钻孔过程中随时进行调节。

1.4.2.2　转钎机构

该机构主要用于转动钎具和接卸钎杆。

液压凿岩机的输出扭矩较大，一般都采用外回转机构，用液压马达驱动一套齿轮装置，带动钎具回转。液压凿岩机转钎机构中普遍采用摆线液压马达驱动，这种马达体积小、扭矩大、效率高。转钎齿轮一般采用直齿轮。COP1238 型液压凿岩机转钎齿轮机构如图 1-58 所示。

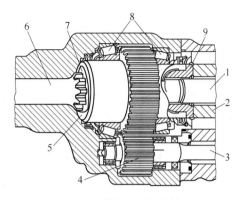

图 1-58　COP1238 型液压凿岩机转钎齿轮机构
1—冲击活塞；2—缓冲活塞；3—传动长轴；
4—小齿轮；5—大齿轮；6—钎尾；
7—三边形花键套；8—轴承；9—缓冲套筒

图 1-58 的液压马达是放在液压凿岩机的尾部，通过长轴 3 传动回转机构的，也有的液压凿岩机不用长轴，而是把液压马达的输出轴直接插入小齿轮内。

1.4.2.3　钎尾反弹能量吸收装置

在冲击凿岩过程中，必然存在钎尾的反弹。为防止反弹力对机构的破坏，COP1238 型液压凿岩机设有反弹能量吸收装置。其工作原理如图 1-59 所示，其位置与结构见图 1-60 的 6。

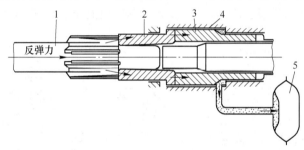

图 1-59　COP1238 型液压凿岩机钎尾反弹能量吸收装置工作原理
1—钎尾；2—回转卡盘轴套；3—缓冲活塞；4—液压油；5—高压蓄能器

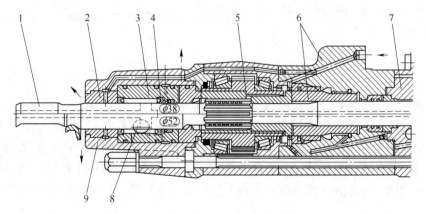

图 1-60　COP1238 型液压凿岩机供水、转钎、反弹能量吸收装置结构
1—钎尾；2—耐磨支承套；3—不锈钢供水套；4—密封；5—转钎机构机头；
6—反弹能量吸收装置；7—冲击机构缸体；8—注水套进水口；9—钎尾套

反弹力经钎尾 1 的花键端面传给回转卡盘轴套 2，轴套 2 再传给缓冲活塞 3，缓冲活塞的锥面与缸体间充满液压油，并与高压蓄能器 5 相通。这样，高压油可起到吸能和缓冲的作用，避免反弹力直接撞击金属件，从而延长凿岩机和钎杆的使用寿命。

1.4.2.4　供水装置

地下用液压凿岩机都用压力水作为冲洗介质。供水装置分为中心供水与旁侧供水两大类。

（1）中心供水。与一般的气动凿岩机中心供水方式相同，压力水从凿岩机后部的注水孔通过水针从活塞中间孔穿过，进入前部钎尾来冲洗钻孔。这种供水方式的优点是结构紧凑，机头部分体积小，但密封比较困难，容易漏水，冲走润滑油，造成机内零件严重磨损，而且由于水针和钎尾中心孔的偏心，水针密封圈的寿命降低。导轨式液压凿岩机很少采用中心供水方式。

（2）旁侧供水。旁侧供水装置是液压凿岩机广泛采用的结构。冲洗水通过凿岩机前部的注水套进入钎尾的进水孔去冲洗钻孔，其结构如图 1-60 的左侧所示。

旁侧供水由于水路短，易实现其密封，冲洗水压可达 1MPa 以上，并且即使发生漏水也不会影响凿岩机内部的正常润滑。其缺点是增加了钎尾装置的长度。

1.4.2.5　润滑与防尘系统

冲击机构运动零件都是浸在液压油中，无需再加润滑油。转钎机构的齿轮与轴承一般采用油脂润滑，COP3038 型、HYD200 型、HYD300 型液压凿岩机则是采用液压系统的回油进行润滑。

钎尾装置的花键与支承套一般采用油气雾进行润滑，由钻车上小气泵产生 0.2MPa 的压气，经注油器后，将具有一定压力的油雾供给钎尾装置润滑，然后从钎尾装置向外喷出，以防止岩粉和污物进入机器内部。COP 系列液压凿岩机的润滑与防尘系统如图 1-61 所示，其结构见图 1-60 中的箭头与通道。

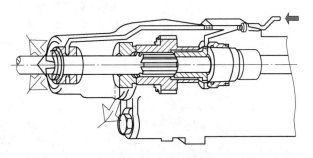

图 1-61　COP1238 型液压凿岩机润滑与防尘系统

1.4.2.6　反向冲击装置

有的重型液压凿岩机上，在供水装置前面加一反冲装置，用于拔钎，当钎杆卡在岩孔内时，反向冲击，拔出钎杆。其结构如图 1-62 所示。

油腔 1 经可调节流阀始终与高压油相通，回油接头 2 经管路与二位二通阀 3 相连。当钎杆卡在炮孔内时，系统通过阀 3 的液控油路 4，使二位二通阀 3 换向，关闭回油路，油腔 1 内形成高压油，推动反冲活塞 6 向右运动，反冲活塞 6 则作用于针尾 7 的台肩，使钎杆从钻孔中退出。正常凿岩作业时，油腔 1 内的油压力较低，允许钎尾自由移动。

1.4.3　液压凿岩机的性能参数

液压凿岩机的性能参数包括冲击能、冲击频率、转钎扭矩、转钎速度。冲击能与冲击

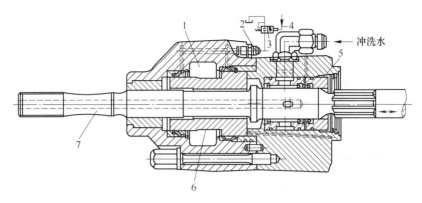

图 1-62　COP1838 MEX 型液压凿岩机的反冲装置

1—油腔；2—回油接头；3—液控二位二通阀；4—阀 3 的液控油路；5—供水套；6—反冲活塞；7—钎尾

频率的乘积等于冲击功。

（1）冲击能。

$$E = \frac{1}{2} m_{\mathrm{p}} v^2$$

式中　E——液压凿岩机活塞的单次冲击能；

　　　m_{p}——活塞质量；

　　　v——活塞冲程末速度（冲击最大速度）。

冲击能难以检测，国外大多数液压凿岩机厂商并不标明其值。手持式液压凿岩机的冲击能一般为 40～60J，支腿式液压凿岩机的冲击能一般为 55～85J，导轨式液压凿岩机的冲击能一般为 150～500J，甚至更大。增大冲击能，可以提高凿岩钻孔速度。但是，冲击能的选择要与活塞、钎尾、钎杆、钎头等零件寿命相匹配。冲击能受到零件材料强度与价格的限制，不能太大。

（2）冲击频率。液压凿岩机的冲击频率一般都高于气动凿岩机，大多数机型的冲击频率都不小于 50Hz。为了提高凿岩钻孔速度，国外大的制造厂商都希望不断地提高液压凿岩机的冲击功率，但由于冲击能受到零件材料强度与价格的限制，所以只能提高冲击频率。进入 21 世纪后，国外最先进的液压凿岩机的冲击频率已经达到 100Hz，并且还有继续提高冲击频率的趋势。阿特拉斯·科普柯公司于 2004 年推出的 COP 3038 型液压凿岩机的冲击功率为 30kW，冲击频率为 102Hz，冲击能不大于 30J，钎尾仍为 T38，钎头直径仍为 43～64mm，钻孔速度也已经达到 4～5m/min。山特维克公司最新机型 HFX5T 液压凿岩机，冲击频率为 86Hz，用 45mm 的钻头在花岗岩中钻孔，钻速达 4.5m/min。

（3）转钎扭矩。导轨式液压凿岩机转钎机构都是外回转式，其扭矩一般都大于同级气动凿岩机。导轨式液压凿岩机最大扭矩的数值一般都大于其冲击能的数值，有的扭矩值与冲击能值之比达到 2 以上。

（4）转钎速度。液压凿岩机的转钎速度为 0～300r/min，一般来说，转速随冲击频率的增大而增大。

1.4.4　液压凿岩机的工作参数

液压凿岩机主要工作参数包括冲击油压、冲击流量、回转油压、回转流量。随着液压与密封技术的进步，液压凿岩机的冲击油压与回转油压都有增高的趋势。供油压力高，反映出液压凿岩机的制造质量比较高。供油压力高，供油流量就会相应减少，这可以减轻液压凿岩机及其连接油管的重量。

阿特拉斯·科普柯公司液压凿岩机的冲击油压为 20 ~ 25MPa，回转油压为 15 ~ 17.5MPa，冲洗水压力为 1~2MPa，润滑用压缩空气压力为 0.2MPa，压缩空气流量为 5 ~ 6L/s。

1.4.5　液压凿岩机的选型

导轨式液压凿岩机是液压凿岩钻车的主要配置之一，在液压凿岩机的选型时，一般来说，液压凿岩机的标准配置型号已经确定。如果用户需要改动，务必与液压凿岩钻车生产厂家协商，把巷道与钻孔工作面的尺寸、岩石条件、钻孔直径和深度、钻孔工艺、生产组织、生产率要求等提供给制造商，请厂家推荐凿岩钻车及配套的液压凿岩机型号。

阿特拉斯·科普柯公司、三特维克公司等均是著名的液压凿岩机制造厂商，能够提供各种类型、规格、型号的液压凿岩机供用户选择。

复习思考题

1-1　画简图，简述冲击回转式凿岩原理。

1-2　简述球齿形钎头的特点。

1-3　简述钎具的能量传输原理。

1-4　简述 YT23 型凿岩机冲击配气机构的工作原理。

1-5　简述 YT23 型凿岩机转钎机构的工作原理。

1-6　画简图，简述 FT160 型气腿的支承与推进原理。

1-7　简述 YTP-26 型凿岩机无阀式配气机构的工作原理。

1-8　简述液压凿岩机的优点。

1-9　简述后腔回油、前腔常压油型液压凿岩机的工作原理。

1-10　简述双面回油型液压凿岩机的工作原理。

2　凿 岩 钻 车

【学习要求】

（1）了解凿岩钻车的类型、特点及适用范围。
（2）掌握掘进凿岩钻车的结构及工作原理。
（3）掌握采矿钻车的结构与工作原理。
（4）掌握采矿凿岩钻车的选型。
（5）掌握露天凿岩钻车的结构及工作原理。

2.1　凿岩钻车概述

　　凿岩钻车是近 40 年发展起来的先进凿岩设备。尽管早期的凿岩钻车只是简单的钻臂、气动凿岩机再加上遥控装置，但却为巷道掘进和采矿作业引进了一门崭新的技术。凿岩钻车类型很多，按其用途分为露天凿岩钻车和地下凿岩钻车。

2.1.1　露天凿岩钻车的类型、特点及适用范围

2.1.1.1　露天凿岩钻车的类型

　　根据《凿岩机械与气动工具产品型号编制方法》（JB/T 1590—2010），露天凿岩钻车（组别代号 C）分为履带式（型别代号 L）、轮胎式（型别代号 T）和轨轮式（型别代号 G），如 CL 表示履带式露天钻车，CG 表示轨轮式露天钻车，CT 表示轮胎式露天钻车。

　　按工作动力，露天凿岩钻车可分为气动露天凿岩钻车（钻车的凿岩钻孔以及炮孔的定位定向等动作都是靠气压传动完成）、气液联合式露天凿岩钻车（除凿岩机是气动外，钻车的其余动作靠液压传动完成）、全液压露天凿岩钻车（凿岩机是全液压凿岩机，钻车的其余动作也都是靠液压传动完成）。

2.1.1.2　露天凿岩钻车的特点

　　与牙轮钻车、潜孔钻车相比，露天凿岩钻车具有以下特点：

（1）整机重量轻，装机功率小，机动性强。
（2）能够钻凿多种方位的钻孔，调整钻车（架）位置迅速准确。
（3）爬坡能力强，国产钻车最大爬坡能力可达 25°，进口钻车可达 30°。
（4）具有多用途的露天钻孔设备。
（5）液压凿岩钻车的能耗仅为潜孔钻的 1/4，钻速却为潜孔钻的 2.3～3 倍。

2.1.1.3　露天凿岩钻车的适用范围

（1）在采石场、土建工程、道路工程及小型矿山钻孔中，凿岩钻车可作为主要的钻孔

设备。在二次破碎、边坡处理、清除根底中，凿岩钻车可作为辅助钻孔设备。在中小型露天矿，液压凿岩钻车可取代气动潜孔钻车。

（2）凿岩钻车钻孔方位多，最小的钻车方位可以达到横向各45°，纵向0°～105°。凿岩钻车可用于钻凿各种方位的预裂爆破孔、修理边坡和锚索孔及灌浆孔等。

（3）凿岩钻车爬坡能力强，机动灵活，可在复杂地形上进行钻孔作业。

（4）露天凿岩钻车主要用于硬或中硬矿岩的钻孔作业，钻孔直径一般为40～100mm，最大孔径可达150mm。气动露天凿岩钻车与气液联合式露天凿岩钻车，因采用的气动凿岩机功率较小，一般适用于钻凿孔径小于80mm，孔深小于20m的炮孔。全液压露天凿岩钻车，因其采用的全液压凿岩机功率较大，钻孔孔径可以达到150mm，孔深可达30m，最深可达50m。

2.1.2　地下凿岩钻车的类型、特点及适用范围

2.1.2.1　地下凿岩钻车的类型

地下凿岩钻车可分为掘进钻车、采矿钻车、锚杆钻车等。

（1）掘进钻车。掘进钻车按凿岩机动力分为气动掘进钻车和液压掘进钻车（由于钻车的调幅定位也由液压动力控制，所以后者也称全液压掘进钻车）；按行走底盘分为轨轮式、轮胎式、履带式和门架式四种（门架式仅用于大断面隧道掘进）；按钻臂的运动方式分为直角坐标式、极坐标式、复合坐标式和直接定位式四种；按钻臂数目分为单臂钻车、双臂钻车和多臂钻车。

（2）采矿钻车。采矿钻车按凿岩方式分为顶锤式钻车和潜孔式钻车；按钻孔深度分为浅孔凿岩钻车和中深孔凿岩钻车，国外部分浅孔或中深孔采矿凿岩钻车与掘进凿岩钻车通用；按配用凿岩机台数分为单机钻车和双机钻车，也称为单臂或双臂钻车；按钻车行走方式分为轨轮式、轮胎式、履带式采矿钻车；按动力源分为液压钻车、气动钻车和气动液压钻车；按钻车有无平移机构可分为有平移机构钻车和无平移机构钻车。

国产地下凿岩钻车型号采用"类别＋组别＋型别＋特性代号"进行标识。类别代号为C，组别代号Y（仅全液压型标注），型别代号包括轨轮式（G）、履带式（L）、轮胎式（T）三种，特性代号包括采（C）、掘（J）、锚（M）三种。如CGC表示轨轮式采矿钻车，CGJ表示轨轮式掘进钻车，CGM表示轨轮式锚杆钻车；CLC表示履带式采矿钻车，CLJ表示履带式掘进钻车，CLM表示履带式锚杆钻车；CTC表示轮胎式采矿钻车，CTJ表示轮胎式掘进钻车，CTM表示轮胎式锚杆钻车。

2.1.2.2　地下凿岩钻车的特点

凿岩钻车是将凿岩机和推进装置安装在钻臂（架）上进行凿岩作业的设备，是以机械代替人扶凿岩机的钻孔设备。它可安装一台或多台轻、中、重型凿岩机，实现快速、高效凿岩。凿岩钻车还可与装载机或转载设备等运输设备配套使用，组成掘进机械化作业线，实现生产过程的自动化。

采用凿岩钻车既能够精确地钻凿出一定角度、一定孔深和孔位的钻孔，又可以钻凿较大直径的中深孔、深孔，而且还能提供最优的轴推力。操作人员可远离工作面，一人可操纵多台凿岩机，不仅可明显改善作业条件，而且钻孔质量高，显著提高凿岩效率。液压凿

岩机与钻臂配套使用可实现凿岩机械化和自动化。在平巷掘进中，采用凿岩钻车比手持气腿式单机作业掘进工效提高 1～4 倍。在采矿钻孔中，采用全液压机械化凿岩钻车的钻孔效率是手持气腿式单机凿岩的 4～12 倍。

其缺点是液压设备的元器件要求加工精密。

2.1.2.3　地下凿岩钻车的适用范围

凡是能使用凿岩机钻孔且巷道断面允许时，均可采用凿岩钻车钻孔。

掘进钻车以轮胎式和轨轮式居多，大部分为双机或多机钻车，主要用于矿山巷道和硐室的掘进以及铁路、公路、水工涵洞等工程的钻孔作业。有的掘进钻车还可用于钻凿采矿炮孔、锚杆孔等。

采矿钻车是为回采落矿钻凿炮孔的设备，采矿方法及回采工艺不同，需要钻凿炮孔的方向、孔深、孔径也不同，炮孔布置也多种多样。采矿钻车一般为轮胎式和履带式，国内多为双机或单机作业，配套重型、中型导轨式凿岩机，一般钻孔直径不大于 115mm。当孔深超过 20m 时，接杆凿岩能量损失大，效率显著降低。

2.1.3　凿岩钻车的选型

2.1.3.1　选型原则

影响凿岩钻车设备选型因素很多，选型时要根据设备性能、用途和具体使用条件确定。如掘进钻车首先要依据巷道规格和要求的凿岩速度、孔径、孔深，采矿钻车还要依据开采工艺要求的回采速度等多种因素综合分析后确定。选用的钻车既要满足生产要求，又要凿岩效率高，操作简便，安全可靠，力求技术先进、经济效益好。

2.1.3.2　选型要点

（1）生产率。凿岩机的生产率应满足生产的需要。其生产率一般用每班钻孔长度表示：

$$L = KvTn/100$$

式中　L——凿岩机的生产率，m/班；

　　　n—— 一台凿岩钻车上同时工作的凿岩机台数，也等于支臂的数量；

　　　T——每班工作时间，min；

　　　v——凿岩机的技术钻进速度，cm/min；

　　　K——凿岩机的时间利用系数，为凿岩机纯工作时间与每个循环中凿岩工作时间的比值，可参考表 2-1 确定。

表 2-1　时间利用系数 K

推进器行程/mm	1000	1500	2000	2500
时间利用系数 K	0.5	0.6	0.7	0.8

（2）凿岩机的形式。应优先选用带有导轨的气动或液压凿岩机和钻车配套，以提高凿岩效能。

（3）支臂。支臂是凿岩机的支承和运动构件，对钻车的动作灵活性、可靠性及生产效率有较大影响。目前使用较多的有摆动式（直角坐标式）和回转式（极坐标式）两大类。

1）支臂的类型。

① 摆动式支臂：在工作时可使钻臂在水平和垂直方向移动，按直角坐标方式确定炮眼的位置，又称为直角坐标式支臂。其特点是结构简单、通用性好、操作直观性好，适合各种炮眼排列方式，但在确定炮眼位置时，操作程序多、所需时间长。轻型钻车可采用此种支臂。

② 回转式支臂：在工作时可使整个支臂绕其根部回转机构的轴线做 360° 回转。支臂同时可实现升降，通过升降运动和回转运动，以极坐标方式确定炮眼的位置，又称为极坐标式支臂。该种支臂的特点是动作灵活、炮眼定位操作程序少，所需时间短，便于打周边炮眼，但结构比较复杂。各种形式的凿岩钻车均可采用此种支臂。

2）支臂数量。支臂用以支承凿岩机，每条支臂上安装一台凿岩机，所以凿岩机的台数即等于支臂的数量。支臂的数量可按下式确定：

$$n = \frac{100Zh}{KTv}$$

式中 Z——工作面所需炮眼数；

h——工作面炮眼的平均深度，m。

也可根据断面的大小确定支臂的数量。

（4）推进器。推进器使凿岩机移近或退出工作面，并提供凿岩工作时所需的轴推力。

1）推进器类型。推进器类型主要由炮眼深度 h 决定：当 $h \leqslant 2500\text{mm}$ 时，应选用结构简单、外形尺寸小、动作平稳可靠的螺旋式推进器。当 $h > 2500\text{mm}$ 时，应选行程较大的链式推进器或油缸-钢丝绳式推进器。

2）推进器行程。选择推进器行程时，应考虑以下两种情况：

① 一根钎杆一次钻成炮眼全深时，推进器的推进行程 H 由炮眼深度 h 决定，即：

$$H \geqslant h + h'$$

式中 h'——凿岩机回程时，钎头至顶尖的距离，一般为 $50 \sim 100\text{mm}$。

② 接钎凿岩时，推进器的行程应不小于接钎长度，即：

$$H \geqslant h_{\text{j}} + h'$$

式中 h_{j}——接钎长度，mm。

3）推进力。推进器的推进力应能在一定范围内调节，以满足最优轴推力的需要。平巷掘进时的推进力 P 为：

$$P = K_{\text{b}}R_{\text{b}}$$

式中 K_{b}——备用系数，$1.1 \sim 1.3$；

R_{b}——最优轴推力。

凿岩机在最优轴推力下工作，才能获得最佳凿岩效能。

（5）推进器平动机构。推进器平动机构用以保证支臂在改变位置时，推进器始终和初始位置保持平行，从而钻凿平行炮眼，实现直线掏槽法作业。其选用方法为：

1）当使用强度不大的轻型支臂时，可选择结构简单、制造简易、动作可靠的四连杆式平动机构。

2）当支臂较长或使用伸缩支臂和旋转支臂时，应选用尺寸小、重量轻的液压自动平行机构。

3）在要求炮孔平行精度高的场合，可采用电液自动平行机构，通过角定位伺服控制系统控制支臂液压缸和俯仰角油缸的伸缩量，实现推进器托盘的自动平行位移。

（6）行走机构。

1）轮胎式行走机构。其特点是调动灵活、结构简单、重量轻、操作方便、翻越轨道时不会受损，也不会轧坏水管或电缆；但轮胎寿命短，需经常更换，维修费用高，钻车高度大。在大断面巷道中使用的大型钻车可采用此种行走机构。

2）轨轮式行走机构。其特点是结构简单、工作可靠、轨轮寿命长、钻车高度小，但调动不灵活、增加辅助作业的时间。在小断面和采用轨道运输的巷道中应采用此种行走机构。

3）履带式行走机构。其特点是牵引力大、机动性好、对底板的比压小，机器的工作稳定性好。与履带式装载机相配合可组成高度机械化作业线。但机器的高度尺寸和重量较大，多在中等以上的巷道断面中使用。

（7）外形尺寸及通过弯道的曲线半径。所选用钻车的外形尺寸要受巷道断面的限制，主要取决于运输状态时的最小工作空间尺寸。对于单轨运输巷道，在运输状态时要保证钻车和两侧臂壁间有一定的安全距离：钻车的运行高度应比电机车架线低250mm。选用钻车时，还应根据本地矿井的情况，使钻车允许通过的最小曲率半径小于工作巷道的最小弯道半径，以使所选用的钻车能顺利调动、正常工作。

选用钻车时，可参考下面几种情况：

1）巷道掘进、硐室开挖、铁路公路等隧道工程施工选用掘进钻车，断面大、要求掘进速度快，应选用多机自动化程度高，如全液压掘进钻车。

2）中小矿山小断面巷道掘进，可选用国产掘进钻车，并与装载运输设备配套组成掘进机械化作业线。这样，设备购置费用较低，维修方便，也可以取得较好的技术经济效益。

3）采矿钻车主要是根据采矿方法、回采工艺、产量、凿岩爆破参数要求选用，力求凿岩效率高，费用低，作业环境好。

4）采用无底柱分段崩落法采矿，在进路掘进、拉切割槽、回采凿岩可选用同一型号凿岩钻车。进路断面为 $2.8m \times 2.8m \sim 3.0m \times 3.0m$ 可选用单臂钻车；进路断面为 $3.0m \times 3.0m \sim 4.0m \times 5.5m$ 可选用双臂钻车，又能钻凿上向平行孔。

5）液压凿岩钻车优点突出，是凿岩设备发展方向之一，应优先考虑。凿岩钻车在设计时一般不设备用，但矿山应不少于2台。钻车用凿岩机按要求备用。

2.2 掘进凿岩钻车

2.2.1 掘进凿岩钻车组成

掘进凿岩钻车虽然类型较多，但其主要部件大都包括推进器、钻臂、回转机构、平移机构及托架、转柱、车体、行走装置、操作台、凿岩机和钻具。有的钻车还装有辅助钻臂（设有工作平台，可以站人进行装药、处理顶板等）和电缆、水管的缠绕卷筒等，钻车功能更加完善。CGJ-2Y 型轨轮式全液压凿岩钻车结构组成如图 2-1 所示，轮胎式凿岩钻车结构组成如图 2-2 所示。

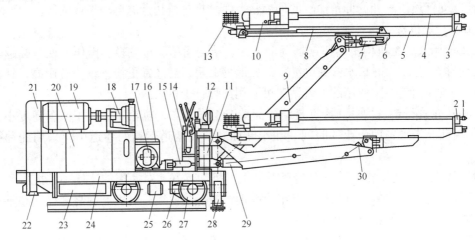

图 2-1 CGJ-2Y 型轨轮式全液压凿岩钻车

1—钎头；2—托钎器；3—顶尖；4—钎具；5—推进器；6—托架；7—摆角缸；8—补偿缸；9—钻臂；10—凿岩机；
11—转柱；12—照明灯；13—绕管器；14—操作台；15—摆臂缸；16—座椅；17—转钎油泵；18—冲击油泵；
19—电动机；20—油箱；21—电器箱；22—后稳车支腿；23—冷却器；24—车体；25—滤油器；
26—行走装置；27—车轮；28—前稳车支腿；29—支臂缸；30—仰俯角缸

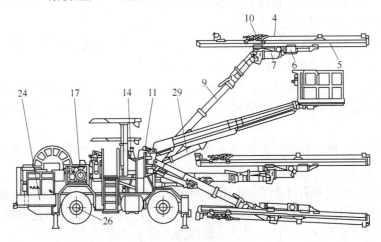

图 2-2 轮胎式凿岩钻车

（所标注部分的名称同图 2-1 中相应各项所注）

（1）推进器。推进器的作用是在凿岩时完成推进或退回凿岩机的动作，并对钎具施加足够的推力。

（2）钻臂。钻臂 9 是支撑托架、推进器、凿岩机进行凿岩作业的工作臂，它的前端与托架铰接（十字铰），后端与转柱 11 相铰接。由支臂缸 29、摆臂缸 15、仰俯角缸 30 及摆角缸 7 四个油缸来执行钻臂和推进器的上下摆角与水平左右摆角运动，其动作符合直角坐标原理，因此称为直角坐标钻臂。支臂缸使钻臂做垂直面的升降运动，摆臂缸使钻臂做水平面的左右摆臂运动，仰俯角缸使推进器做垂直面的仰俯角运动，摆角缸使推进器做水平摆角运动。

（3）补偿机构。补偿缸8联系着托架和推进器，其一端与托架铰接，另一端与推进器铰接，组成补偿机构。这一机构的作用是使推进器做前后移动，并保持推进器有足够的推力。钻臂是以转柱的铰接点为圆心做摆动的机构，当它做摆角运动时，推进器顶尖与工作面只能有一点接触（即切点），随着摆角的加大，顶尖离开接触点的距离也增大。凿岩时必须使顶尖保持与工作面接触，因此必须设置补偿机构。通常采用油缸或气缸来使推进器做前后直线移动。补偿缸的行程由钻臂运动时所需的最大补偿距离而定。

（4）托架。托架6是钻臂与推进器之间相联系的机构，它的上部有燕尾槽托持着推进器，左端与钻臂相铰接，依靠摆角缸7、仰俯角缸30的作用可使推进器做水平摆角和仰俯角运动。

（5）转柱。转柱11安装在车体上，它与钻臂相铰接，是钻臂的回转机构，并且承受钻臂推进器的全部重量。

（6）车体。车体24上布置着操作台、油箱、电器箱、油泵、行走装置和稳车支腿等，还有液压、电气、供水等系统。车体上带有动力装置。车体对整台钻车起着平衡与稳定的作用。

2.2.2 掘进凿岩钻车结构及工作原理

2.2.2.1 推进器机构

凿岩钻车种类较多，其推进器的结构形式和工作原理各异，较为常用的有以下3种。

（1）油（气）缸-钢丝绳式推进器。这种推进器如图2-3（a）所示，主要由导轨1、滑轮2、推进缸3、调节螺杆4、钢丝绳5等组成。其钢丝绳的缠绕方法如图2-3（b）所示，两根钢丝绳的端头分别固定在导轨的两侧，绕过滑轮牵引滑板9，从而带动凿岩机运动。钢丝绳的松紧程度可用调节螺杆4进行调节，以满足工作牵引要求。

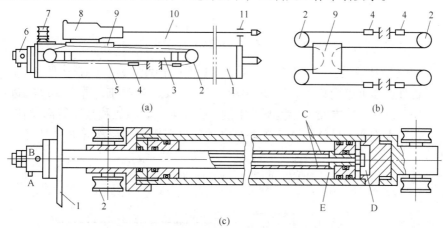

图2-3 油（气）缸-钢丝绳式推进器
（a）推进器组成；（b）钢丝绳缠绕方式；（c）推进缸结构
1—导轨；2—滑轮；3—推进缸；4—调节螺杆；5—钢丝绳；6—油管接头；
7—绕管器；8—凿岩机；9—滑板；10—钎杆；11—托钎器

图2-3（c）所示为推进缸的基本结构。它由缸体、活塞、活塞杆、端盖、滑轮等组成。活塞杆为中空双层套管结构，其左端固定在导轨上。缸体和左右两对滑轮可以运动。

当压力油从 A 孔进入活塞的右腔 D 时，左腔 E 的液压油从 B 孔排出，缸体向右运动，实现推进动作；反之，当压力油从 B 孔进入活塞的左腔 E 时，右腔 D 的低压油从 A 孔排出，缸体向左运动，凿岩机退回。

这种推进器的特点是推进缸的活塞杆固定，缸体运动。由推进缸产生的推力经钢丝绳滑轮组传给凿岩机。据传动原理可知：作用在凿岩机上的推力等于推进缸推力的 1/2；而凿岩机的推进速度和移动距离是推进缸推进速度和行程的两倍。这种推进器的优点是结构简单、工作平稳可靠、外形尺寸小、维修容易，因而获得广泛的应用。其缺点是推进缸的加工较困难。

推进动力也可使用压气。但由于气体压力较低、推力较小，而气缸尺寸又不允许过大，因此气缸推进仅限于使用在需要推力不大的气动凿岩机上。

（2）气动马达-丝杠式推进器。这是一种传统型结构的推进器（见图 2-4）。输入压缩空气，则气动马达通过减速器、丝杠、螺母、滑板，带动凿岩机前进或后退。这种推进器的优点是结构紧凑、外形尺寸小、动作平稳可靠。其缺点是长丝杠的制造和热处理较困难、传动效率低，在井下的恶劣环境下凿岩时，水和岩粉对丝杠、螺母磨损快，同时气动马达的噪声也大，所以目前的使用量日趋减少。

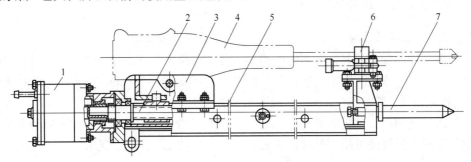

图 2-4　气动马达-丝杠式推进器

1—气动马达；2—丝杠；3—滑板；4—凿岩机；5—导轨；6—托钎器；7—顶尖

（3）气动（液压）马达-链条式推进器。这也是一种传统型推进器（见图 2-5），在国外一些长行程推进器上应用较多。气动马达的正转、反转和调速，可由操纵阀进行控制。其优点是工作可靠，调速方便，行程不受限制。但一般气动马达和减速器都设在前方，尺寸较大，工作不太方便；另外，链条传动是刚性的，在振动和泥沙等恶劣环境下工作时，容易损坏。

气动马达也可由液压马达代替，两者的结构原理大致相同。

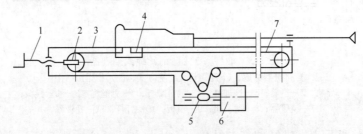

图 2-5　气动（液压）马达-链条式推进器

1—链条张紧装置；2—导向链轮；3—导轨；4—滑板；5—减速器；6—气动马达；7—链条

2.2.2.2 钻臂机构

钻臂是支撑凿岩机进行凿岩作业的工作臂。钻臂的长短决定了凿岩作业的范围；其托架摆动的角度，决定了所钻炮孔的角度。因此，钻臂的结构尺寸、钻臂动作的灵活性、可靠性对钻车的生产率和使用性能影响都很大。

钻臂按其动作原理分为直角坐标钻臂、极坐标钻臂和复合坐标钻臂；按凿岩作业范围分为轻型、中型、重型钻臂；按钻臂结构分为定长式、折叠式、伸缩式钻臂；按钻臂系列标准分为基本型、变型钻臂等。

（1）直角坐标钻臂。如图 2-6 所示，这种钻臂在凿岩作业中具有钻臂升降 A、钻臂水平摆动 B、托架仰俯角 C、托架水平摆角 D、推进器补偿运动 E 五种基本动作。

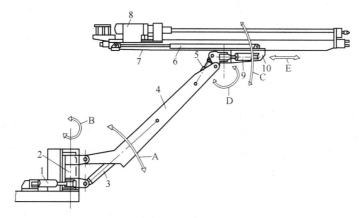

图 2-6　直角坐标钻臂

1—摆臂缸；2—转柱；3—支臂缸；4—钻臂；5—仰俯角缸；6—补偿缸；
7—推进器；8—凿岩机；9—摆臂缸；10—托架

该传统形式的钻臂结构简单、定位直观、操作容易，适合钻凿直线和各种形式的倾斜掏槽孔以及不同排列方式并带有各种角度的炮孔，能满足凿岩爆破的工艺要求，因此应用很广，国内外许多钻车都采用这种形式的钻臂。其缺点是使用的油缸较多，操作程序比较复杂，对一个钻臂而言，存在着较大的凿岩盲区。

（2）极坐标钻臂。如果不用转柱，而以齿条齿轮式回转机构代替，则钻臂运动的功能具有极坐标性质，组成极坐标形式的钻车。极坐标钻臂的凿岩钻车如图 2-7 所示。这种钻臂在结构与动作原理方面都大有改进，减少了油缸数量，简化了操作程序。因此，国内外有不少钻车采用极坐标形式的钻臂。

这种钻臂在调定炮孔位置时，只需做钻臂升降 A、钻臂回转 B、托架仰俯 C、推进器补偿 E 四种运动。钻臂可升降

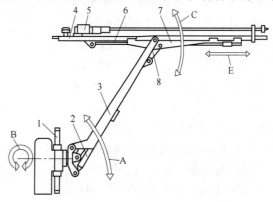

图 2-7　极坐标钻臂

1—齿条齿轮式回转机构；2—支臂缸；3—钻臂；
4—推进器；5—凿岩机；6—补偿缸；
7—托架；8—仰俯角缸

44

并可回转 360°，构成了极坐标运动的工作原理。这种钻臂对顶板、侧壁和底板的炮孔，都可以贴近岩壁钻进，减少超挖量。钻臂的弯曲形状有利于减小凿岩盲区。

这种钻臂也存在一些问题，如不能适应打楔形、锥形等倾斜形式的掏槽炮孔；操作调位直观性差；对于布置在回转中心线以下的炮孔，司机需要将推进器翻转，使钎杆在下面凿岩，卡钎故障不能及时发现与处理；存在一定的凿岩盲区等。

（3）复合坐标钻臂。图 2-8 所示的瑞典 BUT10 型钻臂即是一种复合坐标钻臂，它有一个主臂 4 和一个副臂 6，主副臂的油缸布置与直角坐标钻臂的相同，另外还有齿条齿轮式回转机构 1，所以它具有直角坐标和极坐标两种钻臂的特点，不但能钻正面的炮孔，还能钻两侧任意方向的炮孔，也能钻垂直向上的采矿炮孔或锚杆孔，性能更加完善，并且克服了凿岩盲区。但这种形式的钻臂结构复杂、笨重。这种钻臂和伸缩式钻臂均适用于大型钻车。

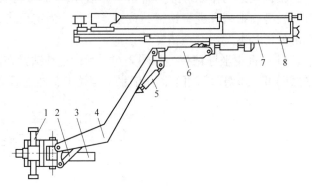

图 2-8　复合坐标钻臂

1—齿条齿轮式回转机构；2—支臂缸；
3—摆臂缸；4—主臂；5—仰俯角缸；
6—副臂；7—托架；8—伸缩式推进器

（4）其他形式钻臂。阿特拉斯公司研制推广的新型复合坐标性质的 BUT30 型钻臂如图 2-9 所示。这种钻臂由一对支臂缸 1 和一对仰俯角缸 3 组成钻臂的变幅机构和平移机构。钻臂的前、后铰点都是十字铰接，十字铰的结构如图 2-9 中 A 部放大图所示。支臂缸和仰俯角缸的协调工作，不但可使钻臂做垂直面的升降和水平面的摆臂运动，而且可使钻臂做倾斜运动（如 45°角等），此时推进器可随着平移。推进器还可以单独做仰俯角和水平摆角运动。钻臂前方装有推进器翻转机构 4 和托架回转机构 5。这样的钻臂具有万能性质，它不但可向正面钻

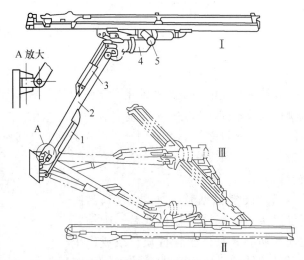

图 2-9　BUT30 型钻臂

1—支臂缸；2—钻臂；3—仰俯角缸；
4—推进器翻转机构；5—托架回转机构
（图中点划线为机构到达位置）

平行孔和倾斜孔，也可以钻垂直侧壁、垂直向上以及带各种倾斜角度的炮孔。其特点是调位简单、动作迅速、具有空间平移性能、操作运转平稳、定位准确可靠、凿岩无盲区，性能十分完善；但结构复杂、笨重，控制系统复杂。

2.2.2.3 回转机构

回转机构是安装和支持钻臂、使钻臂沿水平轴或垂直轴旋转、使推进器翻转的机构。通过回转运动，钻臂和推进器的动作范围达到巷道掘进所需的钻孔工作区的要求。常见的回转机构有以下几种结构形式。

（1）转柱。国产 PYT-2C 型凿岩钻车的转柱如图 2-10 所示。这是一种常见的直角坐标钻臂的回转机钩，主要组成有摆臂缸 1、转柱套 2、转柱轴 3 等。转柱轴固定在底座上，转柱套可以转动，摆臂缸一端与转柱套的偏心耳环相铰接，另一端铰接在车体上，当摆臂缸伸缩时，由于偏心耳的关系，便可带动转柱套及钻臂回转。其回转角度由摆臂缸行程确定。

这种回转机构结构简单、工作可靠、维修方便，因而得到广泛应用。其缺点是转柱只有下端固定，上端成为悬臂梁，承受弯矩较大。许多制造厂为改善受力状态，在转柱的上端也设有固定支承。

螺旋副式转柱是国产 CGJ-2 型凿岩钻车的回转机构，如图 2-11 所示。其特点是外表无外露油缸，结构紧凑，但加工难度较大。螺旋棒 2 用固定销与缸体 5 固装成一体，轴头 4 用螺栓固定在车架 1 上。活塞 3 上带有花键和螺旋母。当向 A 腔或 B 腔供油时，活塞 3 做直线运动，螺旋母迫使与其相啮合的螺旋棒 2 做回转运动，随之带动缸体 5 和钻臂等也做回转运动。

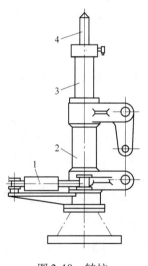

图 2-10　转柱

1—摆臂缸；2—转柱套；
3—转柱轴；4—稳车顶杆

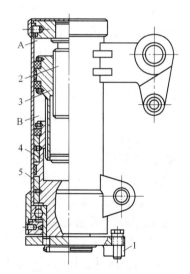

图 2-11　螺旋副式转柱

1—车架；2—螺旋棒；3—活塞（螺旋母）；
4—轴头；5—缸体

这种形式的回转机构，不但用于钻臂的回转，更多的是应用于推进器具翻转运动。安装了这种螺旋副式翻转机构，不仅能使掘进钻车推进器翻转，而且能使凿岩机更贴近巷道岩壁和底板钻孔，减少超挖量。

（2）螺旋副式翻转机构。国产 CGJ-2 型凿岩钻车的推进器翻转机构如图 2-12 所示。它由螺旋棒 4、活塞 5、转动体 3 和油缸外壳等组成，其原理与螺旋副式转柱相似但动作相反，即油缸外壳固定不动，活塞可转动，从而带动推进器做翻转运动。图中推进器1的一端用花键与转动卡座2相连接。另一端与支承座7连接。油缸外壳焊接在托架上。螺旋棒4用固定销6与油缸外壳定位。活塞5与转动体3用花键连接。

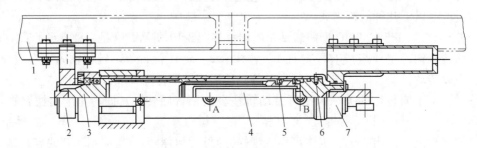

图2-12　螺旋副式翻转机构

1—推进器；2—转动卡座；3—转动体；4—螺旋棒；5—活塞；6—固定销；7—支承座；A，B—进油口

当压力油从B口进入，推动活塞沿着螺旋棒向左移动并做旋转运动，带着转动体旋转，转动卡座2也随之旋转，于是推进器和凿岩机绕钻进方向做翻转180°运动；当压力油从A口进入，则凿岩机反转到原来的位置。

这种机构的外形尺寸小、结构紧凑，适合做推进器的回转机构。图2-9中的推进器翻转机构4、托架回转机构5均属这种结构形式的回转机构。

（3）钻臂回转机构。钻臂回转机构（见图2-13）由齿轮3、齿条4、油缸2、液压锁1和齿轮箱体等组成，它用于钻臂回转。齿轮套装在空心轴上，以键相连，钻臂及其支座安装在空心轴的一端。当油缸工作时，两根齿条活塞杆做相反方向的直线运动，同时带动与其相啮合的齿轮和空心轴旋转。齿条的有效长度等于齿轮节圆的周长，因此可以驱动空心轴上的钻臂及其支座，沿顺时针及逆时针各转180°。

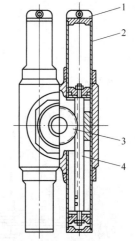

这种回转机构的尺寸和质量虽然较大，但都安装在车体上，与装设在托架上的推进器螺旋副式翻转机构相比较，减少了钻臂前方的质量，改善了钻车总体平衡。由于钻臂能回转360°，便于凿岩机贴近岩壁和底板钻孔，减少超挖量，实现光面爆破，提高经济效益，因此，它成为极坐标钻臂和复合坐标钻臂实现回转360°的一种典型的回转机构。其优点是动作平缓、容易操作、工作可靠，但重量较大，结构复杂。

图2-13　钻臂回转机构

1—液压锁；2—油缸；

3—齿轮；4—齿条

2.2.2.4　平移机构

几乎所有现代钻车的钻臂都装设了自动平移机构以满足爆破工艺的要求，提高钻凿平行炮孔的精度。凿岩钻车的自动平移机构是指当钻臂移位时，托架和推进器随机保持平行移位的一种机构，简称平移机构。

掘进钻车的平移机构有机械平移机构、液压平移机构、电-液平移机构3种类型。机械平移机构包括剪式平移机构、外四连杆式平移机构、内四连杆式平移机构、空间连杆式平移机构4种。液压平移机构包括有平移引导缸式平移机构和无平移引导缸式平移机构。

目前应用较多的是液压平移机构和机械四连杆式平移机构，尤其是无平移引导缸的液压平移机构，有进一步发展的趋势。剪式平移机构由于外形尺寸大，机构复杂，存在盲区较大，已趋于淘汰。电-液平移机构由于要增设电控-伺服装置，占用钻车较多的空间，钻车成本增高，因而尚未获得实际应用。

（1）机械平移机构。常用的有内四连杆式和外四连杆式两种。图 2-14 所示为机械内四连杆式平移机构。早期的国产 CGJ-2 型、PYT-2 型凿岩钻车都装有这种平移机构。由于它的平行四连杆安装在钻臂的内部，故称内四连杆式平移机构。有些钻车的连杆装在钻臂外部，则称外四连杆平移机构。

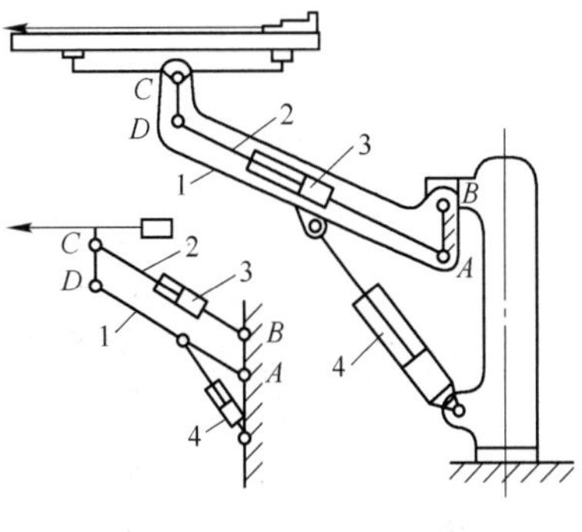

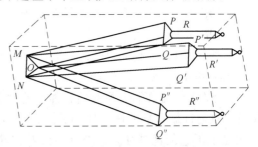

图 2-14　内四连杆式平移机构
1—钻臂；2—连杆；3—仰俯角缸；
4—支臂缸

钻臂在升降过程中，*ABCD* 四边形的杆长不变，其中 *AB = CD*，*BC = AD*，*AB* 边固定而且垂直于推进器。

根据平行四边形的性质，*AB* 与 *CD* 始终平行，也即推进器始终做平行移动。

当推进器不需要平移而钻带倾角的炮孔时，只需向仰俯角缸一端输入液压油，使连杆 2 伸长或缩短（$AD \neq BC$）即可得到所需要的工作倾角。

这种平移机构的优点是连杆安装在钻臂的内部，结构简单、工作可靠、平移精度高，因而在小型钻车上得到广泛的应用。其缺点是不适应于中型或大型钻臂及伸缩钻臂。

以上平移机构只能满足垂直平面的平移，如果需水平方向平移，再安装一套同样的机构则很困难。法国塞科马公司 TP 型钻臂采用一种机械式空间平移机构，如图 2-15 所示。它由 *MP*、*NQ*、*QR* 三根互相平行而长度相等的连杆构成，三根连杆前后都用球形铰与两个三角形端面相连接，构成一个棱柱体型的平移机构，其实质是立体的四连杆平移机构，这个棱柱体就是钻臂。当钻臂升降时，利用棱柱体的两个三角形端面始终保持平等的原理，推进器始终保持空间平移。

图 2-15　空间平移机械原理

（2）液压平移机构。液压平移机构是 20 世纪 70 年代初开始应用在钻车上的新型平移机构，目前国内外的凿岩钻车广泛应用这种机构，如国产 CGJ-3 型和 CTJ-3 型钻车、瑞典的 BUT15 型钻臂、加拿大的 MJM-20M 型钻车等。其优点是结构简单、尺寸小、重量轻、工作可靠，不需要增设其他杆件结构，只利用油缸和油管的特殊连接，便可达到平移的目的。

这种机构适用于各种不同结构的大、中、小型钻臂和伸缩式钻臂，便于实现空间平移运动，平移精度准确。其动作原理如图 2-16 所示。

当钻臂升起（或落下）α 角时，平移引导缸 2 的活塞被钻臂拉出（或缩回），这时平移引导缸的压力油排入仰俯角缸 5 中，使仰俯角缸的活塞杆缩回（或拉出），于是推进器、

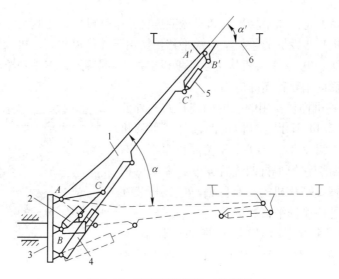

图 2-16　液压平移机构工作原理

1—钻臂；2—平移引导缸；3—回转支座；4—支臂缸；5—仰俯角缸；6—支架

托架便下俯（或上仰）α' 角。在设计平移机构时，合理地确定两油缸的安装位置和尺寸，便能得到 $\alpha \approx \alpha'$，在钻臂升起或落下的过程中，推进器托架始终保持平移运动，这就能满足凿岩爆破的工艺要求，而且操作简单。

　　液压平移机构的油路连接如图 2-17 所示。为防止因误操作而导致油管和元件的损坏，有些钻车在油路中还设有安全保护回路，以防止事故发生。

　　这种液压平移机构的缺点是需要平移引导缸并相应地增加管路，同时也由于油缸安装角度的特殊要求，空间结构不好布置。

　　无平移引导缸的液压平移机构能克服以上的缺点，只需利用支臂缸与仰俯角缸的适当比例关系，便可达到平移的目的，因而显示了它的优越性。国外有些钻臂如瑞典的 BUT15 型钻臂，就是这种结构。

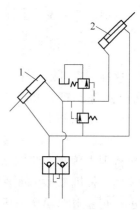

图 2-17　液压平移
机构的油路连接

1—平移引导缸；2—仰俯角缸

2.3　采矿凿岩钻车

2.3.1　采矿凿岩钻车基本动作

　　（1）钻车行走。地下采矿钻车一般都能自行移动，行走方式有轨轮、轮胎、履带，行走驱动可由液压马达或气动马达提供。

　　（2）炮孔定位与定向。钻车要能够满足采矿钻凿要求的炮孔位置、方向与深度，而炮孔的定位与定向动作由钻臂变幅机构和推进器的平移机构完成。

　　（3）推进器补偿运动。推进器前后移动又称补偿运动，一般都由推进器具的补偿油缸完成。

（4）凿岩机推进。凿岩时，对凿岩机必须施加轴向推进力（又称轴压力），以克服凿岩机工作时的反弹力，使钻头能紧压炮孔底部岩石，提高钻凿速度。凿岩机的推进动作是由推进器完成的。推进器的推进方法有3种：油压推进、液压马达（气动马达）-链条推进、液压马达（气动马达）-螺旋（又称丝杆）推进。

（5）凿岩钻孔。这是钻车最基本、最重要的动作，由凿岩机系统完成。

除上述5种基本动作外，还有钻车的调整水平、稳车、接卸钻杆、夹持钻杆、集尘等辅助动作，各由其相应机构完成。

2.3.2　采矿凿岩钻车结构组成

（1）底盘。底盘用来完成转向、制动、行走等动作。钻车底盘的概念一般将原动机也包括在内，是工作机构的平台。国外钻车底盘基本采用通用底盘。

（2）工作机构。工作机构用来完成钻孔的定位、定向、推进、补偿等动作。钻车的工作机构由定位系统和推进系统组成。

（3）凿岩机与钻具。凿岩机与钻具用于完成凿岩钻孔作业。凿岩机有冲击、回转、排渣等功能。凿岩机包括液压凿岩机和气动凿岩机。钻具由钎尾、钻杆、连接套、钻头组成。

（4）动力装置。动力装置一般分为柴油机、电动机、气动机三类。

（5）传动装置。传动装置一般分为机械传动、液压传动、气压传动三类。部分钻车同时具有液压传动和气压传动两套装置。

（6）操纵装置。操纵装置可分为人工操纵、计算机操纵两种。人工操纵又可分为直接操纵和先导控制两种。一般大中型采矿凿岩钻车因所需操纵力过大，所以都采用了先导控制。先导控制又可分为电控先导、液控先导和气控先导。凿岩钻车由计算机程序控制又称凿岩机器人，是目前最先进的操纵方式。

2.3.3　采矿凿岩钻车结构与工作原理

如图2-18所示，CTC-700型采矿凿岩钻车由推进机构、叠形架、行走机构、稳车装置（气顶及前后液压千斤顶）、液压系统、压气和供水系统等组成。

钻车工作时，首先利用前液压千斤顶17找平并支承其重量，同时开动气顶9把钻车固定。然后根据炮孔位置操纵叠形架对准孔位，开动推进器油缸（补偿器）使顶尖抵住工作面，随即可开动凿岩机及推进器，进行钻孔工作。

2.3.3.1　推进机构

推进机构包括推进器、补偿器及托钎器等。

（1）推进器。如图2-19所示，凿岩机6借助4个长螺杆4紧固在滑板5上。滑板下部装有推进螺母3并与推进丝杆11组成螺旋副。当丝杆由TM1B-1型气动马达带动向右或向左旋转时，凿岩机则前进或后退。

（2）补偿器。补偿器又称延伸器或补偿机构。如图2-19所示，补偿器由托架7和推进油缸9等组成。在顶板较高（向上钻孔时）或工作面离机器较远时，推进器的托钎器离工作面较远，开始钻孔时会引起钎杆跳动，这时可使推进油缸9右端通入高压油，左端回油，推进油缸活塞杆8便向左运动，带动推进器滑块19沿导板18向左滑动，而使装在滑

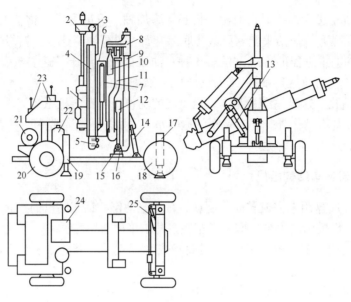

图 2-18　CTC-700 型凿岩钻车

1—凿岩机；2—托钎器；3—托钎器油缸；4—滑轨座；5—推进气动马达；6—托架；7—补偿机构；8—上轴架；
9—顶向千斤顶；10—扇形摆动油缸；11—中间拐臂；12—摆臂；13—侧摆油缸；14—起落油缸；
15—销轴；16—下轴架及支座；17—前千斤顶；18—前轮对；19—后千斤顶；20—后轮对；
21—行走气动马达；22—注油器；23—液压控制台；24—油泵气动马达；25—转向油缸

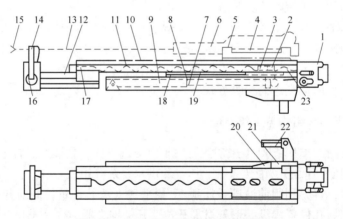

图 2-19　CTC-700 型凿岩钻车推进器

1—推进气动马达；2，17—减振器；3—推进螺母；4—长螺杆；5—滑板；6—凿岩机；7—托架；
8—推进油缸活塞杆；9—推进油缸；10—滑架；11—推进丝杆；12—托钎器座；13—钎杆；
14—卡爪；15—钎头；16—托钎器油缸；18—滑块导板；19—滑块；20—挡铁；
21—挡块；22—扇形摆动油缸活塞杆；23—滑架座

块 19 上的推进器向工作面延伸，从而使托钎器靠近工作面。其最大延伸行程为 500mm，延伸距离可在此范围内依需任意调节。补偿器只是在钻孔开眼时使用，正常钻孔凿岩时仍退回原位。

为承受滑架座 23 返回时的凿岩反作用力，在滑架 10 后部装有挡铁 20，在托架 7 上装有挡块 21，它们在滑架退回时互相接触而停止，同时还防止滑架座 23 退回时碰坏气动马达 1。

（3）托钎器。如图 2-20 所示，托钎器由托钎器座 1、托钎器油缸 2、左卡爪 3 和右卡爪 6 组成。左、右卡爪借销轴 4 装在托钎器座 1 上，卡爪下端与托钎器油缸缸体及活塞杆借销轴 8 铰接，当托钎器油缸活塞杆伸缩时，左、右卡爪便夹紧或松开钎杆，满足其工作要求。

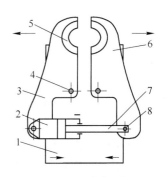

图 2-20　托钎器
1—托钎器座；2—托钎器油缸；
3—左卡爪；4，8—销轴；5—钎套；
6—右卡爪；7—活塞杆

2.3.3.2　叠形架

如图 2-18 所示，叠形架由上轴架 8、顶向千斤顶 9、下轴架及支座 16、摆臂 12、中间拐臂 11 及扇形摆动油缸 10 等组成。它的作用是稳固钻车、调整钻孔角度以及安装凿岩机。它是保证钻车正常工作的重要部件。

（1）叠形架的俯仰动作。如图 2-21 所示，下轴架 1 装在支座 3 上，并可绕轴 2 回转。起落油缸 6 下端借销轴 7 与其支座 8 铰接，上端与下轴架耳板孔铰接。起落油缸支座 8 和下轴架支座 3 借螺钉固定在钻车底盘 4 上，它们共同支承叠形架的重量。当起落油缸 6 伸缩时，下轴架 1 便和整个叠形架仰俯起落。向前倾可达 60°，向后倾可达 5°，即叠形架可在 65°范围内前后摆动，保证钻车有较大的钻孔区域。

（2）叠形架的稳固。顶向千斤顶 10 安装在铜管套 9 内（见图 2-21）。凿岩时，顶向千斤顶活塞杆伸出，抵住顶板，从而使整个叠形架稳定并减少钻车振动。顶向千斤顶的推力约为 2800N。活塞杆向外伸出可达 1700mm。这样可以达到高度为 4.5m 的顶板。

（3）扇形孔中心及其运行轨迹。从图 2-18 可知，在钻凿扇形孔时，托架 6 是以中间拐臂 11 的下轴孔为中心做扇形摆动。其动作是，当侧摆油缸 13 伸缩到一定程度时，中间拐臂 11 便固定不摆动（即下轴孔轴线不动），此时只要开动扇形摆动油缸 10 便可使托架 6 绕下轴孔中心线摆动，以便钻凿扇形孔。

由于中间拐臂 11 上部有销轴和上轴架 8 铰接，而上轴架 8 又套在千斤顶的铜管套外面并可上下移动。因此，中间拐臂 11 在上轴架 8 上下移动的过程中做扇形摆动，扇形孔中心的摆动是复摆。

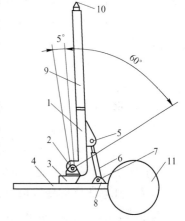

图 2-21　叠形架俯仰动作
1—下轴架；2—轴；3—下轴架支座；
4—底盘；5，7—销轴；6—起落油缸；
8—起落油缸支座；9—铜管套；
10—顶向千斤顶；11—前轮

扇形孔中心 c 的运动轨迹如图 2-22 所示。它是一条曲率半径较大的上凸曲线。

（4）托架扇形摆动。当扇形孔中心在侧摆油缸作用下，摆动到钻车纵向中心线上的位置 c_4 点时，托架可向左、右各摆动 60°（见图 2-23）。当扇形孔的孔口中心 c 在侧摆油缸作用下，摆动到左、右极限位置时，则托架摆幅达 100°，可钻凿左右各下倾 5°的炮孔，如图 2-24 所示。

（5）托架的平动。为了适应钻凿平行炮孔的需要，采矿钻车也必须有平动机构，其动作原理如图 2-25 所示。当调整扇形摆动油缸 2 的伸缩量使 $AC = BD$、$AB = CD$ 时，$ABCD$

为一平行四边形，托架处于垂直位置。这时如使 *BD* 长度保持不变，并操纵侧摆油缸 5，则可使托架 6 平行移动，这样安装在托架推进器上的凿岩机便可钻凿出如图 2-26 所示的垂直向上的平行炮孔。

如果操纵起落油缸，使顶向千斤顶在其起落范围内任意位置固定后，也可操纵扇形摆动油缸 2 使 *ABDC* 成一平行四边形。这时开动侧摆油缸 5，即可钻凿与顶向千斤顶方向一致的倾斜向上的平行炮孔。

2.3.3.3 底盘与行走机构

CTC-700 型凿岩钻车的底盘如图 2-27 所示。钻车底盘是由 1 根纵梁和 3 根横梁焊接而成，各梁都是槽钢与钢板的组合件。在底盘上装有前后轮对 1 和 9、前后稳车用液压千斤顶 2 和 7、行走机构传动装置、起落油缸支座 5、脚踏板 16、前轮转向油缸 3、油箱 8 及注油器 15 和下轴架支座 17 等。

钻车的行走机构包括前、后轮对和后轮对的驱动装置。后轮对的驱动是由气动马达 14、两级齿轮减速器 13、传动链条 10、链轮 12 和离合器 11 等组成。左右两轮分别由两套完全相同的驱动装置驱动。

当钻车在无压气的地段运行或长距离调动时，

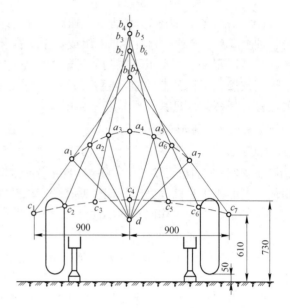

图 2-22 扇形孔中心 c 的运动轨迹

a_1，a_2，…，a_7—中间拐臂与摆臂铰接点；
b_1，b_2，…，b_7—中间拐臂与轴架铰接点；
c_1，c_2，…，c_7—扇形孔中心运动轨迹；
d—摆臂与下轴架铰接点

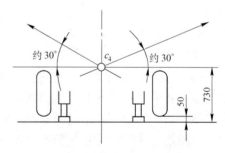

图 2-23 扇形孔中心 c 在中心时炮孔范围

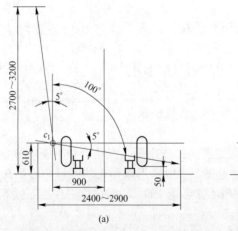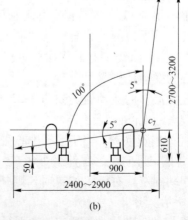

(a)   (b)

图 2-24 扇形孔中心 c 在左、右极限位置时扇形炮孔范围

（a）向右钻凿扇形孔范围；（b）向左钻凿扇形孔范围

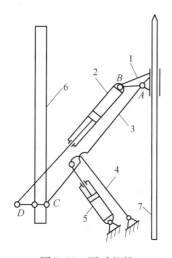

图 2-25　平动机构

1—上轴架；2—扇形摆动油缸；3—拐臂；4—摆臂；
5—侧摆油缸；6—托架；7—顶向千斤顶

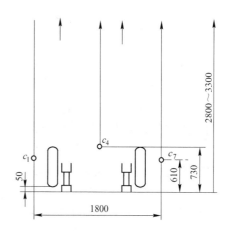

图 2-26　垂直向上炮孔范围

常需人力或借其他车辆牵引。为减少气动马达、减速器的磨损，应操纵离合器 11 使主动链轮与减速器的输出轴脱开。离合器 11 是一个由弹簧控制的牙嵌离合器，根据需要可使行走机构的主动链轮与减速器输出轴合上或脱开。

钻车的前进和后退可利用气动马达的正向或反向旋转来实现。

钻车的转向装置可使前轮对 1 同时向左或向右转动一个角度，从而使钻车向右或向左转弯。钻车转向装置由转向油缸 3、转向拉杆 4 和连接套 6 等部件构成；连接套供调平前轮对时使用。

2.3.3.4　风动系统

CTC-700 型凿岩钻车的风动系统如图

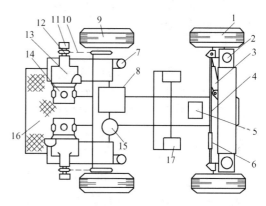

图 2-27　CTC-700 型钻车底盘及行走机构

1—前轮对；2—前千斤顶；3—转向油缸；4—转向拉杆；
5—起落油缸支座；6—转向拉杆连接套；7—后千斤顶；
8—油箱；9—后轮对；10—传动链条；11—离合器；
12—链轮；13—行走气动马达减速器；14—行走气动马达；
15—注油器；16—脚踏板；17—下轴架支座

2-28 所示。压风由总进风阀 1 经滤尘网 2 和注油器 3，然后分成三路。一路进入行走操作阀 4 及油泵给风阀门 5 以开动两个行走气动马达 6 及油泵气动马达 7。一路进入风动操作阀组 8，经过凿岩机操作阀 9 开动凿岩机 10；经过凿岩机换向操作阀 11 开动凿岩机换向机构 12，使钎杆正反转，实现机械化接卸钎杆；经过顶向千斤顶操作阀 13 开动顶向千斤顶 14，使顶向千斤顶活塞杆伸出顶住顶板，以稳定钻车及其叠形架；通过推进气动马达操作阀 15，开动推进气动马达 16。还有一路经过推进气动马达辅助阀 18，也可开动推进气动马达 16。推进气动马达辅助操作阀 18 安装在操作台前面并靠近凿岩机的一边，在接卸钎杆时，司机站在推进器旁侧，可以就近利用这个辅助阀来开动推进器气动马达，从而实现单人单机操作钻车。

2.3.3.5　液压系统

CTC-700 型凿岩钻车液压系统由一台 CB-10F 型齿轮油泵供油。油泵由 21kW 的 TM1-3 型后塞式气动马达驱动。油泵气动马达与油泵之间用弹性联轴节连接。油泵设在油箱内。压力油由总进油管进入两个操作阀组的阀座内，再经过 9 个液压操作阀进入 10 个液压油缸，分别完成驱动钻车的各种动作。各油缸的回油分别经操作阀回到阀座，由总回油管经滤油器过滤污物后流回油箱。除两个前千斤顶油缸共用一个操作阀驱动和彼此联动外，其他各缸均各由一个操作阀驱动，油泵出油口装有一个单向阀。其液压系统如图 2-29 所示。

2.3.3.6　供水系统

CTC-700 型凿岩钻车的供水系统很简单，即水从水源以 3/4″胶管引入工作面后，分为两路：一路用闸阀控制供凿岩机用水；另一路则供冲洗钻车等用。

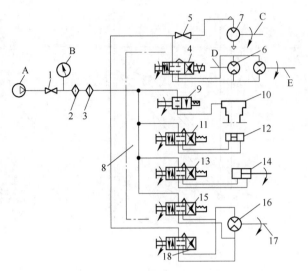

图 2-28　凿岩钻车风动系统

1—2″总进风阀；2—滤尘网；3—注油器；4—行走机构操作阀；
5—3/4″给风阀门；6—行走气动马达；7—油泵气动马达；
8—风动操作阀组；9—凿岩机操纵阀；10—凿岩机；
11—凿岩机换向操作阀；12—凿岩机换向机构；
13—顶向千斤顶操作阀；14—顶向千斤顶；
15—推进气动马达操作阀；16—推进气动马达；
17—推进丝杠；18—推进气动马达辅助操作阀；
A—风源；B—风压表；C—油泵轴；D—左轮轴；E—右轮轴

钻车供水压力视凿岩机需用冲洗水压而定。CTC-700 型钻车使用水压为 0.3 ~ 0.5MPa。

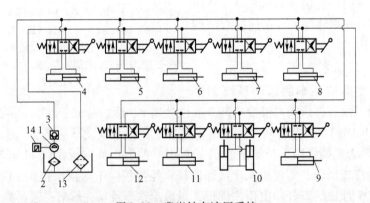

图 2-29　凿岩钻车液压系统

1—齿轮油泵；2—滤油器；3—单向阀；4—托钎器油缸；5—推进器油缸；6—扇形摆动油缸；
7—起落油缸；8—侧摆油缸；9—左后千斤顶油缸；10—前千斤顶油缸；11—前轮转向油缸；
12—右后千斤顶油缸；13—滤油器；14—气动马达

2.4 露天凿岩钻车

露天液压凿岩钻车由凿岩机、推进器、钻臂、底盘、液压系统、供气系统、电缆绞盘、水管绞盘、电气系统和供水系统等组成，如图 2-30 所示。

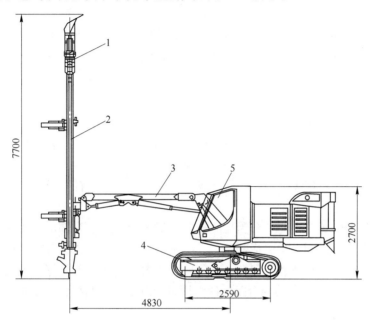

图 2-30 Ranger 700 露天凿岩钻车的基本结构
1—凿岩机；2—推进器；3—钻臂；4—底盘；5—司机室

2.4.1 凿岩机

凿岩机为凿岩钻车的心脏。冲击活塞的高频往复运动，将液压能转换成动能传递到钻头上。由于钻头与岩石紧密接触，因此冲击动能最终传递到岩石上并使其破碎。同时为了不使硬质合金柱齿（刃）重复冲击同一位置使岩石过分破碎，凿岩机还配备转钎机构。钻头的旋转速度取决于钻头直径及种类，直径愈大转速愈低。柱齿钻头较十字钻头转速高 $40 \sim 50 r/min$，较一字钻头高 $80 \sim 100 r/min$。用直径 45mm 的柱齿钻头时转速大约为 $200 r/min$。

液压凿岩机按系统压力分有中高压和中低压两种，冲击压力在 $17 \sim 27MPa$ 为中高压，在 $10 \sim 17MPa$ 为中低压。中高压凿岩机要求高精密配合以减小内泄损失，所以其零件的制造精度要求相当高，对油品的黏度特性及杂质含量较敏感。中低压凿岩机制造精度要求相对较低一些，对油品的黏度特性及杂质含量的敏感性也略低于前者。瑞典阿特拉斯·科普柯公司生产的液压凿岩机为中高压系统，芬兰汤姆洛克公司和日本古河公司生产的液压凿岩机为中低压系统。

2.4.2 推进器

推进器是为凿岩机和钻杆导向，并使钻头在凿岩过程中与岩石保持良好接触的部件。由于推进器必须承受巨大的压力、弯矩、扭矩和高频振动，而且容易受到诸如落石的撞击，因此推进器应具有足够的强度和修复性能。

为使钻头在凿岩过程中与岩石保持良好的接触，推进器必须提供一定的压力。该推进力由液压马达和液压缸将液压能转换为机械能，以拉力的方式出现。其大小与液压油缸的压力成正比，一般为 15～20kN，岩石愈硬，推进力也愈大。

推进力与钻进速度在一定条件下成正比，但当推进力达到某一数值后，钻进速度不再上升反而下降。推进力过低时，钻头与岩石接触不好，凿岩机可能会产生空打现象，使钻具和凿岩机的零部件过度磨损，钻头过早消耗而且钻进过程变得愈不稳定。

现在液压凿岩钻车上应用的推进器主要是链式推进器和液压缸-钢丝绳式推进器。

2.4.3　大臂

2.4.3.1　大臂的种类

按大臂的运动方式，大臂可分为直角坐标式和极坐标式两种。直角坐标式大臂在找孔时，操作程序多，时间长，但操作程序和操作精度都不严格，便于掌握和使用。极坐标式大臂在找孔时，操作程序少，时间短，但操作程序和操作精度都要求严格，需要有相当熟练的技术。

按旋转机构的位置，大臂可分为无旋转式、根部旋转式和头部旋转式三种。无旋转式大臂仅限于小巷道掘进和矿山的崩落法采矿时选用。根部旋转式大臂特别适用于马蹄形断面的隧道开挖，可钻锚杆孔和石门孔。头部旋转式大臂运动性能最好，可用于所有种类的爆破孔，可在 X-Y 两个方向实现全断面的液压自动持平，但结构相对复杂，质量大且重心前移，影响整机的稳定性。

按大臂的断面形状，大臂有矩形、多边形和圆形等三种。矩形断面大臂的内外套之间形成线接触，摩擦块磨损极不均匀，但结构简单，调整和维修容易。日本古河公司生产的钻车大臂属于矩形断面大臂。多边形断面的大臂很少，目前仅有芬兰汤姆洛克公司钻车上配置的大臂断面为六边形。它的内外套管之间始终是面接触，克服了矩形断面大臂的弱点，强度大，可用作承载较大的锚杆臂，调整和维修也很容易。圆形断面的大臂内外套管之间用 3 个长键导向定位并承受扭矩，一旦形成间隙必须更换新键。圆形断面大臂结构较轻巧，但不能用作强度大的锚杆臂。这种大臂使用两个对称安装的油缸完成 X-Y 方向的运动，自动持平精确可靠。

2.4.3.2　大臂自动持平机构的工作原理

芬兰汤姆洛克公司凿岩钻车的 ZRU 系列大臂是利用相似三角形原理来实现自动持平的。大臂起升缸与推进器的对应液压缸断面尺寸相等，大臂缸伸缩一定长度，推进器的相应液压缸同时伸缩一定长度，使两个三角形保持相似来保证推进器平行运动。

瑞典阿特拉斯·科普柯公司凿岩钻车的 BUT 系列大臂的自动持平也是应用相似三角形原理（见图 2-31）。大臂的 1 号液压缸和 2 号液压缸分别与推进器

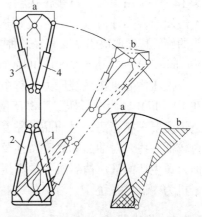

图 2-31　大臂自动持平的三角形原理
1—1 号液压缸；2—2 号液压缸；
3—3 号液压缸；4—4 号液压缸

的 3 号液压缸和 4 号液压缸串联在一起，来保证推进器的平行运动。

2.4.4　底盘

钻车底盘行走速度一般为 10～15km/h，取决于发动机的功率和质量，质量每减小 5%，速度增加 5%。钻车的转弯半径主要取决于底盘的形式，且受制于稳定性。铰接式底盘一般较整体式底盘转弯半径小。钻车的爬坡能力取决于路面情况、发动机功率和底盘形式。一般来说，轮胎式底盘爬坡能力小于 18°，履带式底盘小于 25°，轨行式底盘小于 4°。钻车的越野性能取决于底盘的离地间隙（一般应大于 250mm）、轮胎与地面的接触情况、轮胎尺寸、形式和材料以及驱动方式，全轮驱动钻车的越野性能最好。底盘有轮胎式、履带式、轨行式和步进式。

（1）轮胎式底盘。轮胎式底盘分为铰接式和整体式两种。铰接式底盘车体较小，操作灵活，由于铰接区的影响，不易布置，价格较整体式低。整体式底盘稳定性好，易布置，虽然内角转弯半径小，但外角转弯半径大，转向时需较大的空间。这两种底盘都广泛地应用于各种尺寸的钻车。

（2）履带式底盘。履带式底盘行走机构比较灵活，爬坡能力强，但速度较慢。由于接地比压小，因此可在松软的地面上作业，且整机工作稳定性较好，一般情况下可不另设支腿，特别适用于煤矿巷道和一些矿山的斜坡道掘进。

（3）轨行式底盘。轨行式钻车适用于采用有轨运输的隧道掘进，质量轻，结构简单，易布置，适用于极大和极小的钻车，如大型门架式凿岩钻车多用轨行式底盘。但由于适用轨道的原因，其活动范围受限制。

（4）步进式底盘。步进式行走机构又分为滑动轨道和滑动底板两种，仅用于大型门架钻车。芬兰汤姆洛克公司生产的 PPV HS315T 型门架钻车采用的就是滑动轨道式底盘行走机构。日本古河公司的门架式凿岩钻车多数也采用这种行走机构。滑动轨道式行走机构由带驱动链的钢轨、驱动装置和链轮组成，行走时先用支腿将钻车连同滑轨一起提升离开地面，然后将滑轨伸出，再收回支腿将钻车放下，驱动装置使钻车沿滑轮行走到端部，如此循环，一步一步行走。这种机构对地面的平整度要求很高，而且保持轨距也相当重要。

滑动底板式行走机构是由三段以上由液压缸连接在一起的、上面铺有轨道和道岔的钢结构组成，每段 30～50m。行走时，顺序操作缸使第一段相对于第二、第三段向前伸出，再使第二段相对于第三段前伸到第一段末部，然后再使第三段伸到第二段的原来位置，这样就完成了一个行程。滑动底板式行走机构的优点是出渣快捷，掉道较小，钻车工作非常稳定。其缺点是非常笨重（每段重 40～50t），价格昂贵，只能用于大曲率半径的隧道施工。

2.4.5　液压系统

钻车上液压系统的作用是根据岩石情况优化各种钻孔参数以得到最佳凿岩效率，主要控制凿岩机的各种功能，如冲击、旋转、冲洗、开孔、推进器的定位和推进以及大臂的所有动作，还有一些自动功能的控制也是由液压系统来自动完成的，如自动开孔、自动防卡钎、自动停钻退钻和自动冲洗等功能。

2.4.5.1　控制功能

（1）自动开孔。开钻时，如速度过快，容易跑偏，在斜面上钻孔时更是如此。为此开孔时将冲击压力降低 $1/3 \sim 1/2$，推进压力降低 $1/3$，使钻头以慢速凿入岩石，提高钻孔的精确度和速度，并减小钻具的损耗。

（2）自动防卡钎。当钻头通过岩石中的裂隙或其他原因使旋转阻力突然升高以致有可能引起卡钎时，应立即将钻头退出；阻力下降至正常值时再及时恢复正常钻进。该功能可减小钻具的消耗，并且允许一人操作多台大臂。

（3）自动停钻退钻。当孔钻好后，凿岩机的旋转、冲击和冲洗停止，凿岩机高速退回到推进器末端。此过程完全程序化，可减轻劳动强度，增加钻孔工时。

（4）自动冲洗。凿岩过程一开始，冲洗随即开始。

2.4.5.2　控制方式

液压系统按控制方式分有液压直控、液压先导控制、气动先导控制和电磁控制等几种。

（1）液压直控。各个动作由方向控制阀直接控制，结构简单，故障处理容易，经济；但尺寸较大，不易布置，设置自动功能时布管较复杂。

（2）液压先导控制。由液压先导阀控制主阀，从而操纵各个动作，尺寸较小，易于布置，容易增加功能，调节点可集中，布管容易。

（3）气动先导控制。由气控先导阀控制主阀。该控制方式需要一套独立的气路系统，结构较复杂，不易处理故障，现已很少使用。

（4）电磁先导控制。由电磁先导阀控制主阀。该控制方式需要一套独立的电路系统，尺寸较小，易于布置和增加各种功能，可实现遥控；但结构复杂，不易处理故障，对操作和维修要求较高。随着电器元件可靠性的提高，这种控制方式将越来越多地被采用，目前引进的计算机控制液压凿岩钻车就是采用这种控制方式。

2.4.6　气路系统

气路系统由空压机、油水分离器、气缸和油雾器等组成。空压机在凿岩机头部（即钎尾部位），为油雾润滑提供压缩气源，也为气冲洗和水雾冲洗的凿岩机提供压缩气源。它主要有活塞式和螺杆式两种，工作压力一般在 $0.3 \sim 1.0$ MPa。随着凿岩技术的不断提高，大多数凿岩机将实现润滑脂润滑，在仅需要水冲洗的情况下，就可免去整个气路系统以降低成本，减少维修保养工作量。

2.4.7　电缆绞盘

电缆绞盘有自动和手动两种。自动绞盘由液压马达卷缆，重力放缆，并配有限位开关防止电缆过拉。当电缆放到仅剩 $2 \sim 3$ 圈时，限位开关动作将发动机熄灭，以防止因钻车继续前行将电缆拉出，此时压下旁通限位开关将限位开关旁通，仍可启动发动机将电缆放出 1 圈，然后限位开关再次动作将发动机熄火，此时只有人工将电缆卷回 3 圈才能将发动机启动。

电缆绞盘的宽度超过电缆外径 $4 \sim 6$ 倍时，应配盘缆机构，以防电缆扭曲，电缆绞盘至少应能容纳 100m 的电缆。

另外，水管绞盘、配电箱、电气系统、增压水泵及供水系统也是液压凿岩钻车上的重要系统。

复习思考题

2-1　简述露天凿岩钻车的特点。

2-2　简述掘进凿岩钻车油（气）缸-钢丝绳式推进器的工作原理。

2-3　画简图，说明掘进凿岩钻车液压平移机构的工作原理。

2-4　简述采矿钻车的基本动作。

2-5　简述露天凿岩钻车液压系统的控制功能。

　潜 孔 钻 机

【学习要求】
(1) 了解潜孔钻机的分类、适用范围、工作原理。
(2) 熟悉露天潜孔钻机的组成机构。
(3) 学会露天潜孔钻机的选型。
(4) 了解地下潜孔钻机的种类、特点。

3.1　潜孔钻机概述

3.1.1　潜孔钻机的工作原理

潜孔钻机具有独立的回转机构和冲击机构（冲击器），回转机构置于孔外，带动钻杆旋转，将冲击器潜入孔内，由其直接冲击钻头，在矿岩中钻凿大直径深孔。其因利用潜入孔底的冲击器与钻头对岩石进行冲击破碎，故称为潜孔钻机。潜孔凿岩于 1932 年始于国外，首先用于地下矿，十余年后用于露天矿。

潜孔钻机的钻孔作业主要由推进调压机构、回转供气机构、冲击机构、提升机构、操纵机构和排粉机构等来完成。潜孔钻机钻孔原理如图 3-1 所示。

钻机工作时，推进调压机构 6 使钻具连续推进，将一定的轴向压力施于孔底，使钻头始终与孔底岩石接触。由气动马达和减速箱组成的回转机构 4 使钻具连续回转。同时，安装在钻杆 3 前端的冲击器 2 在压气的作用下，其活塞不断冲击钻头 1，完成对岩石的冲击动作。钻具回转避免了钻头重复打击在相同的凿痕上，并产生对孔底岩石起刮削作用的剪切力。在冲击器活塞冲击力和回转机构的剪切力作用下，岩石不断地被压碎和剪碎。压气由回转供风机构 4 的气接头 5 进入，经中空钻杆直达孔底，把破碎的岩粉从钻杆与孔壁之间的环形空间排至孔外，从而形成炮孔。

因此，潜孔凿岩原理的实质，就是在轴向压力作用下，冲击和回转两种破碎岩石方法的结合，冲击是断续的，回转是连续的，岩石在冲击力和剪切力作用下不断

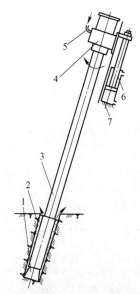

图 3-1　潜孔钻机钻孔原理
1—钻头；2—冲击器；3—钻杆；
4—回转供风机构；5—气接头与操纵机构；
6—调压机构；7—支撑、调幅与升降机构

地被压碎和剪碎。但是，对于中硬以上的岩石，轴压力实际上无法使钻头凿入岩石起到切削作用，只是防止钻具的反跳。因此，在潜孔凿岩中，起主导作用的是冲击做功，仍属于冲击回转式凿岩法。

潜孔钻头通过扁销和花键两种形式与冲击器直接连接，冲击器与钻杆采用锥形螺纹连接。接杆钻进的两根钻杆之间采用方形螺纹连接。

3.1.2 潜孔钻机的分类

按使用地点，潜孔钻机分为地下潜孔钻机和露天潜孔钻机。

按介质不同，潜孔钻机分为气动和水压两类（如不特别强调，一般指气动潜孔钻机）。

按有无行走机构，潜孔钻机分为自行式和非自行式两类。自行式潜孔钻机又分为轮胎行走和履带行走两类，地下潜孔钻机主要是轮胎行走方式，露天潜孔钻机多为履带行走方式。非自行式又分为支柱（架）式和简易式钻机。

按气压大小，潜孔钻机分为低气压型（≤0.7MPa）、中气压型（0.7~1.4MPa）和高气压型（1.7~2.5MPa）三种。

按钻孔径直径和潜孔钻机机重，潜孔钻机分为轻型（≤ϕ80~100mm，≤3t）、中型（ϕ120~180mm，10~15t）、重型（ϕ180~250mm，25~30t）、特重型（≥ϕ250mm，≥40t）四种。

按驱动动力，潜孔钻机分为电动式和柴油机式。

按结构形式，潜孔钻机分为分体式和一体式。

国产潜孔钻机型号标识见表3-1。

表3-1 国产潜孔钻机型号标识

类　型	组　别	型　别	特性代号	产品名称及特征代码	主　参　数	
					名称	单位
钻（孔）机：K	潜孔钻机：Q	履带式：L	低气压	履带式潜孔钻机：KQL	钻孔直径	mm
			中气压：Z	履带式中压潜孔钻机：KQLZ		
			高气压：G	履带式高压潜孔钻机：KQLG		
		轮胎式：T	低气压	轮胎式潜孔钻机：KQT		
			中气压：Z	轮胎式潜孔钻机：KQTZ		
			高气压：G	轮胎式潜孔钻机：KQTG		
	气动、半液压	柱架式：J	低气压	柱架式潜孔钻机：KQJ		
			中气压：Z	柱架式潜孔钻机：KQJZ		
			高气压：G	柱架式潜孔钻机：KQJG		
	液压：Y	履带式：L	—	履带式液压潜孔钻机：KQYL		
		轮胎式：T	—	轮胎式液压潜孔钻机：KQLT		
	电动：D	—	—	电动潜孔钻机：KQD		
冲击器：QC	气动	—	低气压	潜孔冲击器：QC	凿孔直径	mm
			中压：Z	中压潜孔冲击器：QCZ		
			高气压：G	高压潜孔冲击器：QCG		
	液压：Y	—	—	液压潜孔冲击器：QCY		

3.1.3 潜孔钻机的特点及适用范围

潜孔钻机具有结构简单、重量轻、价格低、机动灵活、使用和行走方便、制造和维护较容易、钻孔倾角可调等优点。

在接杆钻进过程中,潜孔钻机回转机构仅带动钎杆旋转,冲击器潜入孔底与岩石接触,冲击能量直接作用于钻头,冲击能量随钎杆传递损失很少,可钻凿更深的炮孔。当采用高风压潜孔钻机,不仅凿岩速度快,而且比普通接杆钎杆导向性更好,钻孔偏差小,精度高,并以高压气体排出孔底岩渣,可大幅减少孔底岩石被重复破碎现象。同时,冲击器潜入孔内,工作面噪声很低。

潜孔钻机适用范围广。地下潜孔钻机主要用于钻凿大孔径的深孔,如 VCR 法、阶段矿房法、深孔分段爆破法的大直径深孔以及天井掘进的中心孔等。

露天潜孔钻机除钻凿露天矿主爆炮孔外,还用于钻凿矿山的预裂孔、光面孔、锚索孔、地下水疏干孔,也可钻凿通风孔、充填孔、管缆孔等。

虽然牙轮钻机在露天矿钻孔已占主导地位,潜孔钻机的钻孔效率和钻进技术不如牙轮钻机,在大型乃至中小型露天矿潜孔钻机已被牙轮钻取代,但在中等硬度矿岩的中、小型露天矿山潜孔钻机仍广为使用。

3.2 露天潜孔钻机

潜孔钻机主要机构有冲击机构、回转供风机构、推进机构、排粉机构、行走机构等。

KQ 系列潜孔钻机是国内露天矿普遍采用的潜孔钻机,尤以 KQ-200 型潜孔钻机最为典型。JB/T 9023.1—1999 规定了 KQ 系列潜孔钻机的基本参数,见表 3-2。

表 3-2 部分 KQ 系列潜孔钻机的基本参数

基 本 参 数	KQ-100	KQ-150	KQ-200	KQ-250
钻孔直径/mm	100	150	200	250
钻孔深度/m	25	17.5	19.3	18
钻孔方向/(°)	60,75,90			
爬坡能力/(°)	≥14			
冲击器的冲击功/N·m	≥90	≥260	≥400	≥600
冲击器的冲击次数/次·min^{-1}	≥750	≥750	≥850	≥850
机重/kg	≤6000	≤16000	≤40000	≤55000

KQ-200 型潜孔钻机是一种自带螺杆空压机的自行式重型钻孔机械。它主要用于大、中型露天矿山钻凿直径 200 ~ 220mm、孔深为 19m、下向倾角 60° ~ 90° 的各种炮孔。钻机总体结构如图 3-2 所示。

钻具由钻杆 6、球齿钻头 9 及 J-200 冲击器 10 组成。钻孔时,用两根钻杆接杆钻进。

回转供风机构由回转电动机 1、回转减速器 2 及供风回转器 3 组成。回转电动机为多速的 JD02-71-8/6/4 型。回转减速器为三级圆柱齿轮封闭式的异形构件,它用螺旋注油器

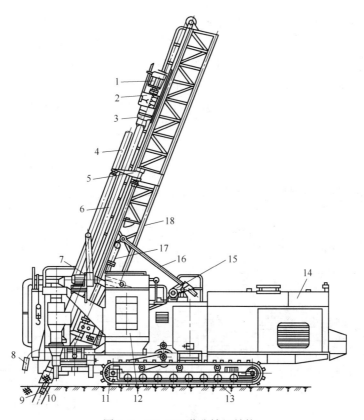

图 3-2 KQ-200 潜孔钻机结构

1—回转电动机；2—回转减速器；3—供风回转器；4—副钻杆；5—送杆器；6—主钻杆；
7—离心通风机；8—手动按钮；9—钻头；10—冲击器；11—行走驱动轮；12—干式除尘器；
13—履带；14—机械间；15—钻架起落机构；16—齿条；17—调压装置；18—钻架

自动润滑。供风回转器由连接体、密封件、中空主轴及钻杆接头等部分组成，其上设有供接卸钻杆使用的风动卡爪。

提升调压机构是由提升电动机借助提升减速器、提升链条而使回转机构及钻具实现升降动作的。封闭链条系统中装有调压缸及动滑轮组。正常工作时，由调压缸的活塞杆推动动滑轮组使钻具实现减压钻进。

接送杆机构由送杆器 5、托杆器、卡杆器及定心环等部分组成。送杆器通过送杆电动机、蜗轮减速器带动轴转动。固定在传动轴上的上下转臂拖动钻杆完成送入及摆出动作。托杆器是接卸杆时的支承装置，用它托住钻杆并使其保证对中。卡杆器是接卸钻杆时的卡紧装置，用它卡住一根钻杆而接卸另一根钻杆。定心环对钻杆起导向和扶持作用，以防止炮孔和钻杆歪斜。

钻架起落机构 15 由起落电动机、减速装置及齿条 16 等部件组成。在起落钻架时，起落电动机通过减速装置使齿条沿着鞍形轴承伸缩，从而使钻架抬起或落下。在钻架起落终了时，电磁制动及蜗轮副的自锁作用，使钻杆稳定地固定在任意位置上。

3.2.1 钻架与机架

钻架是由钢管或方钢管、角钢、槽钢等型钢焊接成的空间桁架。机架则是由工字钢、槽钢、钢板等型钢焊接成的。钻架和机架铰接，钻架可绕铰接轴转动，以适应各种孔向。

KQ-200型钻机采用闭口形钻架，钻架上安装有回转供风机构、提升调压机构、钻具、接送杆机构。钻机的机架上布置有机棚、除尘系统、司机室。机棚内安装有变压器、控制柜、空压机、油泵站、行走传动装置或主传动装置。机架则通过横梁坐落在履带架上。钻架和机架受力复杂，作用载荷大，应有足够的强度和刚度。KQ-200型钻机的平台布置如图3-3所示。

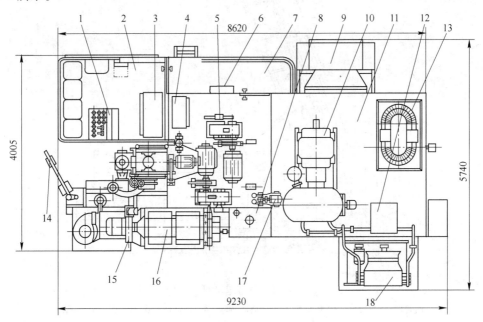

图3-3   KQ-200型钻机平台布置

1—操纵台；2—司机室；3—1号电控柜；4—2号电控柜；5—行走传动机构；6—梯子；7—走台；
8—水箱；9—机棚空气净化装置；10—空压机；11—底盘；12—空压机电控柜；13—变压器；14—悬臂吊；
15—高压离心通风机；16—干式除尘器；17—水泵；18—空压机油冷却器

3.2.2   回转供风机构

将回转钻具和向钻具供风的两个部分组合起来即构成回转供风机构。该机构由回转电动机、回转减速器及供风回转器3个部分组成，如图3-4所示。回转电动机5与回转减速器2用弹性联轴节4连接，回转减速器与供风回转器1用一组螺栓连接。回转电动机、回转减速器及供风回转器三者连接成一个整体，再固定在可沿钻架导轨滑动的滑板7上。滑板的两端分别用平衡接头6与双提升链条相连。这样，滑板和链条就形成了一个封闭系统。送风胶管3的一端连到供风回转器上，另一端与送风胶管连接，连接处均有可靠密封件。

回转电动机也可用气动马达或液压马达来代替。回转减速器可用普通圆柱齿轮减速器、行星轮减速器或针齿摆线轮减速器。

回转供风机构一方面通过减速器增大钻具的回转力矩，降低钻具的转速，另一方面通过供风回转器向钻具供风，同时还可以通过供风回转器上的风动卡爪接卸钻杆。

供风回转器的功能是传递回转扭矩、向冲击器供风及接卸钻杆。回转器内多设置减振器，以减少由钻具钻进产生的机械振动。按照供风风路位置不同，供风回转器有旁侧供风回转器和中心供风回转器两种。国内经常使用的一种旁侧供风回转器的结构如图 3-5 所示。

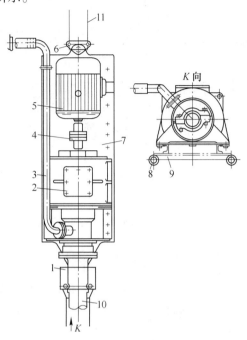

图 3-4　回转供风机构

1—供风回转器；2—回转减速器；3—送风胶管；
4—弹性联轴节；5—回转电动机；6—平衡接头；
7—滑板；8—钻架；9—滑道；10—钻杆；11—提升链条

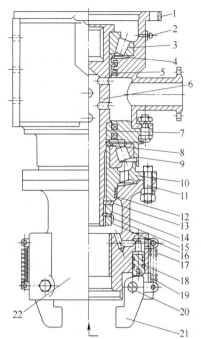

图 3-5　旁侧供风回转器结构

1—供风回转器壳体；2—油嘴；3—圆锥滚子轴承；4—轴套；
5，12，18—密封圈；6—空心主轴；7—轴环；8—调整垫；
9—轴承套；10—花键套；11—螺栓；13—垫；
14—左螺旋母；15—防松垫圈；16—右螺旋母；
17—拉簧；19—小活塞；20—卡爪销轴；
21—风动卡爪；22—钻杆接头

回转器壳体 1 用螺栓连接在减速器的机体上，空心主轴 6 的上端用花键与减速器输出轴相连，花键套 10 靠花键装在空心主轴上，钻杆接头 22 用螺栓 11 与花键套连接，减速器输出轴的力矩通过空心主轴及花键套传递给钻杆接头，于是钻具就和钻杆接头一起回转。

由风管输送来的压气经过供风弯头导入供风回转器壳体 1 中，继而进入空心主轴、钻杆接头、钻杆及冲击器内，为冲击器提供工作动力。当需要接杆钻进时，首先使风路停止供风，同时风动卡爪 21 被两个拉簧拉开。然后开动回转电动机，钻杆尾部方形螺纹即可拧入钻杆接头中。当需要卸杆时，接通压气，于是小活塞 19 被压气推出，卡爪向中心摆动并卡住钻杆凹槽，反转开动电动机，上部钻杆与下部钻杆即可脱开。

国外的一种旁侧供风回转器的结构如图 3-6 所示。两个液压马达 1 通过箱体内的一对齿轮 5 及 2 带动空心主轴 3 回转，空心主轴把运动通过尾部螺纹直接传递给钻杆。压气则通过空心主轴旁侧的进气孔进入其中，然后送往钻杆及冲击器。供风回转器上设置一个特殊的卸杆活塞 6，它通常在弹簧压力下位于空心主轴的上端，这时通过卡杆器卡住钻杆的下部，则供风回转器即可和钻杆脱开。如果上部进气接头7通入压气，则带外花键的卸杆活塞克服弹簧阻力后向下移动，并插入钻杆上部的内花键孔中。这时，如果开动电动机，即可卸开钻杆下部的螺纹，从而使两钻杆脱开。这种卸杆机构既方便又准确，是一种较好的卸杆形式。

瑞典ROC-306型潜孔钻机上的回转器是中心供风回转器的典型实例。压气从进气口进入，通过中空主轴流入钻杆和冲击器。

旁侧与中心供风方式的选用主要视回转机构的布置情况而定。如果电动机、减速器和供风回转器纵向连接，如图3-4所示，则空心主轴上部没有空间安装回转接头，故需采用旁侧供风。如果电动机、减速器及回转器采用横向布置，如图3-6所示，根据具体结构，可以采用旁侧供风，也可采用中心供风。图3-6上的供风回转器不采用中心供风的原因是中空主轴中安装了一个卸杆活塞，限制了中心的空间位置。

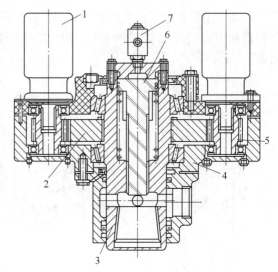

图3-6　美国TRW6200-U型钻机回转器
1—液压马达；2—大齿轮；3—空心主轴；4—箱体；
5—小齿轮；6—卸杆活塞；7—进气接头

3.2.3　提升调压机构

冲击、回转、推进和排渣是潜孔钻机工作的4个基本环节。钻机在不断地冲击、回转和排渣的同时，还必须对岩石施以一定的轴向压力才能进行正常的钻进。合理的轴压力能使钻头与孔底岩石紧密地接触，有效地破碎孔底岩石。如果轴压力不足，会造成冲击器、钻头和岩石之间不规则碰撞，降低钻孔速度。如果轴压力过大，将产生很大的回转阻力，也会加速钻头的磨损，加剧钻机的振动，使钻机速度下降。因此，必须设置调压机构，适时地调节孔底轴压力。

另外，为了更换钻具、调整孔位及修整孔形，需要不断地将钻具提起或放下。这个动作用提升机构来完成。

提升系统包括提升原动机、减速器、挠性传动装置和制动器等部件。调压系统包括调压缸、推拉活塞杆、挠性传动装置和行程转换开关等部件。提升机构与调压机构通常共用挠性传动装置带动钻具。为了结构紧凑，一般将提升系统和调压系统设计在同一个系统中，形成提升调压机构。

根据提升传动系统和调压动力装置的不同，提升调压系统可分为电动机-封闭链条-气缸式、电动机-封闭钢绳-气缸式、气缸-活塞式、液压（气动）马达-链条式等几种类型。KQ-200型及H-200型等潜孔钻机采用电动机-封闭链条-气缸式提升调压系统。该系统的结构如图3-7所示。

位于机械间内的提升电动机1通过弹性联轴节2与蜗轮减速器3连接。在蜗轮轴头上装有链轮19，用它驱动链条18；在钻架回转轴17上装有两个主动链轮，用它驱动绕经顶部及底部导向轮 8 和 4 的封闭链条 5，此链条与活塞杆 6 的两端分别连接。调压气缸 7 因位置限制设计成上下双缸形式，它与滑板 10 用螺栓连接。回转电动机 11、针摆减速器 12 和供风回转器 13 用螺栓固定在滑板上。它们与调压缸一起形成了一个下滑组合体，该组合体可沿架上的导轨 9 上下滑动。

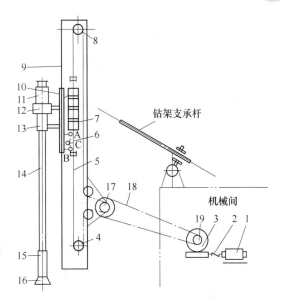

开动提升电动机，通过蜗轮减速器、封闭链条和活塞杆，即可拖动下滑组合体提升或下放，完成升降钻具的工作。当制动提升电动机，同时开动冲击器 15，即可实现正常的钻进作业。这时，如果在调压气缸 7 的下腔通入压气，就可进行加压钻进；反之，在调压缸的上腔通入压气，就可实现减压钻进（减压力值必须小于下滑组合体自重力）。行程开关 A、B 及触点 C 是为调压气缸行程的自动切换而设置的。

图 3-7　电动机-封闭链条-气缸式提升调压系统

1—提升电动机；2—弹性联轴节；3—蜗轮减速器；
4—底部导向轮；5，18—链条；6—活塞杆；7—调压气缸；
8—顶部导向轮；9—导轨；10—滑板；11—回转电动机；
12—针摆减速器；13—供风回转器；14—钻杆；15—冲击器；
16—钻头；17—钻架回转轴；19—链轮

电动机-封闭链条-气缸式提升调压系统的结构特点是：提升电动机和减速器可置于机械间内，以便维护检修和提高其使用寿命，也可放在钻架底部，直接拖动底部导向轮 4，以简化传动系统；提升电动机选为起重型（JZ 型），以便增大启动力矩；提升减速器多为大传动比、低传动效率的蜗轮减速器，因为该系统属于慢速、间歇传动系统；传动系统的挠性件为套筒滚子链，且多用双排链条；系统设有断链保险装置，以确保安全作业；采用了行程转换开关，以实现钻杆自动推进，直至一根钻杆全部钻完为止。

如果需要活塞杆推进一个行程，而使钻具获得两倍行程，则要采用带 2:1 行程倍增器的提升调压系统。KQ-200 型潜孔钻机就应用了该系统。

3.2.4　接卸钻杆机构

露天潜孔钻机多用主、副两根钻杆钻进。副钻杆的存放、送出以及与主钻杆的接卸，由钻机的接卸钻杆机构来完成。图 3-8 所示为 KQ-200 型钻机的接卸钻杆机构。它由电动机、蜗轮减速器、上下送杆器、托杆器、定心环等组成，整个机构安装于钻架上。当钻机不工作或只用主钻杆钻进时，送杆器 3、4 处于退出位置，副钻杆存放于其上。当需要接卸杆时，开动电动机，并使之正转或反转，蜗轮减速器 1 使传动轴带动上送杆器 4 转动，将副

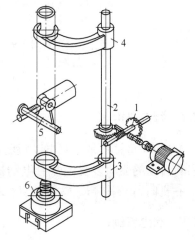

图 3-8　KQ-200 型潜孔钻机接卸钻杆机构

1—蜗轮减速器；2—传动轴；3—下送杆器；
4—上送杆器；5—托杆器；6—定心环

钻杆送入或退出。托杆器 5 在接卸杆过程中，起着支撑钻杆，保证钻杆的平行和对中作用。定心环 6 则对钻杆进行限位，并在钻凿倾斜炮孔时，支撑钻杆，起着对孔导向的定心作用。蜗轮减速器 1 具有逆止性能，可防止送杆器在振动时移位。

3.2.5　起落钻架机构

起落钻架机构的作用是使钻架绕铰接轴转动，以适应钻凿不同倾角炮孔的需要，并支撑钻架使其固定在所需的位置上。图 3-9 所示为 KQ-200 型钻机的起落钻架机构。它安装在机架上，位于机棚顶部，由电动机、二级蜗轮减速机、齿轮齿条、鞍形座等组成。电动机 6 经两级蜗轮减速器 3、长轴 5 及两侧小齿轮 4 驱动齿条 1 伸缩，钻架即随之俯仰。因蜗轮减速器的逆止性能，再用电磁闸 7 制动，可保证钻架不会自行移位。减速机的输出轴为一长轴，两端装有两个小齿轮，由它们驱动一端与钻架铰接的两根齿条沿着鞍形座做同步运动，推拉钻架起落。当调整好钻架角度后，除蜗轮蜗杆的自锁作用外，电动机轴端还有电磁抱闸，保证了钻架位置的固定不变。这种机构的特点是动作平稳、工作可靠，支撑钻架的稳定性好，但机构庞大。

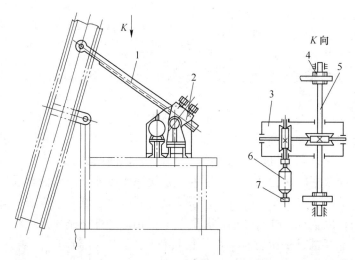

图 3-9　KQ-200 型钻机起落钻架机构

1—齿条；2—鞍形座；3—两级蜗轮减速器；4—小齿轮；5—长轴；
6—电动机；7—电磁闸

3.2.6　行走机构

KQ-200 型钻机采用双电动机驱动的履带自行式行走机构，如图 3-10 所示。左、右履带各有自己的驱动装置，两台电动机正转或反转，钻机直线前进或后退；一侧电动机运转，钻机向另一侧转弯。钻机的直行和转弯由电气按钮来控制。

3.2.7　除尘系统

露天潜孔钻机凿岩时，破碎下来的岩粉不断地被压气排出孔外。除尘系统的作用就是将排出的尘、气混合物进行分离，以保证作业带空气中的粉尘浓度达到国家规定的标准。

这对于保证作业人员的身体健康及提高设备寿命都具有极为重要的意义。

除尘方式有干式和湿式两种。干式除尘是直接对尘、气混合物进行分离和捕集。这种方法不用水，对低温和缺水地区比较适用，但是除尘效果较差，设备复杂庞大，而且分离出来的粉尘要做专门处理，否则将随风飞扬成为二次尘源。湿式除尘是利用风水混合物进行凿岩，水在孔底湿润岩粉，使之成为湿的岩粉球团或岩浆排出孔外，然后在孔口用扇风机吹到钻机一侧。这种方法除尘效果好，设备简单，消除了二次尘源，但是凿岩效率有所降低。冬季在低温地区使用时，要有防冻措施。

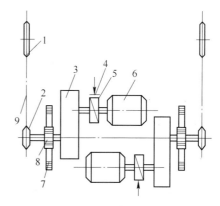

图 3-10　KQ-200 型钻机行走机构传动系统

1—从动链轮；2—主动链轮；3—减速机；
4—电磁抱闸；5—带制动轮的弹性联轴器；
6—电动机；7—大齿轮；8—小齿轮；9—链条

KQ-200 型钻机具有干式和湿式两套除尘系统。南方温暖多水的地方，多采用湿式除尘，北方非冰冻期也宜用湿式除尘。

3.2.7.1　干式除尘系统

KQ-200 型钻机的干式除尘系统如图 3-11 所示。它由捕尘罩、沉降箱、旁室旋风除尘器、机械脉冲布袋除尘器以及扇风机等部分组成，总集尘效率可达 99.9986%。各放灰口处均装有自动放灰机构，免去了人工扒渣和放灰工作。

凿岩时，扇风机（吸出式）开动，在捕尘罩内形成负压。$100\mu m$ 以上的粉尘大部分在罩内沉降，小颗粒粉尘被扇风机吸入沉降箱。由于捕尘罩内为负压，因而孔口附近不会有粉尘外逸。

尘气受扇风机抽吸作用突然进入较大空间的沉降箱时，流速大大降低，沉降速度大的粗大颗粒落入箱体底部成为岩渣，较细小的粉尘随气流从出口进入旁室旋风除尘器。箱体底部的岩渣由自动放渣机构放出。如图 3-11 所示，气缸 8 通过管路与通往冲击器的主风路接通。冲击器工作时，气缸内有压气，推动活塞杆向下运动，并推动拨杆 7，使之紧紧地压在活动盖 6 上。活动盖将排渣口封闭住。当冲击器停止工作时，主风路停供压气，在气缸内的弹簧作用下，活塞杆向上运动，此时拨杆离开活动盖，排渣口打开，岩渣靠自重放落。

从沉降箱出口出来的粉尘气流，沿着口径不大的进口管从切线方向高速进入旁室旋风除尘器，获得旋转运动。在同一平面上旋转一周后，大部分粉尘气流在外圆与中央排气管 9 之间因被继续进入的气流挤压而向下做螺旋线运动。由于离心力的作用，较粗大的粉尘甩向外壁，沿螺旋线方向下降。外层较粗大的粉尘失去惯性后，沿下部锥体滑至卸尘装置 14 内。靠近中央排气管的内层细微粉尘气流随圆锥形的收缩而转向除尘器的中心，并受底部所阻而返回，形成一股上升旋流，其方向与外层相反，经排气管 9 排出。另外，还有一小部分粉尘气流向除尘器顶部旋流，在顶盖下面形成粉尘环。该粉尘环进入螺旋形旁室，并沿旁室流至器体下部，被分离出来的粉尘则落入卸尘装置 14。

旁室旋风除尘器和布袋除尘器的排尘口的严密程度是保证除尘效率的重要因素。因排尘口处的负压较大，稍不严密，就会产生较大的漏风，从而将分离出来的粉尘重新扬起，

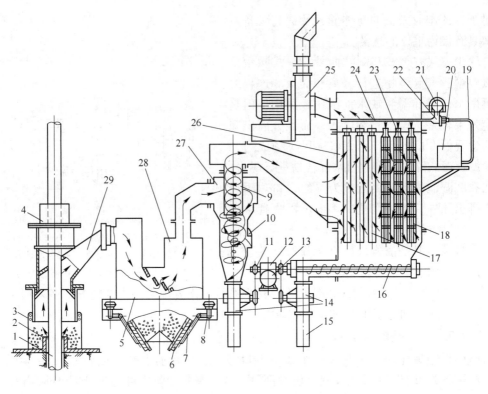

图 3-11　KQ-200 型钻机干式除尘系统

1—钻杆；2—护口筒；3—帆布罩；4—定心环；5—沉降箱体；6—活动盖；7—拨杆；8—气缸；9—排气管；
10—螺旋形旁室；11—链轮；12—减速机；13—电动机；14—卸尘装置；15—布袋；16—螺旋清灰器；
17—拨杆；18—骨架；19—铜管；20—机械脉冲控制器；21—气包；22—脉冲阀；23—喇叭管；24—喷吹管；
25—扇风机；26—机械脉冲布袋除尘器；27—旁室旋风除尘器；28—沉降箱；29—捕尘罩

使除尘器的净化效率大大降低。因此，在排尘口安装有卸尘装置，依靠其气密性来保证除尘器的正常工作。KQ-200型钻机的卸尘装置采用星形隔式阀，其构造如图 3-12 所示。它由带星形隔板的转子和外壳组成。星形隔板之间的空间可以容纳粉尘。转子由机械传动，如图 3-11 所示。当间隔位于上部时充灰，而当间隔转到下方时，粉尘从中倾出，倒入出灰布袋 15。

从旁室旋风除尘器出来的尘气流由机械脉冲布袋除尘器的中部箱体进入。箱体内装有 6 排 24 条由骨架 18（见图 3-11）支承着的涤纶绒布布袋，在扇风机的作用下，粉

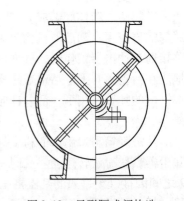

图 3-12　星形隔式阀构造

尘被阻留在布袋的外围，净气穿过布袋经喇叭管 23，进入上部箱体，然后通过出口，由扇风机 25 排到大气中。在布袋外围积存的粉尘，一部分因重力的作用落到下部箱体，另一部分粉尘将继续积附在布袋上，增大布袋的过滤阻力。因此，需要由机械脉冲喷吹机构每隔一定时间用压气从里向外地喷吹布袋，扫落积附的粉尘，以保证尘、气分离的正常进行。落入下部箱体的粉尘，由螺旋清灰器 16 推向排灰口，再经卸尘装置——星形隔式阀14 倒入出灰布袋 15，由此排至地面。

图 3-13 所示为机械脉冲喷吹机构。它由脉冲阀和机械脉冲控制器组成。在不进行喷吹时，从气包 21（见图 3-11）来的压气从 A 口进入脉冲阀，并通过恒节流孔进入气室 C。在弹簧 12 及波纹膜片 14 两侧压气压力差的作用下，波纹膜片堵住喷吹口，喷吹管 24（见图 3-11）内没有压气。当由凸轮转轴 4 带动的凸轮 3 将平杆 2 抬起时，阀杆 5 压缩弹簧 6，橡胶垫 8 离开下阀体 9，排气口被打开，气室 C 与大气相通。因排气口大于恒节流孔，于是 C 室气压下降，波纹膜片在其左边的压气作用下，被压向右侧，喷吹口打开，压气则从喷吹口直通喷吹管 24，并从喷吹管的径向口向喇叭管 23（见图 3-11）喷吹。当凸轮 3 转过凸起部分时，平杆 2 落下恢复原位。阀杆 5 在弹簧 6 的作用下，使橡胶垫 8 封闭排气孔，气室 C 的压力又恢复到气源压力。波纹膜片重新封闭喷吹口，喷吹立即停止。上述动作在 0.1～0.2s 内完成，在这一瞬间喷出的压气于喇叭管的喉部形成高速气流，气流周围产生负压，发生气体的卷吸作用，能从上部箱体引入约 5 倍于喷吹压气量的空气。冲入布袋的压气和被卷进的空气急速膨胀时，产生一次振动，并形成由里向外的逆向气流。在振动和逆向气流的作用下，积附在布袋外围的粉尘被抖落，附着在布袋纤维孔隙中的粉尘被吹掉。由此可见，布袋过滤分离尘气是连续的，喷吹岩粉是间断脉冲的。由于脉冲控制信号是由机械的方法产生的，故该设备称为机械脉冲布袋除尘器。此外，还有用气动阀的法产生控制信号的气动脉冲布袋除尘器。

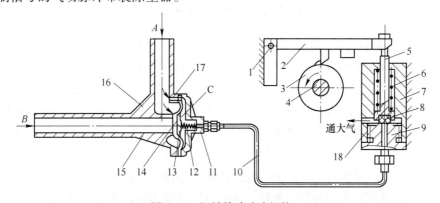

图 3-13 机械脉冲喷吹机构

1—平杆转轴；2—平杆；3—凸轮；4—凸轮转轴；5—阀杆；6，12—弹簧；7—上阀体；
8—橡胶垫；9—下阀体；10—铜管；11—阀盖；13—硬芯；14—波纹膜片；15—阀座；
16—脉冲阀；17—恒节流孔；18—机械脉冲控制器

KQ-200 型钻机的干式除尘系统在国内是比较先进的。但是，在钻凿含水矿岩时，粉尘被水分凝结成球团，黏结在布袋外围，堵住纤维孔隙，大大降低了除尘效率和布袋的使用寿命。

3.2.7.2 湿式除尘系统

图 3-14 所示为 KQ-200 型钻机的湿式除尘系统。它由水泵供水装置、风水混合装置和孔口排渣装置三部分组成。凿岩作业时，供水装置提供一定量的压力水，水压一般高于工作压气的最大压力 0.05MPa。压力水进入安装在冲击器供风管路上的风水混合装置与压气混合，从而用风水混合物来推动冲击器工作，破碎下来的岩粉在孔底以及沿孔壁上升的过程中被湿润，凝成湿的岩粉球团或半流动的岩浆，排至孔口，由孔口排渣装置吹到钻机一侧。

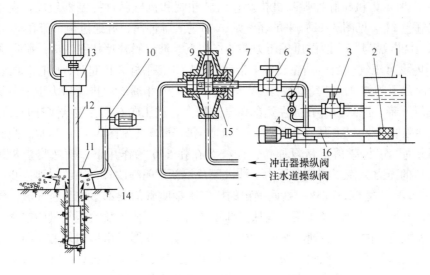

图 3-14　KQ-200 型钻机水泵供水湿式除尘系统

1—水箱；2—过滤器；3—调压阀；4—水泵；5—压力表；6—截止阀；7—活塞；8—弹簧；

9—喷嘴；10—压风机；11—捕尘罩；12—钻具；13—回转供风机构；14—孔口排渣装置；

15—风水混合装置（注水器）；16—供水装置

　　KQ-200 型钻机的水泵供水装置由水泵、电动机、水箱、调压阀、截止阀等组成，如图 3-14 所示。钻孔过程中，通过调节截止阀 6 来获得合理的供水量，以便尽可能提高凿岩效率的同时又满足除尘的需要。当钻机不用水时，高压水经调压阀 3 返回水箱。

　　KQ-200 型钻机采用气控注水器的风水混合装置。如图 3-14 所示，气控注水器安装在给冲击器供风的主风道上。当需注水时，操作注水器操纵阀，压气自注水器左端进入，推动活塞 7 向右运动，并压缩弹簧 8；当活塞上的环形槽对正喷嘴 9 时，压力水便从活塞的右端小孔进入，经喷嘴喷入主风路中。当操作注水器操纵阀切断压气时，活塞左端气室的余气排至大气，活塞在弹簧作用下复位，压力水通路被切断，停止供水。

　　各种潜孔钻机湿式除尘系统中的孔口排渣装置均由压风机、风管、捕尘罩组成（见图 3-14）。孔口捕尘罩由钢板制成，其连接压风机的入风口与湿润的岩粉的排出口在一条直线上。

3.2.8　司机室和机棚的空气净化与调节装置

　　在露天矿开采过程中，钻机穿孔、矿岩爆破、电铲铲装矿石以及汽车运载矿石等作业都会产生大量的粉尘，特别是在干燥和有风的气候条件下，更为严重。为了保障作业人员的身体健康，各种设备的司机室、机棚都应有空气净化与调节装置。

　　KQ-200 型钻机的司机室空气净化装置安装于司机室顶部，采用两级净化、外部供风与室内循环风相结合的正压送风净化装置。此外，为了适应四季气候的变化，司机室内还安装有空气调节装置，进一步改善司机的作业环境。如图 3-15 所示，空气净化装置由进风阀门 1、通风机 3、水平直进旋流器组 4、高效过滤器 5 等组成。水平直进旋流器组由 49 个单个旋流器组成。单个旋流器是直径为 50mm 的双头螺旋叶片式旋流器，其结构如图

3-16 所示。这种旋流器组效率高、阻力小。高效过滤器是采用氯纶或涤纶化学纤维为充填层的过滤器，其容尘量大，清灰周期长、阻力小。经过二级净化后，空气中的粉尘浓度达到 $2mg/m^3$ 以下。

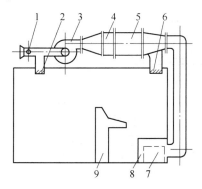

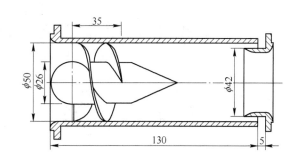

图 3-15　KQ-200 型钻机司机室空气
净化与调节装置

1—室外进风阀门；2—室内循环百叶窗；
3—通风机；4—水平直进旋流器组；5—高效过滤器；
6—顶部吹风百叶窗；7—电热器；8—座椅；9—操纵台

图 3-16　水平直进旋流器结构

司机室内空气调节装置（见图 3-15）由顶部吹风百叶窗 6、室内循环百叶窗 2、电热器 7 等组成。夏季主要由室外吸风，经过净化处理的新鲜空气从顶部吹风百叶窗进入司机室，对司机进行空气淋浴，风速为 2~4m/s。转动百叶窗，可以调节吹风角度。冬季作业时，主要是室内循环供风，从室外补充部分新鲜空气。将顶部吹风百叶窗关闭，打开室内循环百叶窗。经过净化处理的空气通过方形连通管，从位于司机座椅下面的进风口进入司机室。座椅底部安装有电热器，净化过的空气经过电热器时被加热，然后吹入室内，使室内气温保持在 20℃ 左右。由于门窗都有密封装置，因此在供风过程中，室内始终保持 9.8~19.6Pa 的正压，室外粉尘不会进入室内。

KQ-200 型钻机的机棚净化装置也是采用正压送风的形式，由轴流式扇风机和净化器组成。为保证增压效果，机棚密闭，使室内可形成 49~98Pa 的正压，以有效地抵御机棚外部粉尘的侵入。

3.3　潜 孔 钻 具

潜孔钻机的钻具包括钻杆、冲击器及钻头。钻杆的一端通过螺纹与回转供风机构相连接，另一端与冲击器连接。冲击器的前端安装钻头。钻孔时，回转机构带动钻具回转，推进机构将回转机构连同钻具不断地向前推进。

3.3.1　钻杆

钻杆的作用是带动冲击器回转，并通过其中心孔向冲击器输送压气。地下潜孔钻机的钻杆较短，一般长度为 800~1300mm，钻完一个深炮孔，需要几十根钻杆。露天潜孔钻机一般有两根钻杆。一根为主钻杆，另一根为副钻杆。图 3-17 所示为 KQ-200 型钻机主钻杆结构，主副钻杆只是长度不同，结构完全一样。钻杆的两端有连接螺纹。钻杆接头上都有供装卸钻杆和冲击器用的卡搬刃。

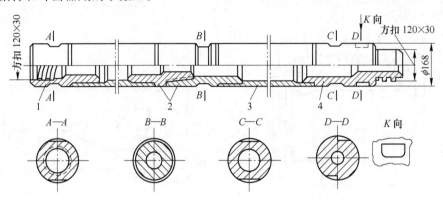

图 3-17　KQ-200 型潜孔钻机主钻杆结构
1—下接头；2—中间接头；3—钢管；4—上接头

KQ-250 型钻机采用高钻架、长钻杆，用一根钻杆钻凿 18m 深的炮孔，减少了接卸钻杆的辅助时间，大大提高了作业率；同时去掉了送杆机构，简化了机器结构。

钻孔时，钻杆承受冲击振动、扭矩及轴向压力等复杂载荷的作用。此外，由孔壁和钻杆之间排出的岩粉对其表面产生喷砂性磨蚀作用。因此，要求钻杆有足够的强度、刚度和冲击韧性。钻杆一般采用中空厚壁无缝钢管。

钻杆直径的大小应满足排粉的要求。由于每分钟冲击器的耗风量是一定的，所以排出岩粉的回风速度就取决于孔壁与钻杆之间的环形空间断面积的大小。对于一定直径的炮孔，钻杆外径越大，环形空间断面积越小，则排出岩粉的回风速度越大。一般要求回风速度为 25 ~ 35m/s。

3.3.2　冲击器

冲击器是冲击破碎矿岩成孔的主要工具，其质量的优劣，直接影响钻机的生产效率和钻孔成本。对冲击器的基本要求是：性能参数好、钻孔效率高；结构简单，便于制造、使用和维修；零部件工作可靠，使用寿命长；能在各种岩层，如含水层里正常工作。

潜孔冲击器规格型号较多，一般按配气形式（有阀型和无阀型）、排粉方式（旁侧排气吹粉和中心排气吹粉）、活塞结构（同径活塞、异径活塞、串联活塞）、驱动介质（压气驱动和高压水驱动）等进行分类。国内主要采用气动潜孔冲击器，以中心排气吹粉为主。

3.3.2.1　J-200B 型冲击器

J-200B 型冲击器属有阀中心排气潜孔冲击器，其结构如图 3-18 所示。冲击器工作时，压气由接头 2 经止逆塞 19 进入缸体。进入缸体的压气分两路：一路是直通排粉气路，压气经阀座 8 和活塞 9 的中心孔道以及钻头 22 的中心孔进入孔底，直接用于孔底排粉；另一路是气缸工作配气气路，压气进入具有板状阀的配气机构，并借带有配气杆的阀座 8 配气，实现活塞周期性往复运动，撞击钻头。冲击器进口处的止逆塞 19 可以在停气、停机时，使部分压气阻留在冲击器缸体内部，防止炮孔中的含尘水流进入冲击器内部，以避免

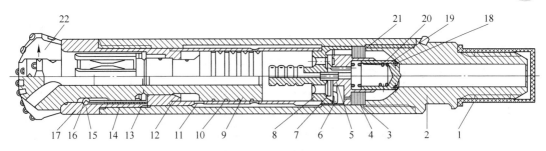

图 3-18　J-200B 型有阀中心排气潜孔冲击器

1—螺纹保护套；2—接头；3—调整圈；4—碟形弹簧；5—节流塞；6—阀盖；7—阀片；8—阀座；
9—活塞；10—外缸；11—内缸；12—衬套；13—柱销；14, 20—弹簧；15—卡钎套；16—钢丝；
17—圆键；18—密封圈；19—止逆塞；21—磨损片；22—钻头

重新开动时损坏机内零件。可更换的节流塞 5 安设在阀座 8 内，以便根据矿岩密度不同和管路气压的高低更换此节流塞，用适当直径的节流孔来调节压气压力，以保证有足够的回风速度，使孔底排渣干净。

3.3.2.2　W200J 冲击器

W200J 为无阀中心排气潜孔冲击器，其结构如图 3-19 所示。它利用活塞和气缸壁实现配气。由中空钻杆来的压气经接头 1、止逆塞 15 进入配气座 5 的后腔，然后分为两路运行：一路经配气座 5 的中心孔道和喷嘴 18 进入活塞 6 和钻头 20 的中心孔道至孔底，冷却钻头和排除岩粉；另一路进入外缸 7 和内缸 8 之间的环形腔，当压气经内缸上的径向孔和活塞 6 上的气槽引入内缸的前腔时，活塞开始向左做回程运动（图示位置），当活塞左移关闭其径向孔时，活塞靠气体膨胀继续运行，而当前腔与排气孔路相通时，活塞靠惯性运行，直至停止，而后又向右做冲程运动，直至撞击钻头。

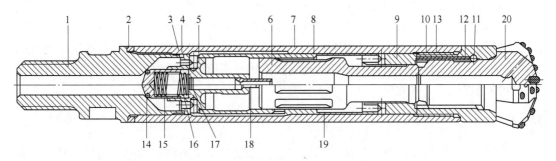

图 3-19　W200J 型无阀中心排气潜孔冲击器

1—接头；2—钢垫圈；3—调整圈；4—胶垫；5—配气座；6—活塞；7—外缸；8—内缸；9—衬套；
10—卡钎套；11—圆键；12—柱销；13, 16—弹簧；14—密封圈；15—止逆塞；
17—弹性挡圈；18—喷嘴；19—隔套；20—钻头

3.3.2.3　CGWZ165 型冲击器

CGWZ165 型冲击器为高气压型潜孔冲击器，使用气压为 1.05～1.5MPa，具有凿岩速度快、成本低的优点。CGWZ165 型潜孔冲击器采用无阀配气，其结构如图 3-20 所示。

为开动冲击器，须先使钻头与岩石接触并顶起活塞，当处于图 3-20 所示位置时，开动准备工作即告结束。由后接头 1 的中空孔道①引入压气，顶开逆止塞 5 时，压气分为两

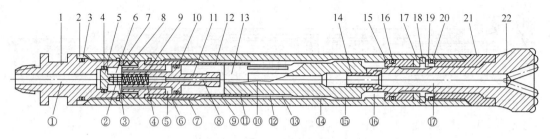

图 3-20　CGWZ165 型冲击器的结构

1—后接头；2—外套管；3，4，10，16，20—胶圈；5—逆止塞；6—尼龙销；7—后垫圈；
8—碟形弹簧；9—弹簧；11—配气座；12—气缸；13—活塞；14—钎尾管；15—导向套；
17—前垫圈；18—内卡簧；19—卡环；21—前接头；22—钻头

路：一路经逆止塞上的补气孔②和中心孔③，再经配气座 11 的中心孔⑧、活塞中心孔、钻头中心孔直吹孔底，用以直接排粉除渣；另一路经配气座孔④、环形槽⑤、气缸 12 上的斜孔⑥、外套管 2 的环形槽⑦、气缸外圆弧槽⑧到活塞与外套管组成的供气室，压气由这里交替地进入气缸前腔和后腔。回程开始时，活塞处于图 3-21 所示位置。供气室中的压气经活塞大端圆弧槽、活塞与外套管环形槽之间的通道，进入钎尾与外套管形成的环形腔，推动活塞向左运动。当圆弧槽与通道断开时，活塞前腔进气停止，活塞靠前腔排至孔底，使活塞运动所受的背压很小。当活塞后端面与配气座的配气杆接合时，就关闭了后腔通向孔底的孔道，此时活塞的回程运动使后腔的气体受到压缩。当活塞的外圆弧槽⑩与气缸的圆弧槽⑨接通时，压气经圆弧槽⑩、⑨进入后腔。由于活塞运动的惯性，活塞仍左向移动一段距离，直至后腔压气产生的作用力终止活塞的回程运动，并使活塞开始向右做冲程运动。活塞运动到圆弧槽⑩与圆弧槽⑨脱开瞬间，压气进入后腔的通道即被堵死，活塞靠气体膨胀仍向前运动。当活塞中心孔与配气座的配气杆脱开时，后腔的气体经孔道至孔底。与此同时，活塞撞击钻头尾部，完成冲程运动。活塞开始做冲程运动时，前腔的气体继续经钎尾管中心、钻头中心孔排至孔底。当活塞前端进入钎尾管时，通孔底的中心孔道封闭，前腔气体开始压缩，直至活塞运动到圆弧槽与通道接通后，压气进入到环形槽，活塞又开始回程运动，如此反复。

3.3.3　钻头

潜孔钻头按结构形式分为整体式和分体式。按钻头上所镶硬质合金片齿的形状，整体式钻头分为刃片型、柱齿型、刃柱混装型。

（1）刃片型钻头。刃片型钻头（见图 3-21）是一种镶焊硬质合金片的钻头。这种钻头的主要缺陷是不能根据磨蚀载荷合理地分配硬质合金量，因而钻刃距钻头回转中心愈高时，承载负荷愈大，磨钝和磨损也愈快。钻刃磨损 20% 以上时，容易卡钻，穿孔速度明显下降。这种钻头只适合小直径浅孔凿岩。

（2）柱齿型钻头。与刃片型钻头相比，柱齿型（整体型）潜孔钻头（见图 3-22）在钻孔过程中钝化周期很长，能使钻进速度趋于稳定；柱齿潜孔钻头便于根据受力状态合理布置合金柱齿，并且不受钻头直径限制；柱齿损坏 20% 时钻头仍可继续工作，而刃片型钻头在崩角后便不能使用；柱齿型钻头嵌装工艺简单，一般用冷压法嵌装即可。

图 3-21　刃片型钻头　　　　　　　　　图 3-22　柱齿型钻头

（3）刃柱混装型钻头。刃柱混装型（整体型）潜孔钻头为一种边刃与中齿混装的复合型潜孔钻头。钻头的周边嵌焊刃片，中心凹陷处嵌装柱齿。这是根据钻头中心破碎岩石体积小，而周边破碎岩石体积大的特点设计的。混装钻头还能较好地解决钻头径向快速磨损问题，使用寿命较长。显然，这种钻头边刃钝化后需要重复修磨。

（4）分体型钻头。分体型钻头能更换易损的合金片齿部位，所以经济上的优势更明显。分体钻头有两种形式：一种是钻头头部和尾部分装型，它们之间采用螺纹相连接；另一种是可换钻头的工作面与合金柱型。前者结构简单，后者结构复杂。

可更换工作面的钻头，其连接处呈凸出状（异型台阶），工作面和钻头体之间以榫和槽相接，并在埋头螺钉上部用橡胶塞加以保护。合金柱下接有同轴的栓杆，栓杆下端牢固地抵在钻头体上。这种结构形式能使冲击器活塞产生的冲击由钻头体通过栓杆传递给合金柱，由后者去破碎岩石。这种钻头克服了整体钻头因头尾热处理工艺不一样，过渡区金属力学性能不稳定状态的缺点。

3.4　设备选型

潜孔钻机可根据矿岩物理机械性质、采剥总量、开采工艺要求的钻孔爆破参数、装载设备及矿山具体条件，并参考类似矿山应用经验进行选择。

对于矿岩中硬的中小矿山以及有特殊要求的情况，如打边坡预裂孔、锚索孔、放水孔等，选用潜孔钻机更合适。

比较简单的方法是按采剥总量与孔径的关系选择相应的钻机。

3.4.1　钻头的选择

在特定的岩石中凿岩，只有选择合适的钻头，才能取得较高的凿岩速度和较低的穿孔成本。

（1）坚硬岩石凿岩比功较大，每个柱齿和钻头体都承受较大的载荷，要求钻头体和柱齿具有较高的强度，因此，钻头的排粉槽个数不宜太多，一般选双翼型钻头，排粉槽的尺寸也不宜过大，以免降低钻头体的强度。同时，钻头合金齿最好选择球齿，且球齿的外露高度不宜过大。

（2）在可钻性比较好的软岩中钻进时，凿岩速度较快，相对排渣量较大，这就要求钻头具有较强的排渣能力,最好选择三翼型或四翼型钻头,排渣槽可以适当大一些、深一些,合金齿可选用弹齿或楔齿,齿高相对高一些。

(3)在节理比较发育的破碎带中钻进时,为减少偏斜,最好选用导向性比较好的中间凹陷型或中间凸出型钻头。

(4)在含黏土的岩层中凿岩时,中间排渣孔常常被堵死,最好选用侧排渣钻头。

(5)在韧性比较好的岩石中钻孔时,最好选用楔形齿钻头。

3.4.2 钻杆的选型

钻杆外径影响凿岩效率的情况往往被使用者所忽视。根据流体动力学理论可知,只有当钻杆和孔壁所形成的环形通道内的气流速度大于岩渣的悬浮速度时,岩渣才能顺利排出孔外。该通道内的气流速度主要由通道的截面积、通道长度以及冲击器排气量决定。通道截面积越小,流速越高;通道越长,流速越低。由此可以看出,钻杆直径越大,气流速度越高,排渣效果越好。当然也不能大到岩渣难以通过,一般环形截面的环宽取 $10 \sim 25\,mm$。深孔取下限,高气压取上限。

钻杆的选择不仅要考虑排渣效果,而且还要考虑其抗弯抗扭强度以及重量,这主要由钻杆的壁厚决定。在保证强度和刚度的前提下,尽可能让壁薄一点以减轻重量,壁厚一般在 $4 \sim 7\,mm$。

3.4.3 冲击器的选型

钻孔的几何参数、工作气压及岩石坚固系数是设计冲击器的原始参数,由此可确定相应的配气尺寸,进而获得理想的冲击功和冲击频率。因此,特定的冲击器只有在特定的工作气压、特定的工艺参数和特定的岩性中才能发挥最优的凿岩效果。冲击器的工作参数主要指工作气压、冲击能量和冲击频率。

不能简单地说工作气压越高,冲击器凿岩速度越快。只能说工作气压越高,选择相适应的冲击器,其凿岩速度越快。冲击器是根据特定的压力设计的,它只是在给定的设计压力区段内性能最优。远离设计压力值来使用冲击器,不仅不能发挥其应有的效率,反而会导致冲击器不能工作或过早损坏。因此,必须根据压力等级来选配相应的冲击器。

冲击器的冲击能量必须确保钻头的单位比能,这样才能有效地破碎岩石,同时获得较经济的凿碎比能和较高的凿孔速度。冲击能量过大,不仅会造成能量的浪费,而且还会缩短钻头的寿命;冲击能量过小,不能有效破碎岩石,降低钻孔速度。不同的岩石需要不同的凿碎比能,因而需要选用不同冲击功的冲击器。

冲击器的选择必须依据工作气压、钻孔尺寸和岩石特性等参数。首先是根据工作压气的压力等级合理选择相应等级的冲击器。其次是根据钻孔直径选择相应型号冲击器。最后是根据岩石坚固性选择相应冲击器。软岩建议使用高频低能型冲击器,硬岩建议使用高能低频型冲击器。

3.4.4 钻机选择

(1)钻机效率。潜孔钻机的生产能力采用计算法或参考类似矿山的指标选取。潜孔钻机的台班生产能力及钻进速度可用下面公式计算。

$$V_b = 0.6v\,T_b\eta$$

$$v = \frac{4En_zK}{\pi D^2 a}$$

式中　V_b——潜孔钻机的台班生产能力，m；

　　　v——钻机钻进速度，cm/min；

　　　T_b——钻机班时间，min；

　　　η——钻机台班时间利用系数；

　　　E——冲击功，可由钻机性能表查得，J；

　　　n_z——冲击频率，可由钻机性能表查得，min^{-1}；

　　　K——冲击能利用系数，取 0.6~0.8；

　　　D——钻孔直径，cm；

　　　a——矿岩的凿碎比功，见表 3-3，J/cm^3。

部分潜孔钻机的台班穿孔效率见表 3-4。2005 年部分矿山的潜孔钻机的实际穿孔效率见表 3-5。一般设计中，潜孔钻机的台班作业率可按 0.6~0.8 选取。

表 3-3　矿岩凿碎比功

矿岩普氏硬度 f	硬度级别	软硬程度	凿碎比功 $a(\times 9.8)/\mathrm{J}\cdot\mathrm{cm}^{-3}$
<3	I	极软	<20
3~6	II	软	20~30
6~8	III	中等	30~40
8~10	IV	中硬	40~50
10~15	V	硬	50~60
15~20	VI	很硬	60~70
15~20	VII	极硬	>70

表 3-4　部分潜孔钻机的台班穿孔效率

矿岩普氏硬度 f	台班穿孔效率/m				
	金-80	YQ-150	KQ-170	KQ-200	KQ-250
4~8	27	32	32	35	37
8~12	20	25	25	30	30
12~16	12	20	20	22	24
16~20	—	15	15	18	20

表 3-5　2005 年部分矿山的潜孔钻机的实际穿孔效率　　　　　　m/(台·a)

矿山名称	KQ-150	KQ-200	KQ-250	KQ-200A	YQ-150	73-200	KQD-80
首钢铁矿	11520						
魏家井白云矿							3500
白云鄂博铁矿		7700					
固阳公益明矿		10000					

续表 3-5

矿山名称	KQ-150	KQ-200	KQ-250	KQ-200A	YQ-150	73-200	KQD-80
乌海矿业公司	5000						
本钢矿业公司		2000		31000	10000		
大连石灰矿		19000					
马钢南山矿		32000					
乌龙泉矿					9400		
攀钢矿业公司						22000	
保国铁矿						10000	

（2）钻机数量。

$$N = \frac{Q}{qp(1-e)}$$

式中　N——钻机数量，台；

　　　Q——设计的矿山规模，t/a；

　　　p——每台钻机的穿孔效率，m/a；

　　　q——每米炮孔的爆破量，见表 3-6，t/m；

　　　e——废孔率，%。

潜孔钻机不设备用，但不应少于两台。

表 3-6　每米炮孔爆破量

钻机型号	孔网参数	段高 10m f				段高 12m f				段高 15m f			
		4~6	8~10	12~14	15~20	4~6	8~10	12~14	15~20	4~6	8~10	12~14	15~20
KQ-150	底盘抵抗线/m	5.5	5.0	4.5		5.5	5.0	4.5					
	孔距/m	5.5	5.0	4.5		5.5	5.0	4.5					
	排距/m	4.8	4.4	4.0		4.8	4.4	4.0					
	孔深/m	12.64	12.64	12.64		14.77	14.77	14.77					
	每米孔爆破量/m³·m⁻¹	20.86	17.33	14.13		21.42	17.80	14.51					
KQ-200	底盘抵抗线/m	6.5	6.0	5.5	5.0	7	6.5	6.0	5.5	7	6.5	6	5.5
	孔距/m	6.5	6.0	5.5	5.0	7	6.5	6.0	5.5	7	6.5	6	5.5
	排距/m	5.5	5.0	4.5	4.0	6	5.5	5	4.5	6	5.5	5	4.5
	孔深/m	12.64	12.64	12.64	12.64	14.77	14.77	14.77	14.77	17.96	17.96	17.96	17.96
	每米孔爆破量/m³·m⁻¹	28.56	24.14	20.03	16.33	34.3	29.32	24.76	20.57	35.26	30.16	25.45	21.14
KQ-250	底盘抵抗线/m		8.5	8.0	7.5		9	8.5	8		9.5	9	8.5
	孔距/m		6.5	6.0	5.5		7	6.5			7.5	7	6.5
	排距/m		5.5	5	4.5		6	5.5	5		6.5	6	5.5
	孔深/m		11.3	11.6	12.0		13.56	13.92	14.4		16.95	17.4	18
	每米孔爆破量/m³·m⁻¹		35.61	29.56	24.01		41.3	34.69	28.57		47.41	40.23	33.55

3.5 地下潜孔钻机

地下潜孔钻机钻凿炮孔原理与露天潜孔钻机相同，是以冲击作用为主、回转作用为辅的冲击回转式凿岩机械。各种地下潜孔钻机的构造及工作原理基本相同，都由钻具、回转供风机构、推进调压机构、操纵机构、凿岩支柱等组成。按行走方式，地下潜孔钻机可分为非自行式潜孔钻机和自行式潜孔钻机。

3.5.1 QZJ-100B 型潜孔钻机

QZJ-100B 型潜孔钻机为低气压非自行式潜孔钻机，是我国仿制、改进定型的支架式潜孔钻机，其结构如图 3-23 所示。

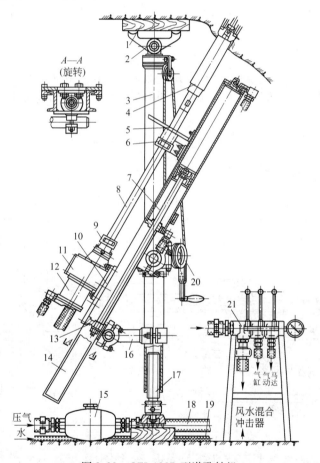

图 3-23 QZJ-100B 型潜孔钻机

1—垫木；2—上顶盘；3—支柱；4—冲击器；5—挡板；6—托钎器；7—推进气缸；8—钻杆；9—卸杆器；
10—滑板；11—减速箱；12—气动马达；13—支架；14—滑架；15—注油器；16—横轴；
17—升降螺柱；18—气管；19—水管；20—手摇绞车；21—操纵阀

（1）回转供风机构。它由气动马达 12、减速箱 11 和风接头、钻杆接头等组成。气动马达直接与减速箱连接。减速箱采用四级圆柱直齿轮减速，其输出轴为空心轴。空心轴前端用螺栓与钻杆接头连接，把回转扭矩传给钻具。空心轴内部安装不随空心轴转动的供气管道，由操纵阀来的气、水混合物经此进入钻杆直达冲击器。采用气动马达作为回转机构的原动机，可以无级调速，有利于提高钻孔效率。

（2）推进调压机构。推进调压机构由推进气缸 7、滑板 10、支架 13、滑架 14 组成。用螺栓将回转供风机机构和支架连接在滑板上。压气通过管道进入气缸作用于活塞上，活塞杆通过支架带动滑板，使回转供风机构沿滑架向前滑动，钻具则以一定的轴压（推）力作用于孔底，实现钻孔作业。调节气缸的进气压力，便可实现在合理轴推力下钻孔。QZJ-100B 型采用单气缸推进并调压，取消了链条传动机构，因而机构更简单、体积小、重量轻，便于井下搬运，易于制造和维修。

（3）操纵阀。操纵阀 21 上有 3 个手柄。左手柄控制回转用气动马达，有正、反、停3 个位置；中间手柄控制推进气缸的往复运动，有进、退、停 3 个位置；右手柄控制开、停冲击器的气水混合物，有开、闭两个位置。供水量由水阀来控制，在操纵阀进气的前方装有注油器 15。

（4）凿岩钻架。凿岩钻架由上顶盘 2、支柱 3、横轴 16、升降螺柱 17、手摇绞车 20等组成。使用时根据硐室高度调整升降螺柱，使支柱紧顶在顶板和底板上。横轴由三件组成，组合起来使用，用以适应不同的孔向（可旋转 360°），升高或降低钻机则由手摇绞车操纵。

地下支架式潜孔钻机也可以架设在台车上进行钻孔作业。

3.5.2　DQ-150J 型潜孔钻机

我国在 20 世纪 80 年代初试制的 DQ-150J 型履带式高气压潜孔钻机，尺寸和性能与瑞典的 ROC306 潜孔钻车相同，其结构如图 3-24 所示。它由钻具、回转供风机构、推进机构、变幅机构和行走机构等组成。为了控制和操作这几个机构，设置了液压系统和操纵系统。

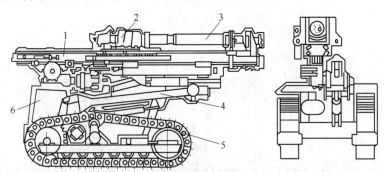

图 3-24　DQ-150J 型履带式高气压潜孔钻机
1—链式推进器；2—回转供风机构；3—钻具；4—变幅机构；5—履带；6—操纵等系统

回转供风机构如图 3-25 所示。它由气动马达 1、行星减速器 2 和头部箱体 3 组成。链式推进器 1（见图 3-24）由气动马达、行星减速器、蜗轮蜗杆减速器和套筒滚子链组成。气动马达通过减速器和链条推进钻具，并施加轴向推力。

变幅机构由钻架、起落油缸、仰俯油缸、摆角油缸等组成，用这些部件可以完成钻架的前后摆动、推进器俯仰摆动及侧向扇形摆动等运动，运动幅度如图 3-26 所示。

图 3-26（a）中的尺寸 A 表示推进器通过行程补偿油缸在推进器长度方向上的伸缩位移，图 3-26（b）表示钻架在起落油缸控制下的起落运动，图 3-26（c）和图 3-26（d）分别表示推进器的前后摆动和侧向摆动；图 3-26（e）表示履带对机身的纵向摆动。

行走机构由气动马达、行星减速器、链传动系统及履带架、履带 5（见图 3-24）和调平装置等组成。左右两条履带分别由两个行走气动马达驱动，同时用两个履带平衡油缸自动调节。该机由于都是气动马达驱动和油缸链条推进，因此噪声较大，能量利用率较低，所以未能得到推广。

3.5.3 Simba260 系列潜孔钻机

国内外地下矿广泛使用轮胎自行式潜孔钻机。轮胎自行式潜孔钻机较履带行走优点是机动灵活，方

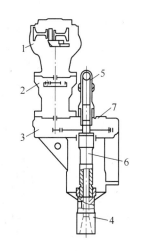

图 3-25　DQ-150J 潜孔钻机回转供风机构工作原理

1—气动马达；2—行星减速器；3—头部箱体；
4—钻杆接头；5—压气进气口；
6—中空主轴；7—排气阀

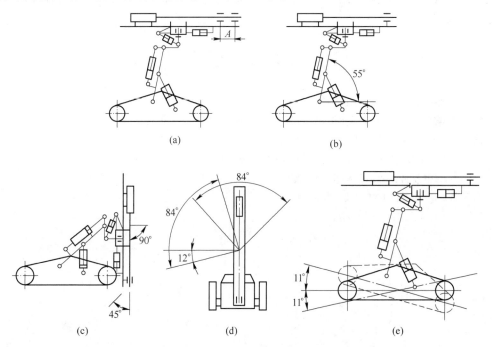

图 3-26　DQ-150J 潜孔钻机变幅范围
（a）推进器伸缩运动；（b）钻架上下摆动；（c）推进器前后摆动；
（d）推进器侧向摆动；（e）履带纵向摆动

便，机重轻。被地下矿山广为使用的阿特拉斯·科普柯公司生产的 Simba260 系列潜孔钻车（机）适用于阶段崩落法、分段崩落法、阶段矿房法采矿及其他大孔采矿作业。它能钻出扇形孔、环形孔和平行孔等多种布孔方式。Simba260 系列钻机均是用该公司的标准模块

组装，大大提高了机器的可靠性和适应性。图 3-27 为 Simba260 系列钻机的正视图。

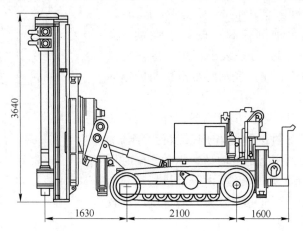

图 3-27　Simba260 系列钻机的正视图

　　Simba260 系列钻机可以安装在履带式或轮胎式底盘上。这两种底盘均可配备电动液压式或内燃液压式牵引系统。Simba260 系列钻机设计工作压力高达 2.7MPa，可大大提高生产能力，并降低生产成本。该系列钻机还可配数据记录系统、遥控系统、机械式钻管装卸系统。

复习思考题

3-1　简述潜孔钻机的特点及适用范围。

3-2　简述 KQ-200 潜孔钻机回转供风机构的结构及工作原理。

3-3　简述 KQ-200 潜孔钻机提升调压机构的结构及工作原理。

3-4　简述 KQ-200 潜孔钻机接卸钻杆机构的结构及工作原理。

3-5　简述 J-200B 型冲击器的结构及工作原理。

3-6　简述 W200J 冲击器的结构及工作原理。

3-7　简述露天潜孔钻头的选择方法。

4 牙轮钻机

【学习要求】

（1）了解牙轮钻头的结构及凿岩原理。

（2）掌握露天牙轮钻机的结构、工作原理。

（3）熟知露天牙轮钻机的性能参数。

（4）学会露天牙轮钻机的选型。

牙轮钻机是采用电力或内燃驱动、履带行走、顶部回转、连续加压、压缩空气排渣、装备干式或湿式除尘系统、以牙轮钻头为凿岩工具的自行式钻机。牙轮钻机是在旋转钻机的基础上发展起来的一种近代新型钻孔设备。

牙轮钻机钻孔时，依靠加压回转机构，通过钻杆对钻头提供足够大的轴压力和回转扭矩。牙轮钻头在岩石上同时钻进和回转，对岩石产生静压力和冲击动压力作用。牙轮在孔底滚动中连续地挤压、切削、冲击破碎岩石；有一定压力和流量流速的压缩空气，经钻杆内腔从钻头喷嘴喷出，将岩渣从孔底沿钻杆和孔壁的环形空间不断地吹至孔外，直至形成所需孔深的钻孔。牙轮钻机钻孔工作原理如图 4-1 所示。

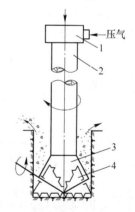

图 4-1 牙轮钻机钻孔工作原理
1—加压回转机构；2—钻杆；
3—钻头；4—牙轮

国产牙轮钻机在 20 世纪末形成了比较完整的 KY 系列和 YZ 系列两大系列产品，其中 KY 系列牙轮钻机机型有 KY-150、KY-200、KY-250、KY-310 型，钻孔直径 120~310mm，主要由南昌凯马有限公司采矿机械分公司和中信重型机械公司生产。YZ 系列牙轮钻机机型有 YZ-12、YZ-35、YZ-55、YZ-55A 型，钻孔直径 95~380mm，主要由中钢集团衡阳重机有限公司生产。牙轮钻机具有钻孔效率高，生产能力大，作业成本低，机械化、自动化程度高，适应各种硬度矿岩钻孔作业等优点，是当今世界露天矿广泛使用的先进钻孔设备。

牙轮钻机适用矿岩普氏硬度 $f = 4~20$ 的钻孔作业，广泛适用于矿山及其他钻孔场所。目前，国内外牙轮钻机一般在中硬及中硬以上的矿岩中钻孔，其钻孔直径为 130~380mm，钻孔深度为 14~18m，钻孔倾角多为 60°~90°。

4.1　牙 轮 钻 头

4.1.1　牙轮钻头的基本结构

在金属矿山中，主要使用三牙轮钻头。因此这里以三牙轮钻头为例介绍牙轮钻头的结构和凿岩原理。

三牙轮钻头由切削元件（牙轮）、轴承和钻头体（牙掌）三个主要部分组成，如图 4-2 所示。牙轮安装在轴承上，绕着轴承芯轴转动，轴承芯轴则与牙掌连成一体。当钻头转动时，具有一定轴芯偏移和轴芯倾角的牙轮将产生冲击、挤压和刮削作用，在地层中产生最佳的钻进效果。

三片牙掌 12 组装焊接成一只钻头，钻头一般采用英制圆锥管螺纹与钻杆连接。三个牙轮 1 分别套在三个牙掌下端的轴颈 10 上。滚珠 6 从牙掌背上的塞销孔送入滚珠轴承跑道内，滚珠将牙轮限定在牙爪轴颈上。塞销 11 尾部堵焊在牙掌背上。

牙掌下部有一定倾角的轴颈 10 与牙轮内孔组成轴承副。轴颈承受载荷，需要较高的耐磨性及硬度，同时基体内部又需要有足够的强度及耐冲击韧性。为保证钻头能够承受钻进时的动、静载荷及孔壁岩石的磨损，在牙掌背部镶有合金柱 24，在掌端焊有硬质合金堆焊层 23。

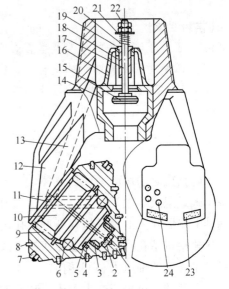

图 4-2　牙轮钻头结构

1—牙轮；2—止推块；3—衬套；4—耐磨合金止推圆柱；
5—轴承二道止推台肩耐磨合金堆焊层；6—滚珠；
7—硬质合金柱；8—平头合金柱；9—滚柱；10—轴颈；
11—塞销；12—牙掌；13—轴承风道；14—止逆阀座；
15—阀片；16—阀盖；17—阀杆；18—阀盖窗孔；
19—导向套；20—弹簧；21—垫圈；22—螺母；
23—硬质合金堆焊层；24—合金柱

为了防止轴承过热和被异物堵塞，采用压气或气水混合物冷却并吹洗轴承。由中空钻杆通入钻头的压缩空气或气水混合物，大部分经中央喷管喷出，用于排渣；少部分经由轴承风道 13 进入滚珠轴承跑道和小轴端部，用以冷却和吹洗轴承。为了防止突然停风时岩渣倒流入轴承风道，在钻头内腔安装有止逆阀。

4.1.1.1　牙掌

如图 4-3 所示，牙掌是一个形状复杂的异形体，其主要部分是各轴承的轴颈 2～4、掌背 9 以及牙掌体上部与钻杆相连接的螺纹 8。轴颈轴线与钻头轴线的夹角 β 称为轴倾角，一般为 50°～55°。

为了减少掌背 9 的磨损，在掌背与孔壁之间有 1°30′～5°的夹角。为了增强掌尖 1 的抗磨损能力，在其外表堆焊一薄层硬质合金粉，并镶焊一些平头合金柱。

钻机施加给钻头上的轴压，通过轴颈及轴承传给牙轮。为了增强轴颈的耐磨性，在轴颈 4 和小轴端面 10 上堆焊有耐磨合金层 5。

4.1.1.2　牙轮

在图 4-2 中，牙轮 1 是用合金钢经过模锻而成的锥体，牙轮锥体或直接铣出楔形形成铣齿钻头（见图 4-4a），或在牙轮外锥面的齿圈上镶装大小、形状不同的硬质合金柱构成镶齿钻头（见图 4-4b）。

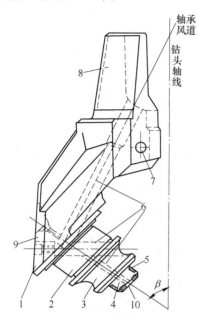

图 4-3　牙掌的构造

1—掌尖；2—滚柱轴承轴颈；3—滚珠轴承轴颈；
4—滑动轴承轴颈；5—轴承表面与端面耐磨合金堆焊层；
6—轴承风道；7—连接定位销孔；8—螺纹；
9—掌背；10—小轴端面

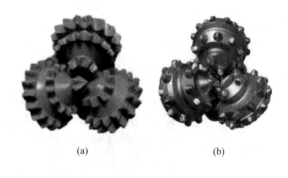

图 4-4　牙轮钻头
（a）铣齿牙轮钻头；（b）镶齿牙轮钻头

镶齿钻头的硬度和抗磨性比铣齿钻头高，使用寿命较长，尤其是破碎具有研磨性的硬地层，效果更好。其适用地层范围广、进尺深、钻速高。镶齿钻头齿形有球形、锥形、楔形、勺形、锥勺形、偏顶勺形、平头形、圆顶楔形等 10 多种。钻头齿形、大小、数量、长短取决于所钻地层的硬度。地层越软，则牙齿越大、越尖、数量越少；反之，地层越硬，则牙齿越小、越短、数量越多。因此，需根据不同地层、不同岩性的破碎机理，选用与其相适应的牙轮钻头。

沿轴颈轴线方向至钻头轴线，每只牙轮外锥面布置外、中、内三道齿圈，各道齿圈之间有一定宽度的齿槽，以满足排渣需要。其布齿原则，一是钻头转动一周，各齿圈上的牙齿齿痕能完全覆盖孔底，不留下未被破碎的凸起；二是为保持三牙轮负载均匀和磨损均衡，各牙轮任何时候接触孔底的齿数相等；三是为避免孔底岩石重复破碎，牙轮重复滚动时，牙齿不落入其他齿已经破碎的旧坑内；四是为使钻头自洗，各牙轮的中间齿圈相间布置，互不重复，内齿圈部分重复，外齿圈相互重复。

牙轮外锥面具有两种至多种锥度，如图 4-5 所示。单锥牙轮仅由主锥和背锥组成，这种牙轮在井底的运动为纯滚动，适用于硬地层钻进。复锥牙轮由主锥、副锥和背锥组成，其中副锥有一个或两个。这种牙轮在井底工作除了滚动外，还产生滑动，用于较软地层的钻进。

如图4-2所示，牙轮背锥上镶嵌有硬质合金柱7、平头合金柱8，防止背锥磨损。牙轮内腔设有滚柱跑道、滚珠跑道、滑套和止推块空腔。

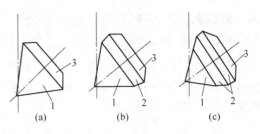

图4-5　牙轮锥面结构形式

(a) 单锥；(b)，(c) 复锥

1—主锥；2—副锥；3—背锥

4.1.1.3　轴承

牙轮钻头轴承由牙轮内腔、轴承跑道、牙掌轴颈、锁紧元件等组成。通常轴承副有大、中、小和止推四部分轴承组成，如图4-6所示。大、小轴承承受径向载荷，牙轮因此在孔底自转滚动，中轴承主要用来锁紧和定位，端部止推轴承则承受轴向载荷。钻头轴承根据轴承副的结构，一般分为滚动轴承和滑动轴承两大类；根据轴承的密封与否，又可分为密封和非密封。随着轴承技术的发展，近年来又开发出了浮动轴承、镶套轴承等多种新轴承。

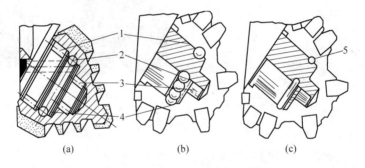

图4-6　牙轮钻头的轴承结构

(a) 滚动轴承；(b) 滑动轴承；(c) 卡簧滑动轴承

1—大轴承；2—中轴承；3—小轴承；4—止推轴承；5—卡簧

滚动轴承有"滚柱(大轴)—滚珠(中轴)—滚柱(小轴)—止推"和"滚柱(大轴)—滚珠(中轴)—滑动(小轴)—止推"两种结构形式。K（宽齿）系列钻头为非密封式滚动轴承，属矿用牙轮钻头，采用压气冷却钻头，轴承工作寿命较高。

滑动轴承目前也有"滑动(大轴)—滚动(滚珠，中轴)—滑动(小轴)—止推"和"滑动(大轴)—滑动(或卡簧，中轴)—滑动(小轴)—止推"两种结构形式。为了提高轴承的工作寿命，保证轴承在较高的温度和压力下工作良好，除选用高强度低碳合金钢作为摩擦副材料外，还需要对牙掌轴颈进行表面强化处理，以提高其硬度和耐磨性。而牙轮内腔跑道内则镶焊铜合金或其他减磨材料，提高滑动副的抗咬合能力。HA（滑动轴承橡胶密封）系列钻头所采用的是滑动轴承，采用O形橡胶密封圈作径向密封。与滚动轴承相比，这种滑动轴承承压面积大，接触疲劳应力减小，使用寿命长，但不适于高转速使用。HJ（滑动轴承金属密封）系列钻头轴承也为密封滑动轴承，采用金属面密封。其密封装置由两个金属密封环和两个O形橡胶增能圈组成，金属环借助于弹性橡胶的供能，产生轴向压紧力，实现端面密封。采用这种密封方式的滑动轴承可以在较高转速下工作。

为了保证牙轮与牙掌装配牢靠，必须对牙轮进行锁紧。牙轮锁紧方式有卡簧锁紧和钢球锁紧两种。卡簧锁紧元件是一个开口的弹性钢丝挡圈，其外径比牙轮内腔的卡簧槽大。分装牙轮时，需用专用工具将卡簧放进牙轮内腔。卡簧靠其自身的弹性锁紧牙轮，同时又与牙掌轴颈组成一对滑动副，实现全滑动的轴承。卡簧锁紧的特点是减少了零件，简化了轴承结构及加工，增加了滑动轴承的工作面积，能承受较高钻压等。钢球锁紧是在牙轮与牙掌组装时，将一排钢球从塞销孔道装进轴承滚道，然后用一个塞销（见图4-2中11）封住钢球的通道，使钢球安全可靠地在轴承跑道中自由滚动，既能锁住牙轮，又能承受轴向载荷。钢球锁紧的轴承能适应较高的转速。随着钻井条件的改善，钢球锁紧比卡簧锁紧的锁紧更牢靠，更能适应现代钻井技术的发展，钢球锁紧比卡簧锁紧使用的更为普遍。

4.1.2　牙轮钻头的结构参数

牙轮钻头的主要结构参数如图4-7所示。

轴倾角 β 的大小，直接影响牙轮轴承的受力状况和轴承的强度。减小轴倾角，可以使轴承的径向负荷减小。随着岩石硬度的提高，轴压力必须增大。为了减小轴承的径向负荷以延长钻头的寿命，可适当地减小轴倾角。但是轴倾角减小后，相邻两牙轮之间的轴间角减小了，轴承的结构尺寸也随之减小，从而削弱了轴承的强度。从增加轴承尺寸来提高轴承强度的方法来说，希望尽量增大轴倾角。矿用牙轮钻头轴倾角 β 多采用54°。

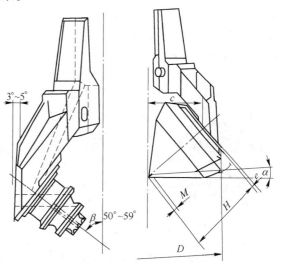

图4-7　牙轮钻头主要结构参数

D—钻头直径；β—轴倾角；α—孔底角；

M—主锥超顶值；c—牙掌基准值；

e—装配间隙；H—牙轮高度

主锥孔底角 α 应保证有足够的轴向推力。当牙轮磨损后，可通过止推轴承的磨损并在轴向推力的作用下，使牙轮向外移位，保证钻孔直径不因牙轮的圈损而变小。

轴倾角 β、孔底角 α、主锥角 ϕ 三者满足 $\alpha = \beta + \phi - 90°$ 这样的关系。

4.1.3　牙轮的布置形式

牙轮钻头的破岩作用，不仅与牙轮锥面结构形式有关，而且与牙轮的布置形式密切相关。

牙轮钻头工作时，特别是在软地层钻进时，牙齿间易积存岩屑产生泥包，影响钻进效果。为解决这一问题，将牙轮间的牙齿齿圈布置成互相嵌合，一个牙轮的齿圈之间积存的岩屑由另一个牙轮齿圈的牙齿剔除，这种方式称为牙轮钻头的自洗。

牙轮由两个或两个以上不同锥度的锥体组成，称为复锥。复锥牙轮包括主锥和副锥。不同锥体锥顶不一致，主锥锥顶与钻头轴线重合，而副锥顶的延伸线是超顶的。牙轮的锥顶超过了钻头轴线，称为超顶。超过的距离称为超顶距。复锥牙轮由于牙轮线速度不再做直线分布，同时由于副锥是超顶的，因而产生滑动。超顶距愈大，滑动量愈大。

将牙轮轴线水平移动一定距离，使其不与钻头轴线相交，称为移轴。但三个牙轮轴线在钻头中央相交成一个三角形。三角形愈大，移轴愈大，滑动愈大。

根据牙轮钻头是否具备自洗功能，和钻孔时是否需要采用复锥、超顶、移轴实现滑动，牙轮的布置形式有非自洗不移轴不超顶布置、自洗超顶不移轴布置和自洗超顶移轴布置，以适应不同硬度岩层的钻进。

（1）非自洗不移轴不超顶布置。如图 4-8 所示，三牙轮轴线与主锥母线交于牙轮钻头轴线，不移轴、不超顶布置。牙轮在孔底的运动属纯滚动，无滑动。牙轮的齿圈不与相邻牙轮齿圈嵌合，确定齿宽时不受轮齿圈限制。但各牙轮间要保持一定的间隙，牙轮尺寸须适当缩小，因而牙轮体积较小。这种布置形式适合硬地层钻进。

（2）自洗超顶不移轴布置。如图 4-9 所示，牙轮轴线交于钻头轴线，不移轴，但主锥超顶布置，牙轮在孔底具有切向滑动。各牙轮齿圈相互嵌合，具有自洗功能。由于相邻牙轮齿圈之间存在间隙，因此会形成孔底环状突起，但在钻进软地层时影响不大。这种布置形式适合软及中硬地层钻进。

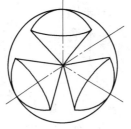　　

图 4-8　牙轮非自洗不移轴不超顶布置　　　　图 4-9　牙轮自洗超顶不移轴布置

（3）自洗超顶移轴布置。如图 4-10 所示，牙轮齿圈相互嵌合，牙轮具有自洗功能；牙轮采用超顶布置，牙轮可在孔底产生切向滑动；同时牙轮移轴布置，牙轮产生径向滑动，可消除孔底环状突起。这种布置形式适合软地层钻进。

4.1.4　牙轮钻头的工作原理

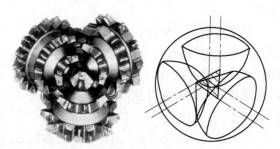

图 4-10　牙轮自洗超顶移轴布置

牙轮钻头的破岩作用与其在孔底的运动学和动力学密切相关。

牙轮钻头工作时，每个牙轮既绕牙轮轴自转，又绕钻头轴线公转；牙轮中心既随钻头的推进而下降，又因牙齿单、双齿交替着地引起牙轮及钻头产生纵向振动；牙齿既在岩石上滚动，又可能同时存在轴向和切向滑动。从运动学角度分析，牙轮钻头在孔底的运动是包括上述四种运动形式的复合运动。

（1）牙齿的公转与自转。牙轮钻头依靠牙齿破碎岩石，牙轮钻头工作时，固定在牙轮上的牙齿随钻头一起绕钻头轴线做顺时针方向的旋转运动，这种运动称为公转。公转的转速就是钻杆或动力钻具的旋转速度。牙轮上各圈牙齿公转的线速度各异，外圈齿公转的线速度最大。

牙轮钻头工作时，牙齿绕牙轮轴线做逆时针方向的旋转称为自转。牙轮自转的转速与钻头转速即公转的转速以及牙齿对井底的作用有关。牙轮以及牙轮上牙齿的自转是破碎岩石时牙齿与孔底岩石之间相互作用的结果。

（2）牙轮钻头的纵向振动。如图 4-11 所示，钻头工作时，牙轮滚动，牙齿与孔底的接触以单齿、双齿交错进行。单齿接触孔底时（见图中位置 1），牙轮的中心处于最高位置 O；双齿接触孔底时（见图中位置 2 和 1），则牙齿的中心下降至 O'。牙轮在滚动过程中，牙轮中心的位置不断上下变换，使钻头沿轴向做上下往复运动，这就是钻头的纵向振动。钻头的纵向振动使牙齿产生冲击力，以冲击方式破碎岩石。

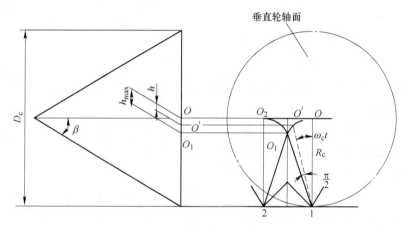

图 4-11　牙轮钻头的纵向振动

同时，由于孔底坑洼不平以及凸台的存在，叠加了钻头在孔底振幅较大的低频振动。钻头在孔底的纵向振动，使钻杆不断压缩与伸张，周期变化的弹性能通过牙齿转化为冲击作用，与静载压入一起形成了钻头对地层的冲击、压碎作用，这是牙轮钻头破岩的主要形式。

为了提高牙轮钻头对中硬和软岩层的破碎效率，除了要求牙齿对孔底岩石有冲击、压碎作用外，还要求有一定的剪切作用。剪切作用主要是通过牙轮在孔底滚动的同时，牙齿相对孔底岩石产生滑动来实现的。产生滑动的主要因素有三个，即超顶、复锥和移轴。当牙轮锥顶不与钻头轴线重合时就有滑动产生。

（3）牙轮超顶和复锥引起切向滑动。牙轮超顶和复锥均会引起牙轮在孔底的切向滑动，如图 4-12 所示。

如图 4-12（a）所示，三个牙轮的轴线均通过钻头中心，但其锥顶均超出钻头中心一定距离 c（超顶布置）的牙轮钻头，牙轮钻头公转角速度为 ω_b，牙轮自转角速度为 ω。

牙轮与孔底岩石接触母线 ba 上任意点 x，由 ω_b 引起的速度 v_{bx} 呈直线分布，其在 Oa 段向前（图 4-12a 中 v_{ba}，图示方向向下），其在 Ob 段向后（图 4-12a 中 v_{bb}，图示方向向上），在 O 处 v_{0x} 为 0。

同样，牙轮与孔底岩石接触母线 ba 上任意点 x，由 ω 引起的速度 v_{cx} 也呈直线分布，方向向后（图 4-12a 中图示方向向上），在 b 点 v_{cb} 为 0，在 a 点 v_{ca} 值最大。

牙轮与孔底岩石接触母线 ba 上任意点 x，v_{bx} 和 v_{cx} 速度合成滑动速度 v_{sx}。

在 Ob 段，速度合成后形成向后滑动速度 v_{sx}，此时牙轮受一滑动阻力，因而有滑动阻力矩 M_s（−），它使牙轮自转的角速度 ω 降低。

在 Oa 段在近 O 处，速度合成后形成向后滑动速度 v_{sx}，产生一个与 M_s（−）同向的滑动阻力矩 M'_s（−），它使牙轮自转的角速度 ω 降低。

在 Oa 段近 a 处，速度合成后形成向前滑动速度 v_{sx}，产生一个与 M_s（−）反向的滑动阻力矩 M_s（+），它使牙轮自转的角速度 ω 升高。

当 M_s（−）、M'_s（−）及 M_s（+）达到平衡，即 ΣM_s 为 0 时，牙轮的角速度稳定。牙轮相对于岩石的滑动速度 v_{sx} 呈直线与母线 ba 交于 M 点，该点滑动速度 v_{sM} 为 0，M 点即为纯滚动点。bM 段向后滑动，aM 段向前滑动。因此，超顶牙轮钻头在孔底工作时，牙轮上的牙齿在孔底以 M 点为中心产生切向扭转滑动。滑动速度 v_{sx} 随超顶距 c 的增大而增大。

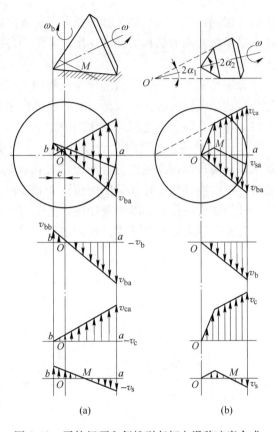

图 4-12　牙轮超顶和复锥引起切向滑移速度合成
（a）牙轮超顶引起切向滑移速度合成；
（b）牙轮复锥引起切向滑移速度合成
ω_b—牙轮钻头公转角速度；ω—牙轮自转角速度；
ba—牙轮与孔底岩石接触母线；c—超顶距；M—纯滚动点

复锥牙轮的副锥一般均超顶，所以同样会产生切向滑动，与牙轮超顶引起切向滑移速度合成分析方法相同，只是复锥牙轮的滑移速度不做直线分布而做折线分布，如图 4-12（b）所示。

（4）牙轮移轴引起径向滑动。如图 4-13 所示，三个牙轮的轴线均不通过钻头中心，并向钻头旋转方向平移一定距离 S（移轴布置）的牙轮钻头，其牙齿在孔底滚动的同时，还产生沿着牙轮与孔底岩石接触母线上的向心滑动，即径向滑移，其值随移轴距离 S 的增大而增大。

4.1.5　牙轮钻头的破岩原理

（1）牙轮钻头的冲击、压碎作用。牙轮钻头工作时，牙轮滚动，单齿与双齿交替接触孔底，使钻头产生纵向振动。钻头纵向振动产生的冲击载荷和钻压通过牙齿作用在岩石上，对孔底岩石产生冲击压碎作用，形成体积破碎坑穴，如图 4-14 所示。

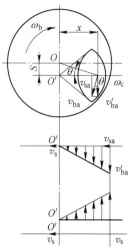

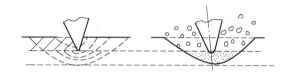

图 4-13　牙轮移轴引起径向滑动

图 4-14　牙轮钻头冲击、压碎破岩

ω_b—牙轮钻头公转角速度；ω_c—牙轮自转角速度；

S—移轴距离；v_s—径向滑移速度

（2）滑动剪切作用。牙轮钻头的超顶、复锥和移轴结构，使牙轮在孔底滚动的同时还产生牙齿对孔底的滑动，剪切齿间岩石。

超顶和复锥所引起的切线方向滑动除可在切线方向与冲击、压碎作用共同破碎岩石外，还可以剪切掉同一齿圈相邻牙齿破碎坑之间的岩石；移轴则在轴向产生滑动和切削岩石的作用，它可以剪切掉齿圈之间的岩石，如图 4-15 所示。

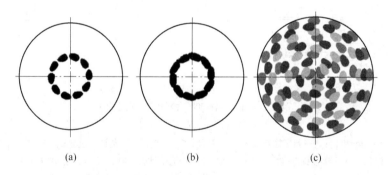

(a)　　　　　　　　　(b)　　　　　　　　　(c)

图 4-15　牙轮钻头超顶、复锥、移轴破碎岩石

（a）无超顶复锥，同一齿圈相邻牙齿破碎坑之间的未破碎岩石；（b）超顶复锥，同一齿圈相邻牙齿破碎坑之间的未破碎岩石被剪切；（c）钻头牙齿破碎岩石形成的孔底

软岩层塑性大、研磨性小，主要依靠牙齿吃入较大深度后的滑动来剪切、刮削岩石。因此，适用于软地层的牙轮钻头普遍采用楔形铣齿或镶齿和兼有最大移轴和超顶值的复锥牙轮。

硬岩层弹脆性大，研磨性往往也很大，主要依靠牙齿在动、静载荷作用下的冲击、压入作用破碎岩石。它不允许牙齿出露过高，以免折断；也不希望存在既无助于剪切和刮削又必然加剧牙齿磨损的滑移。因此，适用于硬地层的牙轮钻头普遍采用球形镶齿和不超顶、不移轴的单锥牙轮。

　　中软到中硬岩层最好依靠牙齿的冲击、压入和剪切、刮削的综合作用破碎岩石。因此，适用于这类地层的牙轮钻头可采用相对较长的铣或镶齿和兼有适当移轴和超顶值的复锥牙轮。

4.2　KY-310 型牙轮钻机

　　KY-310 型牙轮钻机属滑架式钻机，由钻架和机架、回转供风机构、加压提升机构、接卸及存入钻杆机构、行走机构、除尘装置以及压气系统和液压系统等组成，如图 4-16 所示。该机全部采用电动，由高压电缆向机内供电。钻机采用顶部回转、齿条—封闭链条—滑差电动机（或直流电动机）连续加压的工作机构；直流电动机拖动钻具提升、下放和履带行走机构；钻机使用三牙轮钻头，利用压缩空气进行排渣，可在 $f \geqslant 5$ 的各种矿岩上穿凿 $\phi 250 \sim 310mm$、孔深为 17.5m 的垂直炮孔。

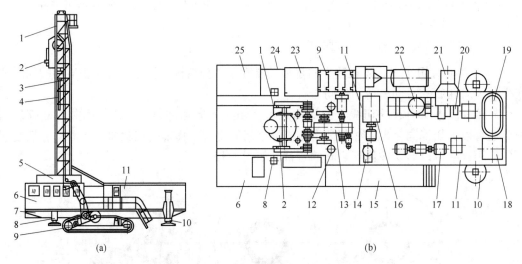

图 4-16　KY-310 型牙轮钻机总体结构

（a）钻机外形；（b）平面布置

1—钻架；2—回转机构；3—加压提升机构；4—钻具；5—空气增压净化调节装置；6—司机室；7—机架；
8，10—后、前千斤顶；9—履带行走机构；11—机械间；12—起落钻架油缸；13—主传动机构；14—干油润滑系统；
15，24—右、左走台；16—液压系统；17—直流发电机组；18—高压开关柜；19—变压器；20—压气控制系统；
21—空气增压净化装置；22—压气排渣系统；23—湿式除尘装置；25—干式除尘系统

　　KY-310 型牙轮钻机的主要技术参数见表 4-1。

表 4-1　KY-310 型牙轮钻机技术特征

名　称	特征参数	名　称	特征参数
适应岩石硬度 f	5 ~ 20	行走速度/km·h^{-1}	0 ~ 0.63
钻孔直径/mm	250 ~ 310	爬坡能力/(°)	12
钻孔深度/m	17.5	接地比压/MPa	0.05
钻孔方向/(°)	90（垂直）	除尘方式	干湿任选

名　称		特征参数	名　称		特征参数
最大轴压/kN	交流	500	空压机类型		螺杆式
	直流	310	排渣风量/m³·min⁻¹		40
钻进速度/m·min⁻¹	交流	0~0.98	排渣风压/MPa		0.35
	直流	0~4.5	装机功率/kW		450
回转转速/r·min⁻¹		0~100	外形尺寸（长×宽× 高）/m×m×m	钻架竖起时	13.838×5.695× 26.326
回转扭矩/N·m		7210		钻架放倒时	26.606×5.695× 7.620
行走方式		液压驱动履带	整机重量/t		123

图 4-17 所示为 KY-310 型牙轮钻机的传动系统。钻孔时，回转机构带动钻具回转，加压机构通过封闭链条向钻头施加轴压力并推进钻具进行连续凿岩；由空压机供给的压缩空气通过回转供风机构进入中空钻杆，然后由钻头的喷嘴喷向孔底，岩渣沿钻杆与孔壁之间的环形空间被吹到孔外。钻孔完毕，开动行走机构使钻机移位，再行钻孔。

4.2.1 钻杆

KY-310 型牙轮钻机采用接杆钻进，主、副钻杆各一根，采用无缝钢管制成，其上、下端焊有锥形螺纹接头，如图 4-18 所示。主、副钻杆各长 9m，结构基本相同。主钻杆与其上端的稳杆器、副钻杆与其下端的牙轮钻头和主、副钻杆之间，均采用锥形螺纹连接。副钻杆的上接头圆柱面上车有细颈并铣有下槽（图 4-18B—B 剖面），两钻杆的下接头圆柱面上只有卡槽（图 4-18C—C 剖面）。

为保证排渣风速，应根据钻孔直径选择钻杆外径。孔径为 250mm 时采用外径为 219mm 的钻杆，孔径为 310mm 时应采用外径为 273mm 的钻杆。

稳杆器（见图 4-19）安装在钻头的尾部、钻杆的前端，用来保持钻孔方向并有利于钻出光滑孔壁。稳杆器迫使钻头围绕自己的中心旋转，因而能使钻具工作平稳，振动小，钻进能量利用率高。

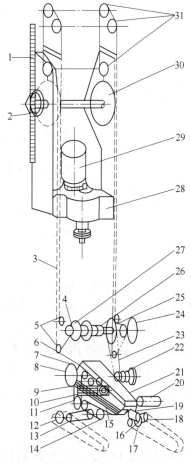

图 4-17　KY-310 型牙轮钻机传动系统

1—齿条；2—齿轮；3, 10, 17, 19, 23—链条；4~6, 11, 13~15, 18, 22, 25, 30, 31—链轮；7—行走制动系统；8—气囊离合器；9—牙嵌离合器；12—履带驱动轮；16—电磁滑差调速电机；20—行走升压电机；21—主减速器；24—主制动器；26—主离合器；27—辅助卷扬及其制动器；28—回转减速器；29—回转电动机

4.2.2 钻架和机架

KY-310型牙轮钻机的钻架是用型钢焊接而成的空间桁架，钻架横断面多为敞口"Π"形结构件，如图4-20所示。钻架起落机构、送杆机构、封闭链条系统等部件都安装在钻架上面，回转小车沿着它的立柱导轨行走。因此，钻架既是支承部件，又是导向装置。

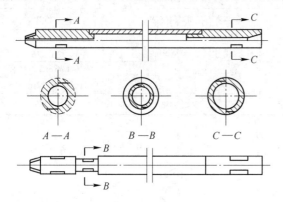

图4-18 KY-310型牙轮钻机的钻杆结构

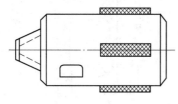

图4-19 稳杆器

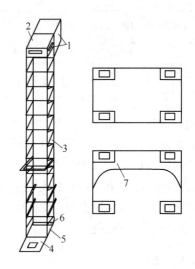

图4-20 KY-310型牙轮钻机钻架结构
1—检修平台；2—盖板；3—钻架；4—前平台；
5—中平台；6—后平台；7—加强筋板

钻架分为上部机构（包括检修平台1和盖板2）、下部机构（包括前平台4、中平台5和后平台6）和钻架体三部分。钻架体由四根立柱、拉杆和筋板等构成。后立柱上装有回转小车的导轨和齿条。钻架采用"Π"形结构，便于存放钻杆和维修架内各装置。为了增加钻架的刚性，钻架的桁架每两个节点间焊有加强筋板7。

机架（又称钻机平台）是一个焊接成大型框隔式的金属结构件，上面安装着机械、电器、液压、压气等设备以及司机室、机棚、钻架和除尘装置等。

4.2.3 回转供风机构

KY-310牙轮钻机的回转供风机构由回转电动机、回转减速器、钻杆连接器、回转小车和进风接头等组成，如图4-21所示。回转电动机（ZDY-52-L型）经回转减速带动钻具回转。回转供风机构通过安装在减速器两侧板上的大链轮和齿轮传递轴压力。利用侧板上的滑板以及开式齿轮和滚轮实现回转供风机构在钻架上的滑动，压气则通过减速器的中空主轴传给钻具。

（1）回转减速器。KY-310型牙轮钻机的回转减速器为立式布置的两级圆柱齿轮减速器，箱体为圆形，如图4-22所示。直流电动机1经齿轮2~5驱动中空主轴6回转。中空

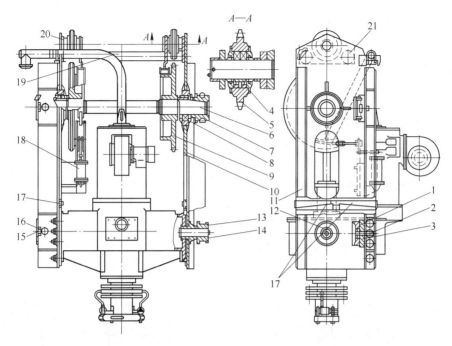

图4-21 KY-310牙轮钻机回转供风机构

1—导向滑板；2—调整螺钉；3—碟形弹簧；4，8—轴承；5—小齿轮；6—小车驱动轴；7—加压齿轮；
9—大链轮；10，11—左、右立板；12—导向轮轴；13—导向轮；14—轴套；15—防松架；16—螺栓；
17—切向键装置；18—防坠制动装置；19，21—连接轴；20—导向齿轮架

主轴上端的进风接头8与压气管路相接，下端连接转杆连接器7。单列圆锥滚子轴承12和双列向心球面滚子轴承11，分别承受提升时的提升力和加压时的轴压力。单列向心圆柱滚子轴承13可承受由于钻杆的冲击和偏摆而产生的径向附加载荷，调整螺母14可消除轴承轴向间隙。

（2）钻杆连接器。图4-23为KY-310型牙轮钻机的钻杆连接器。它是一个牙嵌式联轴节，其下部装有一个风动卡头，其作用是在卸钻头或副钻杆时，防止主钻杆与连接器脱扣，也可防止钻机工作时钻杆与连接器因振动而松扣。它由气缸4、卡爪5等部件组成。

接杆时，钻杆连接器顺时针旋转，将钻杆下端螺纹拧入接头螺母内。卸杆时，风动卡头开始工作，压气进入气缸4中，活塞杆推动卡爪5绕销轴3转动，使它恰好卡在钻杆上的两侧凹槽内，随后开动回转电动机，使钻杆连接器逆时针旋转。由于钻杆被卡爪卡住，与连接

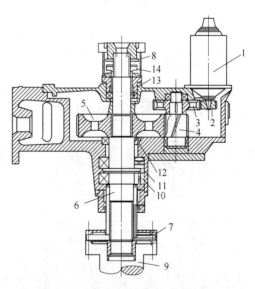

图4-22 KY-310型牙轮钻机回转减速器

1—回转电动机；2～5—圆柱齿轮；6—中空主轴；
7—钻杆连接器；8—进风接头；9—风动卡头；
10—双面向心球面滚子轴承；11—双列向心
球面滚子轴承；12—单列圆锥滚子轴承；
13—单列向心短圆柱滚子轴承；14—调整螺母

器没有相对转动，致使钻杆下部螺纹松开而将钻头（或副钻杆）卸下。当停止供气时，活塞自动回位，卡爪则与钻杆脱开。

（3）回转小车。KY-310 型牙轮钻机的回转小车结构如图 4-24 所示。它由小车体 5、大链轮 4、导向小链轮 2、加压齿轮 3、导向轮 1 和防坠制动器等组成。当加压齿轮 3 沿齿条 7 滚动时，齿条作用在齿轮上的径向分力使回转小车的导向尼龙滑板 8 紧紧地压在钻架的导轨上，并沿导轨滑动。

（4）防坠制动装置。防坠制动装置是一种断链保护装置。当发生断链时，它能及时制动回转小车的驱动轴，防止回转小车坠落，避免事故的发生。

KY-310 型钻机的防坠制动装置（见图 4-25）采用一对常闭带式制动器。当封闭链条断开时，链条均衡装置的上链轮下移，触动行程开关，发出电信号，切断气缸 6 的进气路，同时通过快速排气阀迅速排气。由于弹簧 7 的作用，闸带 1 立即制动大链轮，使加压齿轮停在钻架的齿条上，防止回转机构的下坠。这种装置结构简单，使用可靠。

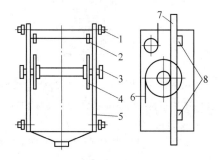

图 4-24　回转小车结构

1—导向轮；2—导向小链轮；3—加压齿轮；

4—大链轮；5—小车体；6—封闭链条；

7—齿条；8—导向尼龙滑板

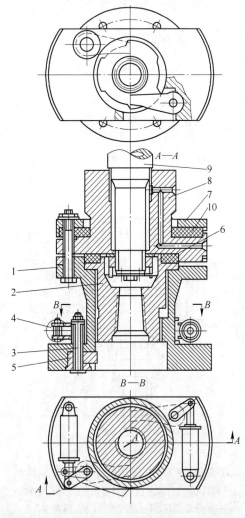

图 4-23　钻杆连接器

1—下对轮；2—接头；3—销轴；4—气缸；5—卡爪；

6，10—橡胶垫；7—压环；8—上对轮；9—中空主轴

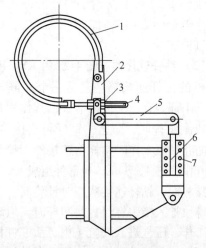

图 4-25　防坠制动装置

1—闸带；2—支撑架；3—调整螺母；4—调整螺杆；

5—传动杠杆；6—气缸；7—弹簧

4.2.4 加压提升机构

KY-310 型钻机的加压提升机构由主传动机构和封闭链条传动装置组成。

4.2.4.1 主传动机构

KY-310 型牙轮钻机的主传动机构如图 4-26 所示，它由加压电动机（7.5kW 电磁滑差调速电动机）、提升行走直流电动机（54kW）、四级圆柱斜齿轮减速器、主离合器、主制动器、A 型架轴等组成，呈卧式布置在平台上。

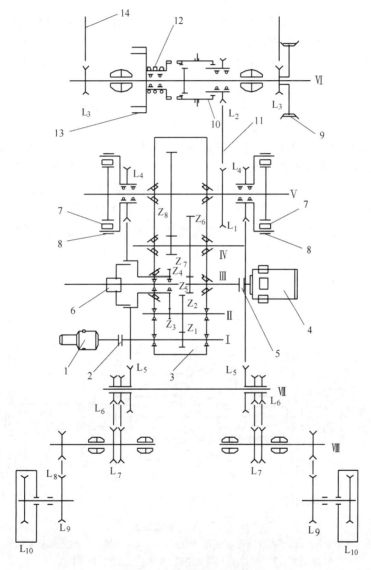

图 4-26 主传动机构传动系统

1—加压电动机；2，5—联轴器；3—减速器；4—提升行走电动机；6—加压离合器；7—行走离合器；
8—行走制动器；9—主制动器；10—主离合器；11—加压链条；12—辅助卷扬；13—辅助卷扬制动器；
14—封闭链条；$Z_1 \sim Z_8$—齿轮；$L_1 \sim L_{10}$—链轮；Ⅰ～Ⅷ—轴

加压钻进时，将主离合器 10 的离合体右移，使内外齿啮合，加压离合器 6 的气囊充气，行走离合器 7 的气囊放气，主制动器 9 松阀，辅助卷扬制动器 13、行走制动器 8 制动。其传动路线是：加压电动机 1→减速器齿轮 $Z_1 \sim Z_4$→加压离合器 6→减速器齿轮 $Z_5 \sim Z_8$→链轮 L_1、L_2→主离合器 10→主动链轮 L_3，通过封闭链条 14 带动回转小车加压。当电动机反转时，可实现慢速提升。

提升钻具时，使加压离合器 6 的气囊放气，其传动路线为：提升行走电动机 4→减速器齿轮 $Z_5 \sim Z_8$→链轮 L_1、L_2→主离合器 10→主动链轮 L_3，通过封闭链条 14 带动回转小车提升。当电动机反转时，可实现快速下降。

辅助卷扬提升时，主离合器 10 的离合体左移，牙嵌啮合，加压离合器 6 和行走离合器 7 的气囊放气，主制动器 9 制动，辅助卷扬制动器 13 松闸，行走制动器 8 制动。其传动路线是：提升行走电动机 4→减速器齿轮 $Z_5 \sim Z_8$→链轮 L_1、L_2→主离合器 10，带动辅助卷扬 12 运动。

A 型架是提升加压系统主机机构的支承构件，也是钻架的支承构件。KY-310 型牙轮钻机的主离合器、主制动器、辅助卷扬设置在 A 型架轴上，这使得主传动机构结构紧凑、体积小、工作可靠、维修方便，同时消除了因平台变形对传动件（如离合器等）对中性的影响。A 型架轴装置如图 4-27 所示。离合器 6 用花键与从动链轮 8 连接，其左端内齿与外齿圈 10 的外齿组成一个齿形离合器，其左端侧齿与辅助卷筒右端侧齿组成一个牙嵌离合器。当离合器处于中间位置时，主制动器 9 和辅助卷筒制动器 5 都处于制动状态。此时，从动链轮 8 空转，行走离合器处于结合状态。当离合体右移时，内外齿啮合，A 型轴转动，实现加压提升，下放行动，当离合器左移时，牙嵌啮合，则辅助卷筒 4 工作。

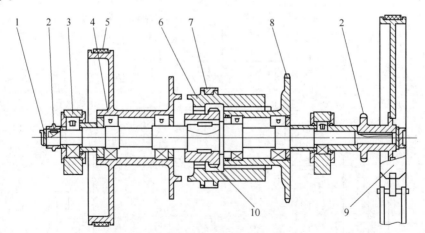

图 4-27　A 型架轴装置

1—A 型架轴；2—加压提升链轮；3—轴承支座；4—辅助卷筒；5—辅助卷筒制动器；
6—离合器；7—拨叉；8—从动链轮；9—主制动器；10—外齿圈

主制动器为常闭带式制动器，如图 4-28 所示。制动轮 2 安装在 A 型架轴的加压提升链轮上，闸带 3 固定在机座的柔性钢带上。当钻机不工作时，靠弹簧 13 闸紧制动轮 2；钻机工作时，由压气松开闸带。

4.2.4.2　封闭链条及均衡张紧装置

封闭链条用于将主传动机构传来的动力传递给回转小车，经推压齿轮和齿条的啮合，给钻具施以轴压力或提升力。KY-310 型牙轮钻机封闭链条的缠绕方式如图 4-17 所示，链条 3 从主动链轮 4，经张紧链轮 5 和两个顶部天轮、导向链轮 31 和加压大链轮 30，再经过张紧链轮返回到主动链轮，形成一个封闭的链条系统。当主动链条转动时，动力通过链条传给回转小车的大链轮、大链轮再带动同轴的加压齿轮 2 一起旋转。由于与加压齿轮啮合的齿条 1 固定在钻架上，所以加压齿轮带动回转小车沿钻架上、下移动，达到加压和提升的目的。

回转小车靠两侧的两根封闭链条进行加压和提升工作。由于这两根链条受力后的弹性伸长、使用中的磨损和变形以及制造的误差等原

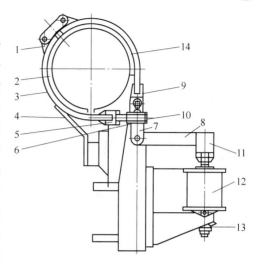

图 4-28　主制动器

1—铰链；2—制动轮；3—闸带；4—闸托架；
5，9—带卡；6—套；7，8—杠杆；10—拉杆；
11—活塞杆；12—气缸；13—弹簧；14—摩擦材料

因，其长度和受力不会完全相同，因此链条工作时产生不均衡、不平稳，甚至跳链现象。这不仅缩短链条的使用寿命，也影响回转小车的安全运转。因此，保证两根封闭链条的松边、紧边自动张紧，具有相同的拉力是十分必要的。所以，在两根链条上设有平衡张紧装置。

KY-310 型牙轮钻机张紧装置的原理如图 4-29 所示。均衡架 2 上装有上张紧轮 4、下张紧轮 7，它们可以在均衡架的槽内滑动，并在其上装有被压缩的上弹簧 3、下弹簧 6，均衡架的上端通过油缸 1 与钻架固定在一起，下端为自由端。链条 8 绕过张紧轮并与主动链轮 5 啮合。

链条张紧后（见图 4-29a），上张紧轮 4 位于均衡架导槽内的最上部位置，上弹簧 3 被压缩到最大量，下张紧轮 7 靠近导槽上部某一位置，下弹簧 6 被压缩。加压时（见图 4-29b），主动链轮 5 逆时针方向旋

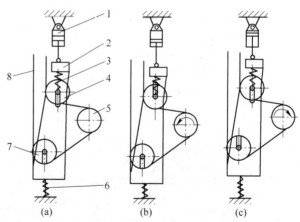

图 4-29　链条张紧装置原理

(a) 链条张紧后；(b) 加压时；(c) 提升时

1—油缸；2—均衡架；3—上弹簧；4—上张紧轮；
5—主动链轮；6—下弹簧；7—下张紧轮；8—链条

转，松边在上部。此时上弹簧 3 伸出，推动上张紧轮 4 下移，补偿了链条的伸长量，下张紧轮 7 被紧边链条拉至最上部，下弹簧 6 被压缩到最大量。提升时（见图 4-29c），主动链轮 5 顺时针转动，松边在下部。此时下弹簧 6 伸长，下张紧轮 7 移至最下位置，吸收了链条的伸长量，使链条保持张紧状态，上张紧轮 4 被压迫至最上位置。弹簧除了将松弛的链条拉紧外，在工作中还能起缓冲作用。这种张紧装置结构简单、工作可靠，不需要其他辅

助装置。

KY-310 型牙轮钻机的均衡装置如图 4-30 所示。两个油缸 1 的上、下腔油路各自连通,当一侧链条受力大于另一侧时,受力大的链条就将该边的链轮和框架一起抬高,顶出油缸活塞杆,使油缸上腔的压力升高,通过油路向另一侧油缸上腔排油,使另一侧油缸的活塞杆下移,压下均衡架 2 及其链条,拉紧原来受力较小的链条,直到两条链条受力均匀。

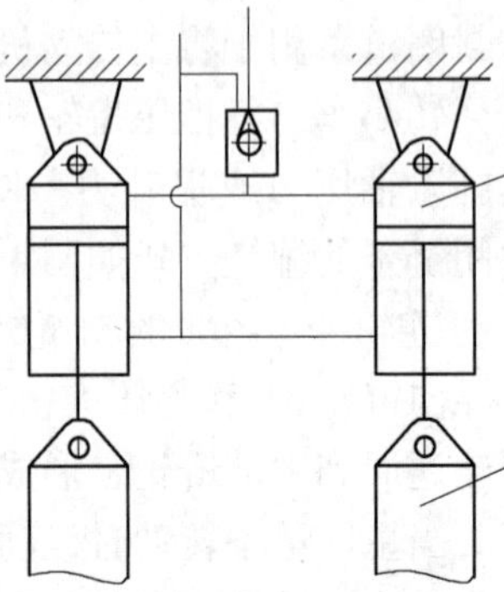

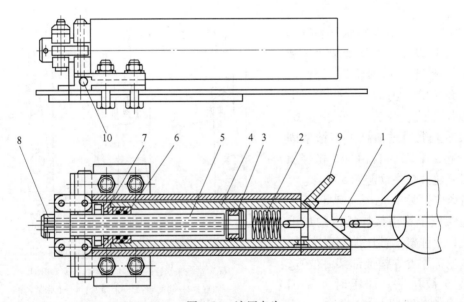

图 4-30　链条均衡装置
1—油缸；2—均衡架

4.2.5　接卸及存放钻杆机构

KY-310 型牙轮钻机的接卸及存放钻杆机构由风动卡头、液压卡头和钻杆架组成。风动卡头设在钻杆连接器上,用于卸钻头或副钻杆时卡住连接器或主钻杆,其动作原理如图 4-23 所示。

(1) 液压卡头。在钻架小平台上左右两侧,对称安装有两个液压卡头(见图 4-31),该机构采用反置油缸、前部带弹簧卡头、后部铰接的结构。活塞杆 8 和外壳 5 铰接在小平台上,缸体 4 装在外壳内,可从外壳伸出或缩回。活塞杆内设有两个通道,分别给油缸前腔进油或排油。当缸体沿外壳伸出时,卡头 1 顶住下钻杆的细颈。当钻杆反转、卡头对准钻杆卡槽时,卡头就被弹簧 2 迅速顶出,卡住钻杆细颈的卡槽,即可接卸主钻杆。钻孔时,油缸体收缩,躲开钻杆,钻杆正转时,钻杆卡槽的坡面把卡头推向缸体孔内。

图 4-31　液压卡头
1—卡头；2—弹簧；3—活塞；4—缸体；5—外壳；6—衬套；7—缸盖；
8—活塞杆；9—长块；10—销轴

(2) 钻杆架。KY-310 型牙轮钻机钻杆的钻架内安装两个钻杆架,每个钻杆架可存放一根钻杆。钻杆架的结构如图 4-32 所示,它由送杆机构、盛杆机构和抱杆器等组成。

送杆机构是一个由上连杆2、下连杆9、架体5和钻架构成的平行四连杆机构。通过送杆油缸8推动下连杆，带动架体5实现钻杆的推送或收回，并由挂钩装置3将钻杆架锁在存放位置。

盛杆装置（见图4-33）的下部是一个杯状的盛杆座5，用以盛放钻杆。为了防止钻杆向外倾斜，在盛杆装置上部设有抱杆器，它由两个抱爪1和连板2、3组成。盛杆座和抱杆器之间由拉杆4连接起来。当钻杆放入盛杆座内时，钻杆把弯杆6、弹簧7压下，通过拉杆带动连板使抱爪抱住钻杆。卸杆时，盛杆座侧面的两个卡块8在扭力弹簧带动下，卡在钻杆接头槽内，当回转电动机反转时，钻杆即被卸下。当钻杆吊离钻杆架时，被压缩的弹簧复位，将拉杆升起，通过连板使抱爪松开钻杆，此时即可收回钻架杆，钻杆可被取出。

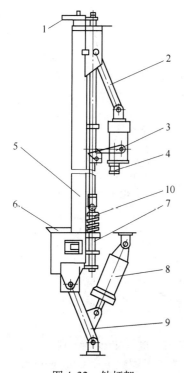

图4-32　钻杆架

1—抱爪机构；2—上连杆；3—挂钩装置；
4—气缸；5—架体；6—盛杆装置；7—拉杆；
8—送杆油缸；9—下连杆；10—弹簧

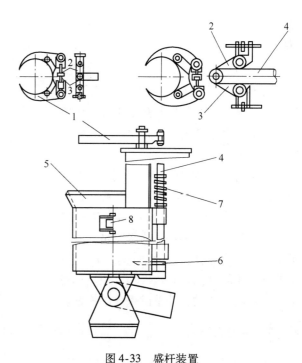

图4-33　盛杆装置

1—抱爪；2，3—连板；4—拉杆；
5—盛杆座；6—弯杆；7—弹簧；8—卡块

4.2.6　行走机构

如图4-26所示，钻杆行走时，加压离合器6处于放气状态，主制动器9和辅助卷扬制动器13处于制动状态，主离合器10则处于中间位置。在行走离合器7充气的同时，闸带自动松开。钻杆行走的传动线路是：提升行走电动机4→减速器齿轮$Z_5 \sim Z_8$→行走离合器7→行走主动链轮L_4→链轮$L_5 \sim L_{10}$，使履带运行。

KY-310 型钻机履带行走装置的构造如图 4-34 所示，它由履带 1、履带架 2、主动轮 3、张紧轮（导向轮）4、支重轮 5、托带轮 6、前梁（均衡梁）7、后梁 8 及履带张紧装置 9 等组成。钻机的平台以三点支承在履带装置的前后梁上，即前梁两端铰接着履带架，中间一点与平台铰接；后梁两点铰接在平台上。当路面不平时，前梁浮动，两履带以后梁为轴上下摆动，因而减轻小平台的偏斜。

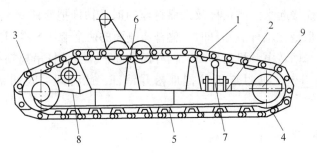

图 4-34　履带行走装置

1—履带；2—履带架；3—主动轮；4—张紧轮；5—支重轮；
6—托带轮；7—前梁；8—后梁；9—履带张紧装置

由于履带行走机构采用三级链传动（见图 4-17），为保证链条的张紧，在传动系统中设有张紧装置，其原理如图 4-35 所示。

张紧螺栓 4 从垂直（2 个）和水平（1 个）方向顶在张紧块 5 上，调整张紧螺栓使张紧块移动，要求左右两边张紧块的移动量相等。链条 3 的张紧是在用支承千斤顶将钻机顶起、履带离开地面的情况下，用轻便油缸 6 顶 IX 轴，使其相对上部平台向后移动，调整链条 3 的松紧。

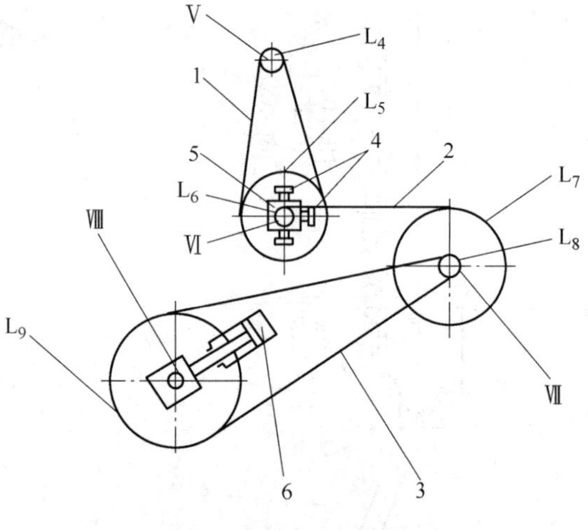

图 4-35　链条张紧装置原理

1～3—链条；4—张紧螺栓；5—张紧块；6—油缸；
V～VIII—轴；L_4～L_9—链轮

4.2.7　除尘系统

为了保证工人的身体健康和机电设备的安全运行，KY-310 型牙轮钻机采用干式和湿式两种除尘方式相结合的干排湿除的混合式除尘系统。

（1）干式除尘系统。如图 4-36 所示，该系统由捕尘罩 1、旋风除尘器 2、脉冲布袋除尘器 3 和通风机 4 等组成。在钻架小平台下方，孔口周围悬挂有四片由液压控制起落的胶带罩帘构成的捕尘罩。脉冲布袋除尘器共悬挂有 36 条绒布滤袋，通风机为离心式通风机（9-27-101 N05A 型）。

工作时，由炮孔排出的含尘气流进入捕尘罩：在重力作用下，粗颗粒的岩尘落在孔口周围；在通风机造成的负压作用下，含尘气流进入旋风除尘器，较细的颗粒受离心作用落入灰斗 5，留下的细粉尘随气流进入脉冲布袋除尘器过滤后，经通风机排到大气中。

（2）湿式除尘系统。湿式除尘是通过湿化来消除粉尘。湿式除尘系统由带保湿层的水箱1、装在水箱中的风水包6和流量调节阀8等组成，如图4-37所示。

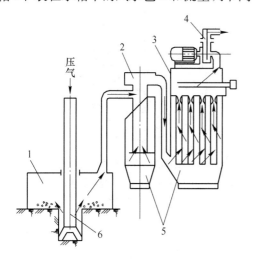

图4-36　干式除尘系统

1—捕尘罩；2—旋风除尘器；3—脉冲布袋除尘器；

4—通风机；5—灰斗；6—钻杆

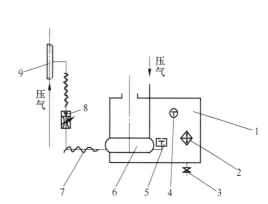

图4-37　湿式除尘系统

1—水箱；2—加热器；3—截止阀；4—温度计；

5—进水单向阀；6—风水包；

7—电阻丝；8—流量调节阀；9—主风管

该系统采用压气式供水。钻孔时，在压气的压力作用下，水箱1中的水通过进水单向阀5进入风水包，被雾化形成的汽水混合物经管路送入主风管9。破碎下来的岩粉在孔底及沿孔壁上升的过程中被湿润，凝成湿的岩粉球团排出孔口。汽水混合物的流量大小可通过流量调节阀8调整。为了防止水箱和管路冻结，在水箱和管路上分别设有加热器2和电阻丝7加热。

这种除尘方式利用钻机空压机的压力进行压气加压供水，节省了一套水泵动力系统，是一种简单、经济的供水形式。

4.2.8　司机室和机棚

（1）司机室。司机室布置在钻机后部右侧平台上。为了防寒，外壳采用双层结构。司机室内布置有电控柜、操纵台和司机座椅等，如图4-38所示。

由风机1、除尘器2、过滤箱3组成的增压净化装置向司机室输送具有一定压力的清洁空气，而管状电热元件4和空调器5用来改变和控制司机室内温度。

（2）机棚。机棚是焊接结构，顶棚是可拆卸的，用专用的螺栓压板与侧壁相连，便于检修。为隔热和减少棚内的噪声，顶棚为双层结构。

为了保持机棚内清洁和合适的温度，机棚装有增压净化装置和热风器，如图4-39所示。

4.2.9　液压系统

KY-310型钻机的液压系统如图4-40所示，它采用单电动机拖动、双泵并联驱动13个油缸的开式液压系统。钻机工作时，油泵从油缸中吸油并供给各工作油缸，然后再排出油

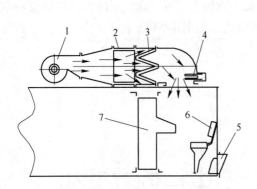

图4-38 司机室空调净化

1—电动风机；2—轴流式多管旋风除尘器；

3—化纤滤料过滤箱；4—管状电热元件；

5—空调器；6—司机座椅；7—操纵台

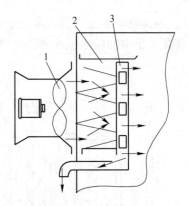

图4-39 机棚增压净化

1—轴流式风机；2—单风除尘器；

3—热风器

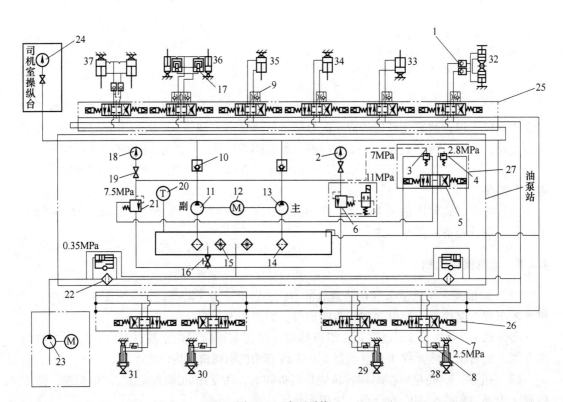

图4-40 液压系统

1—双向液压锁；2，18，24—压力表；3—卸荷阀；4—远程调压阀；5—电磁换向阀；6—电磁溢流阀；

7—电液换向阀；8—远程平衡阀；9—单向节流阀；10—直角单向阀；11，13，23—齿轮油泵；12—电动机；

14—粗滤器；15—加热器；16—截止阀；17—平衡阀；19—压力表开关；20—双金属温度计；21—溢流阀；

22—精滤油器；25—六联底板；26—二联底板；27—集成块；28，29—后左、后右千斤顶；30，31—前左、前右千斤顶；

32—液压卡头油缸；33—捕尘罩油缸；34，35—左、右送杆器油缸；36—钻架起落油缸；37—链条平衡张紧油缸

箱。根据每个油缸的工作特点，在各油缸回路中安装了不同的控制调节装置，其中六联阀

组用来控制链条张紧、钻架起落、左右送杆机构、液压卡头、捕尘罩等油缸；两个二联阀组分别用来控制前部左、右千斤顶和后部左、右千斤顶。

（1）系统的压力和流量控制。系统的压力控制包括限压、保压和卸压。

当油泵启动或油泵空转而液压系统暂不工作时，为了减少动力消耗和系统发热、延长油泵的使用寿命和保护电动机，需要油泵卸荷。为此，在主油泵 13 和副油泵 11 的回路中分别装有卸荷阀 3、电磁换向阀 5、电磁溢流阀 6 和溢流阀 21。在启动或非工作循环时，使电磁换向阀 5 呈通路，油泵输出的油液经电磁溢流阀 6、溢流阀 21 直接回油箱卸荷。

溢流阀 6 装在系统回油路上，起限压保护作用，防止系统过载。当油泵启动完毕，换向阀 5 呈断路，截断溢流阀遥控口与油箱的通路，溢流阀恢复正常状态。当工作压力高于溢流阀的调定压力时，溢流阀开始溢流，从而使系统压力保持在一定的范围内。

当油泵停止工作时，为了防止管路中的油回流冲击油泵，在油泵的排油口设有直角单向阀 10，用以锁紧油路保护油泵。

系统采用低压大流量和高（低）压小流量的供油方式，通过改变油泵 11 和 13 的连接方式调节系统供油量，实现调速。当钻机稳车时，千斤顶 28～31 需要同时起落。这时，溢流阀 6 和换向阀 5 处于左位，主油泵 13 和副油泵 11 同时工作，系统的流量为两泵流量之和，使四个千斤顶的动作加快。当四个千斤顶同时着地或收回到极限位置时，系统压力上升；当压力达到卸荷阀 3 的调整值（7MPa）时，副油泵空转，由主油泵单独供油，压力继续升到溢流阀 6 的调整值（14MPa）。这时也可操纵单个千斤顶或其他油缸单独工作，当换向阀 5 右位工作时，副油泵投入负荷运转，而主油泵通过溢流阀 6 卸荷，处于空转状态。当系统压力达到远程调压阀 4 的调定值（2.8MPa）时，副油泵卸荷。所以，低压张紧链条时只有副油泵工作。

（2）工作油缸的控制。根据各工作部件的工作要求，系统对工作油缸分设了稳车回路、起落钻架回路、钻杆架回路、接卸钻具回路、起落捕尘罩回路和加压链条张紧回路等10 个基本回路。各回路都设有独立的电磁换向阀和其他控制阀。在钻孔过程中，为了防止千斤顶下腔回油而造成钻机偏斜，以及起落钻架油缸下腔油管破裂使钻架急速跌落，在各自回油路上设置了由平衡阀与单向阀组成的液压锁。为了控制钻架及钻杆架的起落速度，分别用液控单向阀锁住油缸。为使收回的捕尘罩不因钻机行走颠簸而下落，在其油缸下腔回路中设可调节溢流阀锁紧回路。

4.2.10　压力控制系统

压气控制系统为钻机各气缸、气囊离合器、干式和湿式除尘系统及干油集中润滑站等提供控制风源，其工作原理如图 4-41 所示。

该系统由空压机、防冻器、辅助风包以及各种阀和气动附件组成。手动气阀 8、10、11 装在司机室操纵台上，电磁阀 14、15 安装在机棚内。辅助空压机 1 设在钻机平台下方，起除水、稳压和提高执行元件速度的作用。防冻器 2 内注入工业酒精，雾化后混入压气，用以防止系统内部的积水冻结。压气经分水滤气器 5 将水分滤掉，再经油雾器 6 喷入雾状润滑油，然后通过气阀进入气缸或气囊。为了使主制动器和回转小车防坠制动器制动迅速，在这两个气缸的入口处装有快速放气阀 13。在气囊离合器的进气口加设了分水滤气器，可对压气进行一次干燥处理，避免气囊内积存水分，以防冬季结冰而损坏气囊。通过

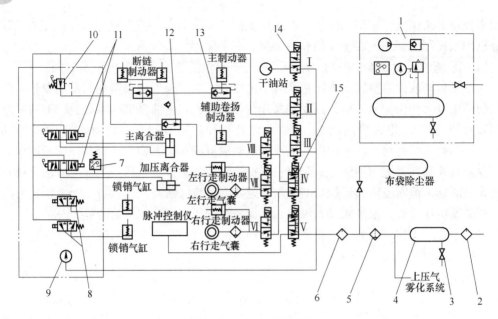

图 4-41　压气控制系统

1—辅助空压机；2—防冻器；3—截止阀；4—辅助风包；5—分水滤气器；6—油雾器；
7—压力电器；8—按钮阀；9—压力表；10—手控压力阀；11—手控三位五通阀；12—梭形阀；
13—快速放气阀；14—二位三通电磁阀；15—二位五通电磁阀

电磁气阀Ⅰ～Ⅷ控制干油润滑系统和脉冲控制仪的供气，以及主制动器的气缸、断链制动气缸、辅助卷扬气缸、行走制动气缸和气囊离合器的动作。操纵手控换向阀可以实现对离合器气缸、加压离合器气缸和两个钻杆锁销气缸的控制。

当辅助空压机处于事故状态而不能工作时，可临时将主空压机（向排渣主气路供气）压气接入。

4.3　牙轮钻机选型

4.3.1　整机性能

牙轮钻机在使用过程中表现出来的性能称为整机性能（或称使用性能）。整机性能是评价钻机水平和质量的主要依据。钻孔机械的整机性能通常包括有钻孔技术性能、总体技术性能、经济技术性能和一般技术性能。因此，在设计钻机时，首先必须对钻机的性能提出明确的要求，并使这些要求在钻机的总体设计和部件设计中得到实现。

钻孔技术性能是指钻机所适应的作业条件和所能付出的轴压力、钻进速度、回转扭矩、回转速度与排渣风量等。

总体技术性能是指钻机总体的规格和性能，如重量、重心坐标、总功率、总体尺寸、稳定性、对地比压、爬坡能力与行走速度等。

经济技术性能是指钻机发挥最大工作效率时的钻孔生产率和钻孔成本等。

一般技术性能是指钻机工作的可靠性、司机工作的舒适性、制造的工艺性及维护保养和修理的方便性。

4.3.2 整机性能参数

设计或选择一台钻机，首先要确定它的整机性能指标，即整机参数。这需要参考国内外已有的同类钻机，并结合参数的计算和国内的技术水平加以确定。表4-2综合归纳了国内外较先进的各种孔径钻机的整机参数，可作为设计、选择钻机时选择参数和技术指标的参考。

设计钻机时，首先根据矿石、岩石的种类、性质和采矿工艺的要求，确定钻机的用途和使用范围，即规定出该钻机所钻凿岩石的坚固性系数、钻孔直径、钻孔深度和钻孔方向。这几个参数是决定钻机主体结构、整机性能和钻机重量的主要因素，因此称其为钻机的原始设计参数。目前，国内外牙轮钻机一般在中硬（$f > 6$）及中硬以上的岩石中钻孔，其钻孔直径多为130~380mm，钻孔深度多为14~18m，钻孔倾角多为60°~90°。

表4-2 牙轮钻机性能参数

钻孔范围/mm		95~150	151~200	201~250	251~310	311~380	381~445
轴压力/kN		~150	150~250	250~350	350~450	450~530	530~600
钻具转速/r·min^{-1}		>140	140~125	125~120	120~115	115~110	<110
钻具扭矩/kN·m		<4	4~4.8	4.8~6.5	6.5~8	8~9.5	9.5~11.5
排渣风量/m^3·min^{-1}		<20	20~24	24~30	30~40	40~60	60~77
总安装功率/kW		<260	260~320	320~380	380~480	480~580	580~680
钻机重量/t		<30	30~40	40~85	85~115	115~130	130~145
外形尺寸（工作状态）/m	长	8	8~10	10~11.5	11.5~12.5	12.5~13.5	>13.5
	宽	<3.3	3.3~4.5	4.5~5.8	5.8~6	6~6.2	>6.2
	高	13.5	13.5~14	14~24.5	24.5~25.5	25.5~26.5	26.5

4.3.3 基本工作参数

牙轮钻机的基本工作参数是指钻机工作时钻具作用在孔底矿（岩）石上的轴压力、钻头转速、排渣风量、钻进速度和回转功率及扭矩。正确地选择这些参数，不仅可以提高钻孔效率，延长钻具使用寿命，而且还可以降低钻孔成本。因此，牙轮钻机的工作参数是设计钻机的主要依据，也是合理地选择使用钻机的依据。

为了使钻机能在不同性质的岩石中钻孔，并获得理想的钻孔效果，要求钻机的工作参数有一个可调的范围，以便根据不同的地质条件进行人工的或自动的调整，以便获得最佳的钻孔工作制度和最优的工作效率。

牙轮钻机有两种差别颇大的工作制度：一种是高轴压、低转速工作制度，如美国采用轴压力为300~600kN，转速小于150r/min；另一种是低轴压、高转速工作制度，如俄罗斯采用轴压力为150~300kN，转速为250~350r/min。近几年来的钻孔实践和新型钻机的出现都证明了高轴压、低转速和大风量排渣这一高效率的强力钻孔工作制度的优越性。

（1）轴压力。轴压力是钻机通过钻具施加在岩石上的用以使岩石发生破碎的力。实践证明，轴压力既不能太小也不能过大，它有一个使岩石发生体积破碎的合理值。轴压力取决于岩石的坚固性系数、钻头的直径和钻头质量。它应能使钻机达到较高的钻孔速度、较长的钻头寿命和较低的钻孔成本。合理的轴压应能使岩石形成容积破碎，最小的破碎功耗及有效的钻进速度。

轴压力 F（N）推荐计算公式为：

$$F = (60 \sim 70) f D$$

式中　f——岩石普氏硬度系数；

　　　D——钻头直径，mm。

几种牙轮钻机轴压力见表4-3。

表4-3　几种牙轮钻机轴压力

钻机型号	YZ-35D	YZ-55	YZ-55A	KY-250D	KY-310	DM-H	49-RⅢ	59-R	P&H 120A
钻孔直径/mm	250	310	380	250	310	381	406	445	559
最大轴压力/kN	350	550	600	370	490	489	627	617	666
钻头单位直径轴压力/kN·cm^{-1}	14	17.74	15.78	14	15.8	12.83	15.44	13.86	11.91

（2）钻头转速。转速应小于200r/min，一般在0～150r/min，通常在硬岩石中为50～70r/min，在软岩中为90～120r/min。钻头转速过高引起钻机激烈振动，降低钻头寿命和钻进速度。

钻头转速 n（r/min）推荐计算公式为：

$$n = (2105 \sim 3160) \frac{d}{ZD}$$

式中　d——牙轮大端直径，mm；

　　　Z——牙轮大端合金齿数；

　　　D——钻头直径，mm。

几种牙轮钻机钻头回转速度见表4-4。

表4-4　几种牙轮钻机钻头回转速度

钻机型号	YZ-35	YZ-55	YZ-55A	KY-250B	49-RⅢ	CBⅢ-250MH	GD 120
钻孔直径/mm	170～270	250～310	310～380	250	251～406	243～269	250～380
钻头转速/r·min^{-1}	0～120	0～120	0～120，0～90	0～100	0～125	30～150	0～120

（3）排渣风量。钻孔时必须有足够的风量排渣和冷却钻头轴承。冷却钻头轴承风量占总风量20%～35%。常用排渣回风速度为25.4m/s，不低于15.3m/s，对岩渣密度大且潮湿的铁矿石，回风速度需超过45.7m/s。

1）排渣风量和回风速度。

$$v = 4.7\sqrt{d\gamma}$$
$$q = 15\pi(D_0^2 - d_0^2)vK$$

式中　v——回风速度，m/s；

　　　d——所排岩渣的最大粒度，mm；

　　　γ——岩渣堆密度，t/m^3；

　　　q——排渣风量，m^3/min；

D_0——钻孔直径，mm；

d_0——钻杆外径，mm；

K——漏风系数，1.1~1.5。

2）排渣风压。空压机至钻头间的管路压力损失，一般允许不大于 0.07MPa，要求从钻头喷出的风压力不低于 0.2MPa。牙轮钻机采用低风压、大风量排渣。螺杆空压机排风压力通常为 0.35~0.5MPa。

矿用三牙轮钻头采用装配式喷嘴，有不同的喷嘴直径，改变喷嘴可获得不同的喷出压力。

当海拔高度、大气压力变化时，需对空气压缩机的实际排风量和排风压力校核。

几种牙轮钻机的空压机性能见表 4-5。

表 4-5　几种牙轮钻机空压机性能

钻机型号		YZ-35	YZ-55	KY-250B	49-RⅢ	DM-H	GD 120	CBⅢ-250MH
钻孔直径/mm		170~270	250~310	250~310	251~406	251~381	250~380	243~269
钻杆直径/mm		145,219	219,273	219,278	178~340	194,220,273	187~343	
空压机	排风量/$m^3 \cdot min^{-1}$	36,40	40	36	73.6,84.9	39.6,73.6	42,55	25
	排风压力/MPa	0.4~0.5	0.45	0.5	0.448	0.748	0.38	0.7
说　明		标准孔径250mm	标准孔径310mm		可钻孔深76m			可钻孔深76m

（4）钻进速度。钻进速度是表示钻机是否先进的重要性能指标，也是钻孔工作制度是否合理的主要标志，它是由钻机的其他参数决定的，合理的参数匹配将提高钻进速度。

钻进速度推荐计算公式为：

$$v = 0.375 \frac{Fn}{Df}$$

式中　v——钻进速度，cm/min；

F——轴压力，kN；

n——钻头转速，r/min；

D——钻头直径，cm；

f——岩石普氏硬度系数。

（5）回转功率及扭矩。

$$M = 9360KD \left(\frac{F}{10}\right)^{1.5}$$

$$P = 0.96KnD \left(\frac{F}{10}\right)^{1.5}$$

式中　M——回转扭矩，N·m；

K——岩石硬度特性系数，见表 4-6；

D——钻头直径，cm；

F——轴压力，kN；

P——回转功率，kW；

n——钻头转速，r/min。

实际钻孔时，卸钻杆和处理卡钻，要求电动机有较大的过载能力。

表 4-6 岩石硬度特性系数 K

岩石性质	最软岩	软岩	中软岩	中硬岩	硬岩	最硬岩
抗压强度/MPa			17.5	56	210	475
K	14×10^{-5}	12×10^{-5}	10×10^{-5}	8×10^{-5}	6×10^{-5}	4×10^{-5}

复习思考题

4-1 画简图，简述牙轮钻机的工作原理。

4-2 简述牙轮的布置形式及其适用特点。

4-3 简述 KY-310 型牙轮钻机的基本组成。

4-4 简述 KY-310 型牙轮钻机回转供风机构的结构及工作原理。

4-5 简述 KY-310 型牙轮钻机加压提升机构的工作原理。

第2篇

装 载 机 械

本篇包括第5、6章，主要介绍露天装载机械和地下装载机械。

在采矿工作中，崩落下的矿岩需要使用装载机械转移。露天采矿常用的装载机械有以电为动力的单斗机械挖掘机、以柴油为动力的液压挖掘机。地下采矿常用的装载机械有地下铲运机、地下装运机、电耙以及巷道掘进时的出渣机械。

 5 露天装载机械

【学习要求】

(1) 熟知单斗机械挖掘机的组成机构、性能参数。

(2) 会进行单斗机械挖掘机的选型。

(3) 熟知液压挖掘机的工作原理、机构、性能参数。

(4) 会进行液压挖掘机的选型。

5.1 单斗机械挖掘机

挖掘机是用铲斗挖掘高于或低于承机面的物料，并装入运输车辆或卸至堆料场链斗式挖掘机的土方机械。它是露天矿主要挖掘设备，露天矿山80%的剥离量和采掘量是用挖掘机完成的。

单斗机械挖掘机可按不同标准进行分类。

(1) 按工作装置分：正铲、反铲、拉铲、抓铲四种。

(2) 按工作装置的连接方式分：斗柄和动壁间是刚性零件连接、斗柄和动壁间是挠性零件连接。

(3) 按动力装置分：电动机驱动（电铲）、柴油机驱动（柴油铲）、蒸气机驱动（蒸气铲）。

(4) 按行走装置分：履带式、轮胎式、轨轮式。

5.1.1　单斗机械挖掘机的工作原理及结构

　　下面以传统的 WK-4 型挖掘机（电铲）（见图 5-1、图 5-2）为例来说明挖掘机的工作原理及结构。WK-4 型挖掘机总图如图 5-3 所示，位于挖掘机箱体内部。司机室 14 位于挖掘机最前端，方便司机观察铲斗的工作状况。挖掘机主要由工作装置、回转装置和履带行走装置三大部分组成。履带行走装置负责挖掘机的行走，其上的回转平台可绕回转轴 360°回转。主要工作机构为挖掘机前端的动臂、斗柄以及铲斗，负责挖掘及卸载。它的作业循环为：铲装、满斗提升回转、卸载、空斗返回。正铲挖掘作业开始时，机器靠近工作面，铲斗的挖掘始点位于推压机构正下方的工作面底部，斗前面与工作面的交角为 45°～50°。铲斗通过提升绳和推压机构的联合作用，做自下而上的弧形曲线的强制运动，使斗刃在切入土壤的过程中，把一层土壤切削下来。挖掘机斗齿的铲取深度由推压机构通过斗柄的伸缩和回转来调整。每完成一个挖掘作业，就挖取一层弧形土体，每次的挖掘进尺在 0.8～1.0m 之间。

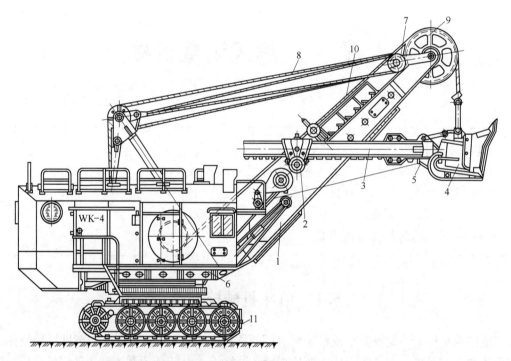

图 5-1　WK-4 型挖掘机结构

1—动臂；2—推压机构；3—斗柄；4—铲斗；5—开斗机构；6—回转平台；7—绷绳轮；
8—绷绳；9—天轮；10—提升钢绳；11—履带行走机构

　　（1）回转机构。WK-4 型挖掘机的回转机构如图 5-4 所示。行走电动机通过多级齿轮传动驱动轴 11 回转，轴 11 通过牙嵌式离合器分别与左右驱动轮相连。这样除可完成履带行走装置的前后运动之外，还可以通过断开一侧离合实现机身的转弯。齿圈 3 与支承架 1 相连。回转平台通过左右两小齿轮及回转轴与行走机构相连。当回转电动机通过齿轮传动驱动小齿轮围绕大齿圈转动时，回转平台即可绕大齿圈中心的回转轴完成 360°回转。

图 5-2 正铲挖掘机

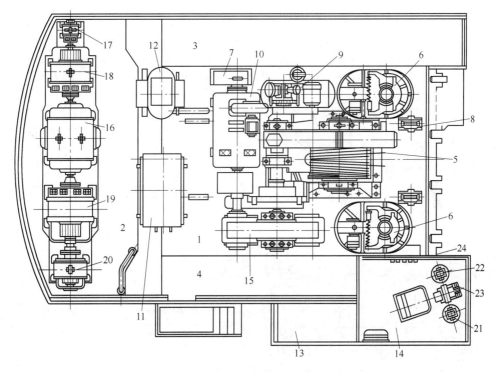

图 5-3 WK-4 型挖掘机平面总图

1—回转平台；2—配重箱；3—左行走台；4—右行走台；5—铲斗提升卷筒；6—回转电动机；7—动臂提升卷筒；
8—双腿架支座；9—压气机；10—提升电动机；11—高压开关柜；12—主变压器；13—直流配电盘；
14—司机室；15—提升变速箱；16—主电动机；17～20—直流发电机；21—提升控制器；
22—推压控制器；23—回转、行走控制器；24—开关配电盘

（2）履带行走机构。履带运行装置（见图 5-5）是挖掘机上部重量的支承基础。这种运行装置的主要优点是接地比压力小，附着力大，可适用于凹凸不平的场地，如浅滩、沟或有其他障碍物，具有一定的机动性，能通过陡坡和急弯而不需要太长时间。其缺点是运行和转弯功耗大，效率低，构造复杂，造价高，零件易磨损，常需要更换零部件等。

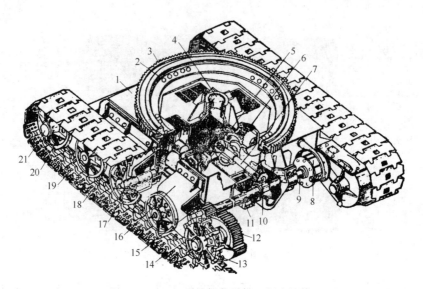

图 5-4　WK-4 型挖掘机回转、行走机构

1—支承架；2—滚道；3—齿圈；4—中心轴；5，6，12，15—圆柱齿轮；7，9，11—传动轴；
8—牙嵌离合器；10—锥形齿轮；13—驱动轮轴；14—驱动轮；16—履带架；17—支重轮轴；
18—支重轮；19—履带板；20—引导轮；21—引导轮轴

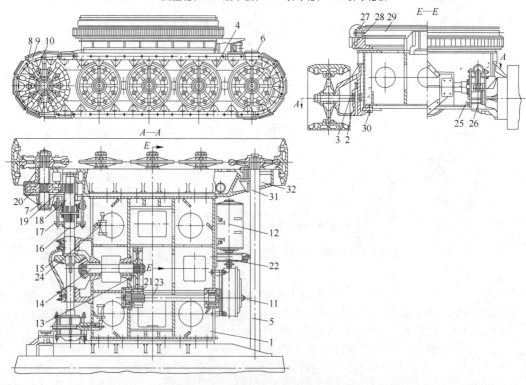

图 5-5　WK-4 型挖掘机履带运行装置

1—底架；2—履带架；3—支承轮轴；4—支承轮；5—拉紧方轴；6—导向轮；7—驱动轮轴；8—驱动轮；
9—履带板；10—销轴；11—行走减速器；12—行走电动机；13，19，20，21—齿轮；14，16，18，23—轴；
15—伞齿轮；17—拨叉离合器；22—行走制动器；24—拨叉机构气缸；25—拨叉；26—卡箍；27—固定大齿轮；
28—环形轨道；29—辊盘；30—楔形块；31—支架；32—垫片

（3）装载挖掘机构。装载挖掘机构如图5-6所示，由动臂、斗柄、铲斗及相应的传动装置组成。当提升电动机转动时，动臂上的绷绳轮29被钢绳牵引，使动臂围绕其末端转动，实现动臂角度的调节。

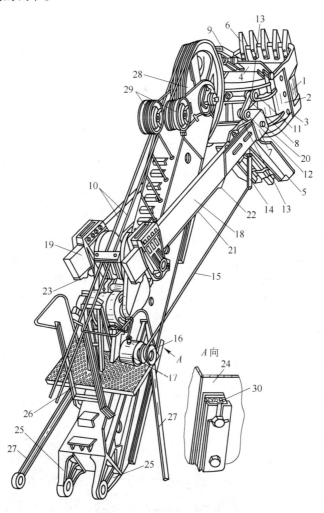

图5-6 装载挖掘机构

1—斗前壁；2—斗后壁；3—塞柱；4—半环杆；5—斗底；6—斗齿；7—铸造横梁；8—拉杆；9—斗滑轮夹套；
10—提升绳；11，12—销杆；13—耳孔；14—斗底开启杠杆；15—斗底开启绳；16—开斗卷筒；17—开斗电动机；
18，19—斗柄；20—螺栓；21—推压齿条；22，23—齿条限位块；24—动臂；25—动臂脚踵；
26—动臂中部平台；27—侧拉杆；28—天轮；29—绷绳轮；30—缓冲器

动臂通过推压提升装置与斗柄相连。斗柄前端刚性固定挖掘机铲斗，铲斗后部钢绳绕过动臂前端的天轮连接在铲斗提升卷筒上。当提升电动机驱动铲斗提升卷筒卷绳时，斗柄即绕其后部扶套下转动轴完成提升与放下。

铲斗底板与铲斗后部铰接，可通过钢绳牵引斗底的插销使斗底打开，完成卸载。放下斗柄时，斗柄受重力作用与铲斗合拢，放开钢绳，插销插入，斗底再次与铲斗固定，即可再次挖掘。

（4）挖掘提升机构。提升机构传动系统如图5-7所示。提升电动机同时连接动臂提升卷筒与斗柄提升卷筒。正常工作时，断开左侧连接，电动机驱动斗柄升降；特殊情况下（如检修动臂）断开右侧连接，电动机驱动动臂升降。

由于有时要使铲斗的斗齿切入岩堆，WK-4 型电铲还设计了推压提升装置，如图 5-8 所示。推压电动机通过两级齿轮减速驱动齿轮 8 转动，斗柄上的齿条 9 即完成前后运动，实现斗柄相对动臂的推压和提升。

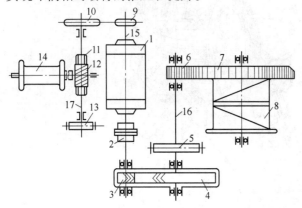

图 5-7　提升机构传动系统

1—提升电动机；2—联轴器；3，4—人字齿轮；

5—铲斗提升制动轮；6，7—正齿轮；8—铲斗提升卷筒；

9，10—链轮；11—蜗轮；12—蜗杆；13—动臂提升制动轮；

14—动臂提升卷筒；15～17—轴

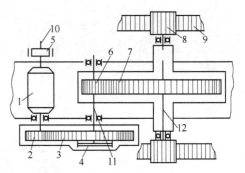

图 5-8　推压机构传动

1—推压电动机；2，3—正齿轮；

4—过负荷保险闸；5—推压制动轮；

6～8—正齿轮；9—齿条；10～12—轴

5.1.2　单斗机械挖掘机的主要工作参数

挖掘机的工作范围决定于其工作参数。单斗机械挖掘机的主要工作参数如图 5-9 所示。

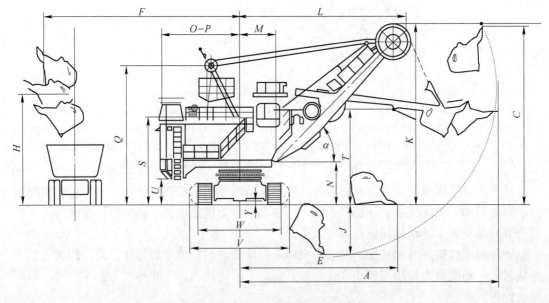

图 5-9　单斗机械挖掘机的尺寸参数

（1）挖掘半径：挖掘时从单斗机械挖掘机回转中心线至铲齿切割边缘的水平距离即挖掘半径。最大挖掘半径（A）是铲杆最大水平伸出时的挖掘半径；站立水平上的挖掘半径（E）是铲斗平放在单斗机械挖掘机站立水平时的最大挖掘半径。

（2）挖掘高度：挖掘时单斗机械挖掘机站立水平到铲齿切割边缘的垂直距离即挖掘高度。最大挖掘高度（C）是铲杆最大伸出并提到最高位置时的挖掘高度。

（3）卸载半径：卸载时从单斗机械挖掘机回转中心线到铲斗中心的水平距离即卸载半径。最大卸载半径（F）是铲杆最大水平伸出时的卸载半径。

（4）卸载高度：卸载时从单斗机械挖掘机站立水平到铲斗打开的斗底下边缘的垂直距离即卸载高度。最大卸载高度（H）是铲杆最大伸出并提至最高位置时的卸载高度。

（5）下挖深度：在向单斗机械挖掘机所在水平以下挖掘时，从站立水平到铲齿切割边缘的垂直距离即挖掘深度也称下挖深度。

单斗机械挖掘机的工作参数是依动臂倾角 α 而定的。动臂倾角允许有一定的改变，较陡的动臂可使挖掘高度和卸载高度加大，但挖掘半径和卸载半径则相应减小。反之，动臂较缓时，则挖掘和卸载高度减小，而挖掘和卸载半径增大。

常见单斗机械挖掘机（正铲）的主要尺寸参数见表5-1。

表5-1　常见单斗机械挖掘机（正铲）的主要尺寸参数

挖掘机型号	WK-2（杭州）	WK-4B	WK-10B	WD1200（标准）	WK-12	195B	295B	2300XP	2800XP	WK-20	WK-27	WK-35	290B
最大挖掘半径 A/mm	11500	14300	18900	19000	18900	17120	20574	21080	23290	21200	23400	24000	19940
最大挖掘高度 C/mm	9500	10100	13630	13500	13630	13030	14783	14330	16030	14400	16300	16200	14460
停机地面上最大挖掘半径 E/mm	8500	9260	13120	13000	13120	11810	13487	15270	14990	15280	15100	15800	13410
最大卸载半径 F/mm	10000	12650	16350	17000	16350	14610	17830	18690	20960	18700	21000	20900	17220
最大卸载高度 H/mm	5700	6300	8450	8300	8450	7670	9296	8990	10160	9100	9900	9400	8890
挖掘深度 J/mm	1500	3200	3400	2600	3400	2740	1905	3500	4000	5510	4550	4450	1980
起重臂对停机平面的倾角 α/(°)	53	45	45	45	45	45	43	45	45	45	45	45	45
顶部滑轮上缘至停机平面高度 K/mm		10750	13800	15000	13800	13030	15834	15900	16840	16080	18240	18540	16870
顶部滑轮外缘至回转中心的距离 L/mm		10630	13500	14450	13500	13100	15470	15270	15930	15450	17350	17300	15850
起重臂支角中心至回转中心的距离 M/mm	1800	2250	3080	2905	3080	3100	2565	3350	3510	3360	3500	3510	2870
起重臂支角中心高度 N/mm	1600	2365	3430	3360	3430	3500	3708	3990	4440	4000	4500	4750	3580

挖掘机型号	WK-2（杭州）	WK-4B	WK-10B	WD1200（标准）	WK-12	195B	295B	2300XP	2800XP	WK-20	WK-27	WK-35	290B
机棚尾部回转半径 O/mm	4560	5560	7350	6600	7350	7400	7390	7920	8430	7950	8400	9950	7010
机棚宽度 P/mm	4000	5028	6600	6480	6600	7420	10566	8530	8530	8550	8550	9400	9060
双脚支架顶部至停机平面高度 Q/mm	6170	7709	10570	11150	10570	10600	11684	11250	12010	11260	12100	12450	10400
机棚顶至地面高度 S/mm		5248	7220	6330	7220	7300	9347	7340	7840	7500	7950	8350	8440
司机水平视线至地面高度 T/mm		4200	7100	5860	7100	6320	7722	7850	7800	7800	8420	9550	7140
配重箱底面至地面高度 U/mm	1400	1690	2160	2000	2160	2200	2616	2240	2460	2230	2450	2770	2590
履带部分长度 V/mm	5100	6000	8400	8025	8400	8500	1010	8710	10160	8720	10200	10800	8800
履带部分宽度 W/mm	4000	5200	7100	6740	7100	7200	9150	7920	9040	8150	9040	9050	8600
底架下部至地面最小高度 Y/mm	370	350	510	450	510	550	603	640	710	620	700	1000	580

5.1.3 单斗机械挖掘机选型

单斗机械挖掘机主要根据矿山规模、矿岩采剥总量、开采工艺、矿岩物理力学性质和设备供应情况等因素选型。

特大型露天矿一般应选用斗容不小于 $8 \sim 10\mathrm{m}^3$ 的挖掘机；大型露天矿一般应选用斗容为 $4 \sim 10\mathrm{m}^3$ 的挖掘机；中型露天矿一般应选用斗容为 $2 \sim 4\mathrm{m}^3$ 的挖掘机；小型露天矿一般应选用斗容为 $1 \sim 2\mathrm{m}^3$ 的挖掘机。采用汽车运输时，挖掘机铲斗容积与汽车载重量要合理匹配，一般一车应按装 $4 \sim 6$ 铲斗匹配。

（1）生产能力计算。

$$Q = \frac{3600 q K_{\mathrm{H}} T \eta}{t K_{\mathrm{p}}}$$

式中 Q——挖掘机台班生产能力，m^3；

q——挖掘机铲斗容积，m^3；

t——挖掘机铲斗循环时间，s；

K_{H}——挖掘机铲斗满斗系数；

K_{p}——矿岩在铲斗中的松散系数；

T——挖掘机班工作时间，h；

η——班工作时间利用系数。

　　挖掘机台班生产能力受各处技术和组织因素影响，如矿岩性质、爆破质量、运输设备规格、其他辅助作业配合条件和操作技术水平等。

　　（2）设备数量计算。矿山所需挖掘机台数可按下式计算：

$$N = \frac{A}{Q_a}$$

式中　　N——挖掘机台数，台；

　　　　A——年采剥量，m^3；

　　　　Q_a——挖掘机台年效率，m^3。

　　Q_a值可通过计算或参考挖掘机实际台年生产能力选取，并要考虑效率降低因素。

　　露天矿生产配备的挖掘机台数不考虑备用数量，但不应少于2台。如果采矿和剥离作业的工作制度不同、设备型号不同以及生产效率相差较大时，可以分别计算采矿和剥离作业所需要的挖掘机台数。

　　此外，矿山还有其他工程，如修路、整理道坡和边坡及倒堆等，可考虑备有前装机、铲运机和推土机等辅助设备。

　　常用单斗挖掘机主要技术性能参数见表5-2。

表5-2　常用单斗挖掘机主要型号技术参数

型　号	WK2	WD200A	P&H2300	P&H2800XP	191M	P&H1900
铲斗容积/m^3	2	2	16	23	9.2～15.3	7.7
理论生产率/$m^3 \cdot h^{-1}$	300	280	1800	3200		
最大挖掘半径/m	11.6	11.5	20.7	23.7	21.6	17.6
最大挖掘高度/m	9.5	9.0	15.5	18.2	16.7	13.3
最大挖掘深度/m	2.2	2.2	3.5	4.0		
最大卸载半径/m	10.1	10.0	18.0	20.6		
最大卸载高度/m	6.0	6.0	10.3	11.3	10.8	8.5
回转90°时工作循环时间/s	24	18	28	28		
最大提升力/kN	265	300	1580	2080	934	942
提升速度/$m \cdot s^{-1}$	0.62	0.54	1.0	0.95	68	43.4
最大推压力/kN	128	244	950	1300		
推压速度/$m \cdot s^{-1}$	0.51	0.42	0.70	0.65		
动臂长度/m	9.0	8.6	15.2	17.68	12.2	12.1
接地比压/MPa	0.13	0.13	0.29	0.29		
最大爬坡能力/(°)	15	17	16	16	16	16.7
行走速度/$km \cdot h^{-1}$	1.22	1.46	1.45	1.43	1.76	1.38
整机重量/t	84	79	621	851	438	270
主电动机功率/kW	150	155	700	2×700	597	300～450
主要生产厂家	抚顺挖掘机制造有限公司	江西采矿机械厂	太原重工股份有限公司，第一重型机器厂		美国马里昂公司	美国哈尼斯弗格公司

5.2　液压挖掘机

单斗液压挖掘机是在机械传动式正铲挖掘机的基础上发展起来的高效率装载设备。与机械式挖掘机相比，其优点是，结构紧凑、重量轻，能在较大的范围内实现无级调速，传动平稳，操作简单，易于实现标准化、系列化和通用化。液压挖掘机是一种性能和结构都比较先进的挖掘机，正逐步取代中小型机械式挖掘机。

液压挖掘机种类很多，详细分类方式如下：

（1）按用途分类。按用途，液压挖掘机一般可以分为通用式和专用式两类。通用式单斗挖掘机用在露天矿、城市建设、工程建设、水利和交通等工程，故称为万能式挖掘机。专用式单斗挖掘机有剥离型、采矿型和隧道型等几种。采矿型挖掘机多为正铲挖掘机。剥离用的单斗挖掘机的工作尺寸和斗容量都比较大，适用于露天采场和表土剥离工作。隧道用的挖掘机可分为短臂式和伸缩臂式两种，用于开挖隧道时的出渣作业。

（2）按工作装置分类。根据工作装置的工作原理及铲斗与动臂的连接方式，挖掘机主要分为正铲和反铲两类。矿山使用较多的是正铲，因为它在挖掘时有较大的推压力，可挖掘坚实的硬土和装载经爆破的矿石。工作装置的灵活性是指挖掘机工作平台的回转程度。按这种灵活性分类，单斗液压挖掘机的平台有全回转式（即旋转 360°）和不完全回转式（即旋转 90°~270°）两种。

（3）按行走方式分类。按行走方式，液压挖掘机可分为轮胎式、履带式和迈步式。轮胎式液压挖掘机可以分为标准汽车底盘、特种汽车底盘、轮式拖拉机底盘和专用轮胎底盘式四种，主要用于城市建筑等部门。履带式挖掘机按履带运行和支承装置可分为刚性多支点和刚性少支点、挠性多支点和挠性少支点四种。斗容量大于 $1m^3$ 的挖掘机多用履带行走装置。履带式挖掘机主要用于露天采矿工程。迈步式挖掘机按其运行装置可分为偏心轮式、铰式、滑块式和液力式四种。迈步式（又称步行式）挖掘机主要用在松软土壤和沼泽地等接地比压很小的工作场所的剥离作业。有些大型采砂场也使用这种迈步式挖掘机。

（4）按斗容量的大小分类。按斗容量的大小，单斗挖掘机可以分为小型、中型、大型和巨型四类。铲斗容积在 $2m^3$ 以下的称为小型挖掘机；$3~8m^3$ 的称为中型挖掘机；$10~15m^3$ 的称为大型挖掘机；$15m^3$ 以上的称为巨型挖掘机。

（5）按液压系统分类。按液压系统，液压挖掘机可以分为全液压传动和非液压传动两种。若其中的一个机构的动作采用机械传动，即称为非全液压传动。例如 WY-160 型、WY-250 型和 H121 型等即为全液压传动；WY-60 型为非全液压传动，因其行走机构采用机械传动方式。一般情况下，对液压挖掘机，其工作装置及回转装置必须是液压传动，只有行走机构可为液压传动，也可为机械传动。

目前使用最为广泛的是全液压传动铰接式履带行走单斗反向液压铲。

5.2.1　液压挖掘机的工作原理

液压挖掘机的工作原理与机械式挖掘机工作原理基本相同。液压挖掘机可带正铲、反铲、抓斗或起重等工作装置。

液压反铲挖掘机如图 5-10 所示，它由工作装置、回转装置和运行装置三大部分组成。

液压反铲工作装置的结构组成是：下动臂 3 和上动臂 5 铰接，两者之间的夹角由辅助油缸 11 来控制。依靠动臂油缸 4，动臂绕其下支点 A 进行升降运动。依靠斗柄油缸 6，斗柄 8 可绕其与动臂上的铰接点摆动。同样，借助转斗油缸 7，铲斗可绕着它与斗柄的铰接点转动。操纵控制阀，就可使各构件在油缸的作用下，产生所需的各种运动状态和运动轨迹，特别是可用工作装置支撑起机身前部，以便机器维修。

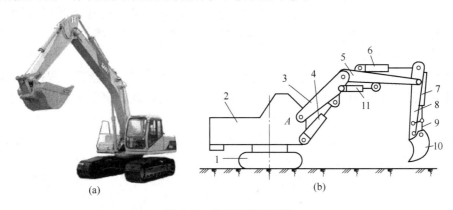

(a)   (b)

图 5-10　液压反铲挖掘机

（a）实物图；（b）结构图

1—履带装置；2—上部平台；3—下动臂；4—下动臂油缸；5—上动臂；6—斗柄油缸；
7—转斗油缸；8—斗柄；9—连杆；10—反铲斗；11—辅助油缸

液压反铲挖掘机的工作原理如图 5-11 所示。工作开始时，机器转向挖掘工作面，同时，动臂油缸的连杆腔进油，动臂下降，铲斗落至工作面（见图中位置Ⅲ）。然后，铲斗油缸和斗柄油缸顺序工作，两油缸的活塞腔进油，活塞的连杆外伸，进行挖掘和装载（如从位置Ⅲ到Ⅰ）。铲斗装满后（在位置Ⅱ），这两个油缸关闭，动臂油缸关闭，动臂油缸就反向进油，使动臂提升，随之反向接通回转油马达，铲斗就转至卸载地点，斗柄油缸和铲斗油缸反向进油，铲斗卸载。卸载完毕后，回转油马达正向接通，上部平台回转，工作装置转回挖掘位置，开始第二个工作循环。

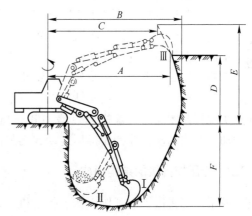

图 5-11　液压反铲挖掘机的工作原理

A—标准挖掘高度工作半径；B—最大挖掘半径；
C—最大挖掘高度工作半径；D—标准最大挖掘高度；
E—最大挖掘高度；F—最大挖掘深度

在实际操作工作中，因土壤和工作面条件的不同和变化，液压反铲的各油缸在挖掘循环中的动作配合是灵活多样的，上述工作方式只是其中的一种挖掘方法。

反铲挖掘机的工作特点是：可用于挖掘机停机面以下的土壤挖掘工作，或挖壕沟、基坑等。由于各油缸可以分别操纵或联合操纵，故挖掘动作显得更加灵活。铲斗挖掘轨迹的形成取决于对各油缸的操纵。当采用动臂油缸工作进行挖掘作业时（斗柄和铲斗油缸不工作），就可以得到最大的挖掘半径和最大的挖掘行程，这就有利于在较大的工作面上工作。挖掘的高度和挖掘的深度决定于动臂的最大上倾角和下倾角，亦即决定于动臂油缸的行程。

当采用斗柄油缸进行挖掘作业时，则铲斗的挖掘轨迹是以动臂与斗柄的铰接点为圆心，以斗齿至此铰接点的距离为半径所作的圆弧线，圆弧线的长度与包角由斗柄油缸行程来决定。当动臂位于最大下倾角时，采用斗柄油缸工作时，可得到最大的挖掘深度和较大的挖掘行程。在较坚硬的土质条件下工作时也能装满铲斗，故在实际工作中常以斗柄油缸进行挖掘作业和平场工作。

当采用铲斗油缸进行挖掘作业时，挖掘行程较短。为使铲斗在挖掘行程终了时能保证铲斗装满土壤，则需要有较大的挖掘力挖取较厚的土壤。因此，铲斗油缸一般用于清除障碍及挖掘。

各油缸组合工作的工况也较多。当挖掘基坑时，由于深度要求大、基坑壁陡而平整，因此需要动臂和斗柄两油缸同时工作；当挖掘坑底时，挖掘行程将结束，为加速装满铲斗和挖掘过程需要改变铲斗切削角度等，要求斗柄和铲斗同时工作，以达到良好的挖掘效果并提高生产率。

液压反铲挖掘机的工作尺寸，可根据它的结构形式及其结构尺寸，利用作图法求出挖掘轨迹的包络图，从而控制和确定挖掘机在任一正常位置时的工作范围。为防止因塌坡而使机器倾翻，在包络图上还须注明停机点与坑壁的最小允许距离。另外，考虑机器的稳定与工作的平衡，挖掘机不可能在任何位置都发挥最大的挖掘力。

液压正铲挖掘机（见图 5-12）的基本组成和工作过程与反铲式挖掘机相同。在中小型液压挖掘机中，正铲装置与反铲装置往往可以通用，它们的区别仅仅在于铲斗的安装方向，正铲挖掘机用于挖掘停机面以上的土壤，故以最大挖掘半径和最大挖掘高度为主要尺寸。它的工作面较大，挖掘工作要求铲斗有一定的转角。另外，在工作时受整机的稳定性影响较大，正铲挖掘机常用斗柄油缸进行挖掘。正铲铲斗采用斗底开启方式，用卸载过程油缸实现其开闭动作，这样可以增加卸载高度和节省卸载时间。液压正铲挖掘机在工作中，动臂参加运动，斗柄无推压运动，切削土壤厚度主要用转斗油缸来控制和调节。

5.2.2　液压挖掘机的结构组成

液压挖掘机由铲取工作机构、行走机构、回转机构、液压系统组成。

5.2.2.1　铲取工作机构

液压挖掘机的铲取工作是靠动臂来完成的。动臂的主要形式有整体单节动臂、双节可调动臂、伸缩式动臂和天鹅颈形动臂等，如图 5-13 所示。其中天鹅颈形动臂应用最多。

（1）整体单节动臂。此种动臂的特点是结构简单，制造容易，质量轻，有较大的动臂转角，反铲作业时不会摆动，操作准确，挖掘的壁面干净，挖掘特性好，装卸效率高。

（2）双节可调动臂。这种结构多半用于负荷不大的中、小型液压挖掘机上。按工况变化常需要改变上、下动臂间的夹角和更换不同的作业机具，因此其互换性和通用性较好。另外，在上、下动臂间可采用可变的双铰接连接，以此改变动臂的长度及弯度，这样既可调节动臂的长度，又可调节上下动臂的夹角，可得到不同的工作参数，适应不同的工况要求，增大作业范围。

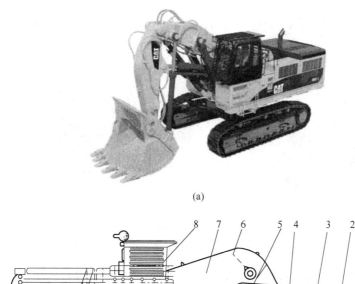

(a)

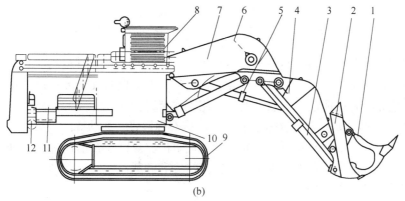

(b)

图 5-12　液压正铲单斗挖掘机

（a）实物图；（b）结构图

1—铲斗；2—铲斗托架；3—转斗油缸；4—斗柄；5—斗柄油缸；6—大臂；7—大臂油缸；
8—司机室；9—履带；10—回转台；11—机棚；12—配重

(a)

(b)

（c）　　　　　　　　　　　　　　　　　　（d）

图 5-13　液压铲动臂形式

（a）整体单节动臂；（b）双节可调动臂；（c）伸缩式动臂；（d）天鹅颈形动臂

（3）伸缩式动臂。这种结构是指动臂由两节套装，用液压传动机构实现其伸缩的结构形式。伸缩臂的外主臂铰接在回转平台架上，由起升油缸控制其升降。铲斗铰接在内动臂的外伸端。它是一种既能挖掘又能平地的专用工作装置。

（4）天鹅颈形动臂。它是整体单节动臂的另一种形式，其动臂的下支点设在回转平台的旋转中心轴线的后面，并高出平台面。动臂油缸的支点则设在前面并往下伸出。动臂上有 3 个油缸活塞杆的连接孔眼，以便改变挖掘深度和卸载高度。这种结构增加了挖掘半径和挖掘深度并降低了工作装置的重量。

5.2.2.2　行走机构

液压挖掘机的行走有轮胎行走和履带行走。

轮胎行走装置的结构与汽车的行走装置相同。用于各种液压挖掘机中的轮胎行走装置有标准汽车底盘、特种汽车底盘（行走驾驶室与作业操纵室是分设的）、轮式拖拉机底盘和专用底盘等几种形式。

液压挖掘机的履带运行装置的与电铲基本相同，不同之处只是驱动系统，它也有机械传动式和液压传动式两种。全液压传动的挖掘机，履带运行装置是采用液压传动形式，即在每条履带上分别采用行走油马达驱动，油马达的供油也分别由一台油泵来完成。这样，液压传动式的结构更简单，只要通过对油路控制，就可以很方便地实现运行、转弯或就地转弯，以适应各种场地的作业。

液压传动的履带行走装置有 3 种不同的传动方案：调整低扭矩油马达和行星齿轮减速器；高速低扭矩柱塞油马达和行星摆线针轮减速器；低速大扭矩油马达和一级齿轮传动减速器。第 3 种是采用较多的设计方案。

5.2.2.3　回转机构

液压挖掘机的回转机构主要采用液压元件传动。由于平台负荷小，回转部分质量轻，故回转时的转动惯量小，启动和制动的加速度大，转速较高，回转一定转角所需时间少，有利于提高生产率。液压挖掘机回转机构传动方式可分为两类：在半回转的悬挂式或伸缩臂式液压挖掘机上采用油缸或单叶片油马达驱动；在全回转液压挖掘机上采用高速小扭矩或低速大扭矩油马达驱动。全回转液压挖掘机的支承回转装置和齿轮、齿圈等传动部分的结构与一般挖掘机相同。而小齿轮的驱动部可分为高速和低速传动两种。对高速传动，采用高速定量轴向柱塞式油马达或齿轮油马达作动力机，通过齿轮减速箱驱动回转小齿轮环绕底座上的固定齿圈周边做啮合滚动，带动平台回转。对低速传动，采用内曲线多作用低速大扭矩径向柱塞式油马达直接驱动小齿轮，或者采用星形柱塞式或静平衡式低速油马达通过正齿轮减速来驱动小齿轮，再带动平台回转。国产 WY-100 型和 WY-200 型等液压挖掘机上就采用了内曲线多作用油马达直接驱动回转小齿轮。这种油马达结构铰接紧凑，体积小，扭矩大，转速均匀，即使在低速运转下也有很好的均匀性。

5.2.2.4　液压系统

挖掘机的液压系统是根据机器的使用工况，动作特点，运动形式，速度的要求，工作的平稳性、随动性、顺序性、连锁性以及系统的安全可靠性等因素来设计的，这就决定了液压系统类型的多样性。按主油泵的数量、功率的调节方式、油路的数量来分，液压系统一般可以分为 6 种基本形式：

（1）单泵或双泵单路定量系统，如 WY-160 型挖掘机；

（2）双泵双路定量系统，如 WY-100 型挖掘机；

（3）多泵多路定量系统，如 WY-250 型和 H121 型等挖掘机；

（4）双泵双路多功率调节变量系统，如 WY-200 型挖掘机；

（5）双泵双路全功率调节变量系统，如 WY-60A 型挖掘机；

（6）多泵多路定量、变量混合系统，如 SC-50 型挖掘机。

此外，按油流循环方式的不同，液压系统还可以分为开式和闭式两种。

5.2.3　液压挖掘机的工作方式

从图 5-10 可以看出，与电铲基本相同，液压挖掘机的结构也是由履带行走装置、上部回转装置与前部工作装置组成。其前两部分与电铲几乎完全相同，其不同就在于液压铲的工作装置是由若干油缸控制关节状动臂的运动实现工作的。液压反铲工作示意如图 5-11 所示，液压正铲挖掘机工作示意如图 5-14 所示。为扩大使用范围，也可将正铲和反铲互相改装使用。

WY-100 型单斗反向液压铲是我国使用较多的液压铲，其外形如图 5-10 所示。其工作机构由下动臂 3 及其控制油缸 4、上动臂 5 及其调整油缸 11、斗柄 8 及斗柄油缸 6 以及反铲斗 10 和转斗油缸 7 组成。控制液压控制阀，可使各构件在相应油缸的驱动下，产生所需的各种运动状态。图 5-11、图 5-14、图 5-15、图 5-16 所示分别为液压反铲挖沟、液压正铲挖沟、液压反

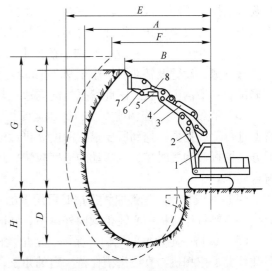

图 5-14　液压正铲挖掘机挖沟

1—动臂油缸；2—下动臂；3—斗柄油缸；4—上动臂；
5—铲斗油缸；6—斗门；7—铲斗；8—斗柄；A—最大挖掘半径；B—最大挖掘高度时的工作半径；C—最大挖掘高度；D—在停机面以下作业时的挖掘深度；
E～H—动臂长度增大时的工作尺寸

铲平整边坡以及液压反铲挖掘巷道。

液压反铲挖掘机每一作业循环包括挖掘、回转、卸料和返回等四个过程。挖掘时先将铲斗向前伸出，动臂带着铲斗落在工作面上，然后铲斗向着挖掘机方向拉转，铲斗在工作面上挖出一条弧形挖掘带并装满土壤，随后连同动臂一起升起。上部转台带动铲斗及动臂回转到卸土处，将铲斗向前推出，使斗口朝下进行卸土。卸土后动臂及铲斗回转并下放至工作面，准备下一循环的挖掘作业。

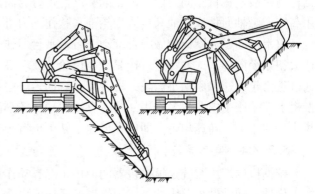

图 5-15　液压反铲平整边坡

液压反铲挖掘机的基本作业方式有沟端挖掘、沟侧挖掘、直线挖掘、曲线挖掘、保持一定角度挖掘、超深沟挖掘和沟坡挖掘等。

（1）沟端挖掘。挖掘机从沟槽的一端开始挖掘，然后沿沟槽的中心线倒退挖掘，自卸车停在沟槽一侧，挖掘机动臂及铲斗回转

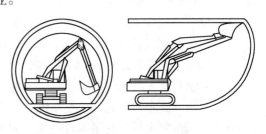

图 5-16　液压反铲挖掘巷道

$40°\sim45°$即可卸料。如果沟宽为挖掘机最大回转半径的两倍时，自卸车只能停在挖掘机的侧面，动臂及铲斗要回转 $90°$方可卸料。若挖掘的沟槽较宽，可分段挖掘，待挖掘到尽头时调头挖掘毗邻的一段。分段开挖的每段挖掘宽度不宜过大，以自卸车能在沟槽一侧行驶为原则，这样可减少作业循环的时间，提高作业效率。

（2）沟侧挖掘。沟侧挖掘与沟端挖掘不同之处在于，自卸车停在沟槽端部，挖掘机停在沟槽一侧，动臂及铲斗回转小于 $90°$可卸料。沟侧挖掘的作业循环时间短、效率高，但挖掘机始终沿沟侧行驶，因此挖掘过的沟边坡较大。

（3）直线挖掘。当沟槽宽度与铲斗宽度相同时，可将挖掘机置于沟槽的中心线上，从正面进行直线挖掘。挖到所要求的深度后再后退挖掘机，直至挖完全部长度。利用这种挖掘方法挖掘浅沟槽时挖掘机移动的速度较快，反之则较慢，但都能很好地使挖的沟槽底部符合要求。

（4）曲线挖掘。挖掘曲线沟槽时可用短的直线挖掘相继连接而成。为使沟廓有圆滑的曲线，需要将挖掘机中心线稍微向外偏斜，同时挖掘机缓慢地向后移动。

（5）保持一定角度的挖掘。保持一定角度的挖掘方法通常用于铺设管道的沟槽挖掘，多数情况下挖掘机与直线沟槽保持一定的角度，而曲线部分很小。

（6）超深沟挖掘。当需要挖掘面积很大、深度也很大的沟槽时，可采用分层挖掘方法或正、反铲双机联合作业。

（7）沟坡挖掘。挖掘沟坡时将挖掘机位于沟槽一侧，最好用可调的加长斗杆进行挖掘，这样可以使挖出的沟坡不需要做任何修整。

由上述可知，液压铲的各项工作尺寸取决于各液压缸的状态，故操作时只需根据需要

调整各液压缸的状态即可。

5.2.4　液压挖掘机主要技术参数

液压挖掘机的参数与机械挖掘机基本相同,有设备的长、宽、高,斗容,挖掘高度、深度、半径,卸载高度、半径等。表5-3所列为常用液压挖掘机主要技术参数。

表5-3　常用液压挖掘机主要技术参数

型　号	W2-100	W2-200	WY40A	R942	ZAXIS70	ZAXIS270
正铲斗容积/m³		2.0	1.7	2.0	0.3	1.3
反铲斗容积/m³	1.0					
平台最大回转速度/r·min⁻¹	8.0	6.0	7.6	7.8	11.3	10.6
液压系统压力/Pa	320	300	30×10^6	29.1×10^6	34.3×10^6	34.3×10^6
行走速度/km·h⁻¹	3.4/1.7	1.8	2.5	2.6	5.0/3.4	4.9/2.9
最大爬坡能力/‰	45	45	40	70	70	70
平均对地比压/kPa	52	106			30	55
发动机的额定功率/kW	98	180	149	125	45	125
机重/t	25	56	40	45	6.5	27
制造厂家	杭州重型机械有限公司		杭州工程机械厂	上海建筑机械厂	日立建机有限公司	

5.2.5　液压挖掘机的选型

液压挖掘机主要是根据矿山采剥总量、矿岩物理机械性质、开采工艺和设备性能等条件选型,以充分发挥矿山生产设备的效率,使各工艺环节生产设备之间相互适应,设备配套合理。一般做法是,首先选择合适的铲装设备,并确定与之配套的运输设备,然后选择钻孔设备。主体设备合理配套之后,再选择确定辅助设备。特大型露天矿一般选用斗容不小于10m³的挖掘机;大型露天矿一般选用斗容为4~10m³的挖掘机;中型露天矿一般选用斗容为2~4m³的挖掘机;小型露天矿一般选用斗容为1~2m³的挖掘机。

采用汽车运输时,挖掘机斗容积与汽车载重量要合理匹配,一般是一车应装4~6斗。

设备选型还要与开拓运输方案统一考虑,使装载运输成本低,机动灵活,经济性好。

表5-4~表5-6分别是一般露天矿山的装备水平、金属露天矿设备常用匹配方案、金属露天矿设备组合配套实例。

表5-4　一般露天矿山的装备水平

装备名称	小型露天矿	中型露天矿	大型露天矿	特大型露天矿
穿孔设备	ϕ150mm 以下潜孔钻;凿岩台车;手持式凿岩机	ϕ150 ~ 200mm 潜孔钻;ϕ250mm 牙轮钻;凿岩台车	ϕ250 ~ 310mm 牙轮钻;ϕ150 ~ 200mm 潜孔钻	ϕ310 ~ 380mm 牙轮钻(硬岩);ϕ250 ~ 310mm 牙轮钻(软岩)
装载设备	0.5 ~ 1m³ 挖掘机;3m³ 以下前装机	1 ~ 4m³ 挖掘机;3 ~ 5m³ 前装机	4 ~ 10m³ 挖掘机	10m³ 以上挖掘机

续表 5-4

装备名称	小型露天矿	中型露天矿	大型露天矿	特大型露天矿
运输设备	汽车运输时，15t 以下汽车；铁路运输时，14t 以下电机车、4m³ 以下矿车	汽车运输时，50t 以下汽车；铁路运输时，14～20t 电机车、4～6m³ 矿车	汽车运输时，50～100t 汽车；铁路运输时，100～150t 电机车、60～100t 矿车；胶带运输时，1.4m 以下胶带机	汽车运输时，100t 以上汽车；铁路运输时，150t 电机车、100t 矿车；胶带运输时，1.4～1.8m 胶带
排弃设备	推土机配合汽车；铁路-推土机	推土机配合汽车；铁路-推土机	推土机配合汽车；破碎-胶带-推土机；铁路-挖掘机	推土机配合汽车；破碎-胶带-排土机；铁路-挖掘机
辅助设备	89.4kW 以下履带推土机	89.4～238.4kW 履带推土机	238～305kW 履带推土机；5m³ 以上前装机	305kW 履带推土机；223.5kW 轮胎推土机；9m³ 前装机
粗破碎设备	700～500mm 旋回破碎机；600mm×900mm～400mm×600mm 颚式破碎机	900mm 旋回破碎机；900mm×1200mm 颚式破碎机	1200mm 旋回破碎机；1200mm×1500mm 颚式破碎机	1500mm 旋回破碎机；1500mm×2100mm 颚式破碎机

表 5-5　金属露天矿设备匹配方案

设备名称		小型露天矿	中型露天矿	大型露天矿	特大型露天矿
穿孔设备	潜孔钻孔（孔径）/mm	≤150	150～200	150～200	
	牙轮钻机（孔径）/mm	150	250	250～310	310～380（硬岩）；250～310（软岩）
挖掘设备	单斗挖掘机（斗容）/m	1～2	1～4	4～10	≥10
	前装机（斗容）/m³	≤3	3～5	5～8	8～13
运输设备	自卸设备（载重）/t	≤15	<50	50～100	>100
	电机车（黏重）/t	<14	10～20	100～150	150
	翻斗车	<4m³	4～6m³	60～100t	100t
	钢绳芯带式输送机（带宽）/mm	800～1000	1000～1200	1400～1600	1800～2000
辅助设备	履带推土机/kW	75	135～165	165～240	240～308
	轮胎推土机/kW			75～120	120～165
	炸药混装设备/t	8	8	12，15	15，24
	平地机/kW		75～135	75～150	165～240
	振动式压路机/t			14～19	14～19
	汽车吊/t	<25	25	40	100
	洒水车/t	4～8	8～10	8～10，20～30	10，20～30
	破碎机（旋回移动）/mm			1200～1500	1200～1500
	液压碎石器/N·m		(1.5～3)×10⁴	(1.5～3)×10⁴	(1.5～3)×10⁴

表 5-6　金属露天矿设备组合配套实例

矿山规模	方案	配套主体设备	配套辅助设备	主要使用条件	矿山实例
小型	I	$\phi80 \sim 120mm$ 潜孔钻机、$0.6m^3$ 柴油铲或 $1m^3$ 电铲、$3 \sim 7t$ 电机车、$10t$ 以下矿车、斜坡提升或 $8t$ 以下汽车	$60 \sim 75kW$ 推土机 $8t$ 装药车，$4 \sim 8t$ 洒水车，$25t$ 以下汽车吊	采剥总量 50 万吨以下中等深度的或 100 万吨左右露天矿	祥山铁矿
	II	$\phi150mm$ 潜孔钻、$\phi150mm$ 牙轮钻、$1 \sim 2m^3$ 电铲、$8 \sim 15t$ 汽车		采剥总量 100 万 ~ 200 万吨露天矿	可可托海一矿
	III	$\phi150mm$ 潜孔钻、$3 \sim 5m^3$ 前装机装运作业或配 $20t$ 以下汽车		岩石运距在 $3km$ 以内露天矿	山西铝土矿
	IV	$\phi150 \sim 200mm$ 潜孔钻、$2 \sim 4m^3$ 电铲、$15 \sim 32t$ 汽车		采剥总量 300 万 ~ 500 万吨露天矿	雅满苏铁矿
中型	I	$\phi200mm$ 潜孔钻或 $\phi250mm$ 牙轮，$4m^3$ 电铲或 $5m^3$ 前装机、$20 \sim 32t$ 汽车	$75 \sim 165kW$ 推土机，$8t$ 装药车，$8 \sim 10t$ 洒水车，$25t$ 汽车吊，$10 \sim 30kN \cdot m$ 液压碎石器或 $\phi0.8 \sim 2m$ 电动破碎机	一般开采深度中型露天矿	金堆城钼矿、密云铁矿
	II	$\phi200mm$ 潜孔钻或 $\phi250mm$ 牙轮钻、$4m^3$ 电铲、$100t$ 电机车或内燃机车、$60t$ 侧卸翻斗车		深度不大的中型露天矿	大冶铁矿上部扩帮、大连甘井子石灰石矿
	III	$\phi250mm$ 牙轮钻、$4 \sim 6m^3$ 电铲、$60t$ 以下汽车、破碎站、$1000 \sim 1200mm$ 钢绳芯带式输送机		深度较大的露天矿	
大型，特大型	I	$\phi250 \sim 380mm$ 牙轮钻或 $\phi250mm$ 潜孔钻、$4 \sim 11.5m^3$ 电铲和 $108 \sim 154t$ 电动轮汽车	$165kW$ 以上履带式推土机，$120kW$ 以上轮式推土机，$12t$ 以上装药车，$135kW$ 以上平地机，$14t$ 以上振动式压路机，$40t$ 以上汽车，$10t$ 以上洒水车，$15 \sim 30kN \cdot m$ 液压碎石器	大型、特大型露天矿	南芬铁矿、水厂铁矿
	II	$\phi310mm$、$\phi380mm$、$\phi410mm$ 牙轮钻、$10 \sim 21m^3$ 电铲、$73t$、$108t$、$136t$、$154t$ 电动轮汽车		特大型露天矿	智利丘基卡马塔铜矿
	III	$\phi250 \sim 380mm$ 牙轮钻、$8 \sim 15m^3$ 电铲、$100 \sim 150t$ 电机车或联动机车组、$100t$ 侧卸翻斗车		大型、特大型露天矿	马钢南山铁矿
	IV	$\phi250mm$ 以上牙轮钻、$8m^3$ 以上电铲、$90t$ 以上汽车、$1200mm \times 2000mm$ 破碎机、$1200mm$ 以上钢绳芯带式输送机		大型、特大型露天矿	美国西雅里塔铜钼矿、齐大山铁矿、水厂铁矿

（1）挖掘机劳动生产率。

$$Q_s = \frac{3600T}{t}q\frac{K_m}{K_h}KK_1K_2$$

式中　Q_s——挖掘机劳动生产率，t/班；

　　　T——班工作时间，h；

　　　t——每一工作循环延续的时间，s；

　　　q——挖掘机斗容，m^3；

　　　K_m——铲斗装满系数，$0.95 \sim 1.2$；

　　　K_h——土壤松散系数；

　　　K——循环时间影响系数，$0.7 \sim 1.3$；

K_1——工作时间利用系数，$0.7 \sim 0.95$；

K_2——司机操作影响系数，$0.8 \sim 0.98$。

液压挖掘机的一个作业工作循环可分为 4 个步骤：挖掘装载、满斗回转、卸载、空斗回转到工作面。完成这 4 个步骤所需的时间可分别定为 t_1、t_2、t_3、t_4，则完成一个工作循环所需要的时间为 $t = t_1 + t_2 + t_3 + t_4$。

（2）设备数量的计算。

$$N = A/Q_s$$

式中　N——挖掘机台数，台；

A——采剥总量，$\mathrm{m^3/a}$；

Q_s——挖掘机效率，$\mathrm{m^3/(台 \cdot a)}$。

Q_s 值可通过计算或参考挖掘机实际生产能力选取，并要考虑效率降低因素。挖掘机设备一般不配备用设备，但一个矿山至少要有两台。

复习思考题

5-1　挖掘机是如何分类的？

5-2　电动单斗挖掘机有哪些优缺点？

5-3　单斗挖掘机的主要尺寸参数有哪些？

5-4　画简图叙述 WK-4 型单斗挖掘机推压机构的工作原理。

5-5　画简图叙述 WK-4 型单斗挖掘机回转装置的工作原理。

5-6　单斗挖掘机常用的动臂有几种？

5-7　简述单斗挖掘机的工作过程。

5-8　单斗挖掘机选型原则是什么？

5-9　挖掘机的斗容积与汽车载重量是如何匹配的？

5-10　液压挖掘机有哪些优缺点？

5-11　画出 WY-100 型挖掘机的液压系统图，并叙述其工作原理。

6　地下装载机械

【学习要求】

（1）了解地下装运机的分类、应用。

（2）了解地下铲运机的分类、使用条件、工作原理。

（3）掌握地下铲运机的结构。

（4）会进行地下铲运机的选型。

（5）熟知电耙的组成、结构、技术参数。

（6）了解常用的装渣机械。

20 世纪中期，装岩机在我国地下矿曾被广泛使用，主要用于掘进及回采装矿（岩）。到 20 世纪中后期，随着矿山技术发展及设备不断更新，装岩机逐渐被铲运机、装运机取代，其应用范围也逐渐缩小。

装运机是自身带有铲斗、储矿仓和轮胎行走的具备装、运、卸多功能的矿山装载设备，主要用于采场出矿，也可用于巷道掘进装岩。按运矿方式不同，装运机分为车厢式及铲斗式两大类。车厢式装运机用铲斗铲取矿岩装入车厢，车厢装满后自行运到溜井卸载。铲斗式装运机用铲斗铲取矿岩，兼作运搬容器，自行运到溜井卸载。车厢式装运机简称装运机，铲斗式装运机简称铲运机。

近些年来，随着无轨自行设备的发展，如铲运机、装运机以及振动放矿机的广泛使用和推广，电耙的应用范围已渐缩小。在西方国家，虽然许多矿山已采用无轨化开采，广泛使用铲运机出矿，但也不乏使用电耙出矿的矿山。

6.1　地下装运机

20 世纪 60 年代，我国从瑞典引进装运机，随后国内厂家研制生产了装运机。同装岩机相比，装运机装运能力强，行走速度快，机动灵活，效率高，曾经在 20 世纪 70 ~ 80 年代我国地下矿山广为应用，主要用在冶金、化工等矿山的无底柱分段崩落法、充填采矿法采场运搬及掘进出渣等。到了后期，随着矿山机械设备的发展，我国引进和研制生产了铲运机，同装运机相比，铲运机优点很多，新建的矿山和曾经使用装运机的矿山大部分改用铲运机。但是，装运机还有一定的优点，故在小型矿山及部分充填法采场有一定的优势，仍有应用。

目前的装运机都采用轮胎行走，其动力主要是压气和柴油机两种。气动装运机由于其储矿仓配置在行走部分上，与其他类型的装运机相比，工作时所需的巷道高度较大。因以压气为动力，其运输距离和装载能力都受到限制，故气动装运机一般只生产小型的，其最大斗容量为 0.5m³，最大储矿仓容积为 2.2m³，主要用于短距离（60～120m）的装运卸作业，行走速度不大于 5km/h。柴油机驱动的内燃装运机克服了气动装运机的运距小、车速慢、生产能力有限等缺点，具有功率较大、机动性好、行走速度高等优点，当运距一定时，其生产能力高于气动装运机。但其废气净化问题未彻底解决。

装运机按其驱动能源分为气动装运机和柴油装运机；按卸载方式分为翻转后卸式、底卸式、翻转前卸式及推卸式装运机等多种。本节主要是讲述翻转后卸式装运机，以下简称装运机。

装运机的优缺点有：

（1）实现了无轨作业，设备轻巧，使用比较灵活。

（2）可自行一定距离，减少了溜井和漏斗的开凿安装工作量。

（3）采场底部结构简单，易于在出矿工作面处理大块。

（4）维修工作较大，维修费用较高。

（5）轮胎消耗量较大，轮胎消耗费用较高。

（6）受拖曳风管的限制，运距较短，机动灵活性不太高。

（7）铲斗容积小，生产能力受限制。

装运机的适用范围为：

（1）无底柱分段崩落法、分层崩落法、上向水平分层充填法、下向水平分层充填法、房柱法、全面法等采矿方法的回采出矿。

（2）采场生产能力中等以下。

（3）矿石和围岩中等稳固以上为好。

（4）装运矿岩块度在 500～600mm 以下。

6.1.1　气动装运机

气动装运机是以压气为动力的翻转后卸式装运机，在 20 世纪 60～90 年代我国非煤地下矿回采及掘进中曾经广泛使用。其主要机型有 C-30、CG-12 型。这两个机型虽然规格不同，但结构大体相同。本节介绍的是 C-30 型（早期称 ZYQ-14 型）装运机的基本结构及工作原理。

C-30 型装运机基本结构主要由动力部分、行走部分、装卸部分和操纵部分组成。C-30 型装运机基本结构如图 6-1 所示。

装运机的动力部分分别与有关传动减速箱连接在一起。行走部分主要指机器的下部，包括机架、行走减速器、行走轮以及转向机构等。装卸部分主要包括位于机器最前部的铲装机构、上部的储矿车厢及车厢下面的卸料装置。操纵部分位于装运机前进方向的左侧，由主供气阀和操纵阀等组成。

C-30 型装运机的工作循环如下：工作时，首先依靠机器的自重和行走机构的冲力，使铲斗插入已爆破的矿岩堆中。铲斗装满后，提升铲斗把矿岩向后卸到储矿车厢内，同时使装运机后退一定距离，再落下铲斗进行下一次的铲装。待车厢装满矿岩后，开动机器行驶到卸载地点，卸料气缸推动车厢沿道轨向后下滑并倾翻，将矿岩卸掉，然后使车厢复位，装运机返回至装载地点，开始下一个工作循环。

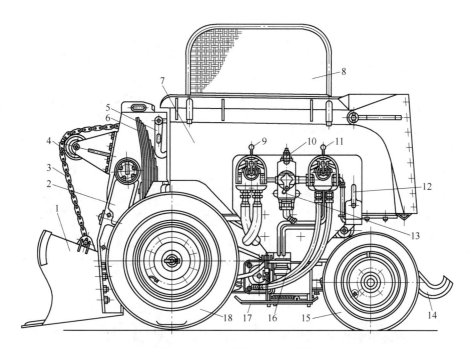

图 6-1　C-30 型装运机基本结构

1—铲斗；2—斗柄；3—链条；4—支承滚轮；5—挂钩；6—缓冲弹簧；7—车厢；8—安全网；
9—铲斗提升操纵阀；10—主供气阀；11—行走转向操纵阀；12—车厢卸料操纵阀；13—总开关手柄；
14—道轨；15—转向轮；16—卸料踏板；17—工作踏板；18—驱动轮

6.1.1.1　动力部分

C-30 型装运机使用的动力机是以压缩空气为动力的气动机，其形式多为叶片式气动机。该装运机使用三个气动机，分别带动铲斗提升、机器行走和转向机构转向，功率分别为 14.7kW、10.25kW、0.66kW。

由于气动机废气的气压仍未消尽，如果直接排出，体积突然膨胀，就会发出很响的噪声。为了减轻排气噪声，改善劳动条件，提高生产率，所以设有消声器，使废气经消声器后再排出。C-30 型装运机有两个消声器，铲斗提升气动机用一个消声器，行走和转向气动机合用一个消声器。

6.1.1.2　行走部分

行走部分由机架、行走减速箱、行走轮、转向机构等组成。

（1）机架。C-30 型装运机的机架是整个机器的主架。机架上安装着各种工作机件，几乎是装运机的全部重量。机架结构如图 6-2 所示。其为钢板焊接件，前端焊有可调撞铁，用以随铲斗铲入岩堆和落下时的冲力。

撞铁为套筒式结构，如图 6-3 所示。销轴 3 插入 3 个不同位置的销孔，可改变撞铁的伸出长度，调节铲斗离地高度。

机架前部下端铰接着车厢卸料气缸。机架前部上面及下面分别用来装置铲斗提升机构及行走机构。机架右侧是车厢卸料控制杆底座。机架左侧用螺栓紧固着操纵板底座，上面安装支座、油箱、操纵板和工作踏板。

工作踏板供司机站立用，司机操作时必须站在上面，以保证安全和提高生产率。工作踏板铰接在操纵板底座上，铰接处装有复位弹簧，在装运机不工作时，弹回原来位置。为了使踏板稳定牢靠，除踏板支杆外，在操纵板底座中间还装有钢板加强筋，加强筋一直延伸到机架另一侧，并和机架用螺栓紧固。为防止站立时脚滑动，踏板面选用网状花纹钢板。

机架后部是道轨，供车厢卸料用。道轨后部向下弯曲成 45°，最后一段往上翘，用以挡住滚轮，使其不再继续下滚，车厢停止下滑。道轨上水平一段，用螺钉固定着平直的道轨板，以使车厢滚轮滚动良好，另外道轨板磨损后也便于更换。

机架上方焊有两个限位板，是车厢卸料时车厢后移的限位装置。当卸料气缸活塞杆碰到限位板时，车厢被迫停止后移。限位板中间的孔是装卸气缸活塞杆销子用的。

机架上焊有凸台，车厢复位时，

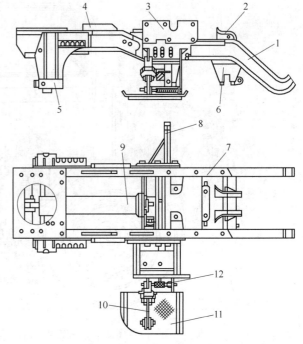

图 6-2　机架结构

1—道轨；2—限位板；3—操纵板底座；4—凸台；5—可调撞铁；
6—转向轮枢轴定位器；7—道轨板；8—卸料控制杆底座；
9—卸料气缸；10—脚踏板支杆；11—工作踏板；12—卸料踏板

车厢滚轮撞到凸台后即停止滚动。机架后部安装着转向机构。机架后部下面的转向轮枢轴定位器用来铰接转向轮枢轴。

（2）行走减速箱。装运机的行走传动系统如图 6-4 所示。行走气动机通过减速箱带动驱动轮回转，装运机即行走。操纵气动机正转或反转，使装运机前进或后退。

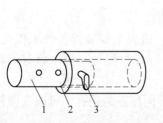

图 6-3　可调撞铁

1—撞铁；2—套筒；3—销轴

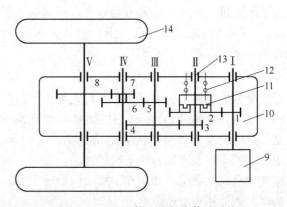

图 6-4　C-30 型装运机行走传动系统

1~8—行走减速箱传动齿轮；9—行走气动机；
10—行走减速箱；11—行走离合器；12—弹簧；
13—离合器手柄；14—驱动轮

　　行走减速箱是整体式结构，用螺栓固定在机架前下部。减速箱为四级圆柱齿轮减速机构，总速比为160。

　　行走气动机通过4个螺钉安装在减速箱箱体的一边，并通过牙嵌式联轴节和减速箱轴连接。当装运机行走负载最大时，行走气动机的输出功率也最大，从气动机的特性曲线上得知，此时气动机转速为2200r/min。经过行走减速箱的减速，驱动轮的行走速度为0.7m/s，转速为13.7r/min，装运机的运行速度2.48km/h。按同样的方法，可以计算出装运机在各种情况下的行走速度。装运机的平均运行速度为3.6～4.32km/h。

　　从以上可以看出，装运机的行走速度主要与负载情况、气压、底板平整情况等有关。当空载、气压足、底板又平整时，运行速度最快。

　　减速箱体为铸钢件，具有良好的刚性，能保证在工作时不变形。箱体是安装传动轴、齿轮的基座，为了保证齿轮轴线相互位置的正确，箱体上轴承孔加工得很精确。箱体上方有加油螺堵，上面焊有油尺，用于检查箱体内润滑油量。有的装运机没有油尺，通过箱体侧壁的油位螺堵来检查油位。当松开螺堵时，必须有油渗出。箱体底部通过螺钉紧连着盖板，盖板上有放油和清理减速箱用的磁性螺堵，用以吸取油污里的铁屑。

　　减速箱上方的通气孔用以排除由气动机漏进减速箱的压气，同时也使随着工作使箱内温度升高而受热膨胀的空气能自由排出箱外。通气孔做成油杯形状，上面是无孔盖子，盖子下方及四周有许多小孔，这样既当加油杯又是通气孔，既通风又防尘。

　　（3）行走轮。装运机的行走轮包括一对驱动轮和一对转向轮。行走轮由轮胎、轮辋、轮毂、轮轴及充气嘴等组成。装运机前部的一对大轮胎是驱动轮，充气压力较低。轮轴和轮毂由一个大键连接，轮毂和轮辋通过10个螺栓连接，轮毂盖封住了轮轴，起保护作用。

　　转向轮位于机器的后部，是一对小轮胎，充气压力较高，它除了能转动外，还能绕转向节上销轴摆动一个角度，以实现机器的转向。凸出的轮毂盖用作配重，另外轮毂盖围住转向节能起保护作用。轮毂和轮辋也是用螺栓连接。

　　轮胎由内胎、外胎、衬垫、充气嘴等组成。充气嘴一端固定在内胎上，另一端穿过轮辋露出在外，便于充气。轮辋承受重载荷，由高强度材料制成。

　　装运机的行走轮采用充气轮胎，比起轨轮行走具有许多优点：不用敷设铁轨，实现无轨作业，扩大了作业范围，减少了辅助设备；由于轮胎与底板的接触面大，压强小，通过性高，能在井下较松软或高低不平的底板场所工作，使用范围扩大；由于充气轮胎有良好的缓冲作用，减轻了机件的磨损，延长了机件使用寿命，即使装运机轮胎碾压住风管也不会有危险，生产安全；运行平稳，转向灵活，可重载爬1:7的坡度。

　　由于井下底板高低不平，轮胎与尖锐的岩角接触就像刀割一样，尤其当司机操作不熟练，铲装时轮胎打滑、空转，轮胎磨损更快，有时在短时间内也要报废一对轮胎。为了延长轮胎的使用寿命，可以使用轮胎防护链，就是用防护链条或链板将轮胎紧紧地包起来（像汽车防滑链那样，但较密集些），这样轮胎的使用寿命可提高1～2倍；同时由于能很好防滑，牵引力增加，因此装载效果更好。加装防护链时，应将轮胎内压气放尽，装好链条后再充气。防护链条或链板最好选用合金钢材料，这样更加耐磨。

　　（4）转向机构。转向机构安装在机架的后部，主要由转向气动机、联轴节、齿轮油泵、油缸以及一套传动杠杆和转向轮等组成。转向机构传动系统如图6-5所示。转向机构的结构如图6-6所示。

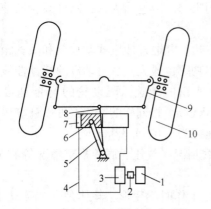

图 6-5　气动-液压转向传动系统

1—转向气动机；2—联轴节；3—齿轮油泵；4—油管；
5—摆臂；6—油缸活塞；7—油缸；8—摆杆；
9—转向杠杆机构；10—转向轮

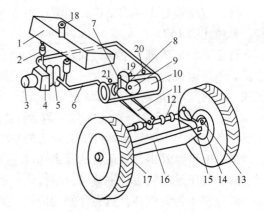

图 6-6　转向机构的结构

1—油箱；2—单向阀；3—转向气动机；4—支座；
5—油泵；6—油管；7—立轴；8—摆杆；9—油缸活塞；
10—油缸；11—摆杆；12—横拉杆；13—销轴；14—转向节；
15—转向节臂；16—枢轴；17—转向轮；18—通气孔；
19—油缸加油螺堵；20，21—油缸排气螺堵

转向气动机和油泵用螺钉分别紧固在支座的两边。支座和油箱用螺钉紧装在操纵板底座上。转向气动机通过联轴节，带动齿轮油泵转动，油泵压力为 2.5MPa。

油箱的加油口伸出在操纵板外面，以便加油。油箱底部有放油螺堵供清理用。油箱上部的加油管帽上有通气孔。在油箱往齿轮油泵输油的两管道中，分别装有单向阀（见图 6-7），用以控制供油的流向。

单向阀保证给齿轮油泵单向供油，以满足左转弯或右转弯的要求。当齿轮油泵正转时，在油泵入口处压力降低，这时油箱里的油顶开油泵入口处一侧单向阀的柱塞，和回路中的油一起流往油泵入口处。而油泵出口处的油，由于压力提高，把另一侧单向阀顶住，使出口处的油不能流入油箱，只能流往油缸，这样使活塞朝一个方向移

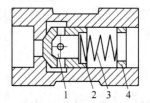

图 6-7　单向阀结构

1—柱塞；2—阀体；
3—弹簧；4—弹簧座

动，使装运机朝一个方向转弯。当转向气动机反转时，油泵也反转，装运机就朝另一个方向转弯。

转向油缸通过 4 个螺钉安装在机架上。缸体为铸钢件，两端各有一个进油或排油口。中间上方有加油螺堵，底下有清理用的放油螺堵。缸体两端上方的螺堵用来加油排气。油缸的缸套为无缝钢管。活塞由合金钢铸成，中间侧边开一槽，以使与其铰接的摆臂摆动。摆杆和垂直立轴通过花键连接，用螺母锁紧。

在油压作用下，活塞沿缸套移动（其行程左、右各为 50mm），带动摆臂，通过立轴和油缸底下的摆杆，经横拉杆和转向节臂，使转向节摆动一角度，车轮转向。

这种气动-液压转向机构的转向性能虽较好，但结构复杂、加工量大、维修也困难。随后人们又研制成功了另一种转向机构——气动式转向机构。经矿山较长时间使用证明，气动式转向机构性能良好，与气动-液压式相比，气动式省掉了转向气动机、齿轮油泵、单向阀等大量零部件，结构简单紧凑、维修方便、转向灵活。如图 6-8 所示，气动式转向机构主要

由转向气缸、杠杆机构及转向轮等组成。当操纵转向手柄时，压气使转向气缸内的活塞运动，通过一套杠杆，使转向轮绕转向节摆动一个角度，完成装运机的转向运行。

转向气缸是双作用活塞杆式气缸，其上焊有卡箍，它套在气缸支架上，该支架用螺钉固定在柜轴上。气缸通过卡箍在支架里可以摆动。

6.1.1.3 装卸部分

装运机的装卸部分由铲斗及斗柄、铲斗提升减速箱及箱座、车厢、卸料装置等组成。

（1）铲斗及斗柄。铲斗及斗柄位于装运机最前面，是装运机直接工作部分。铲斗为钢板焊接件。斗唇由锰钢制成，焊接在下壁前部，过度磨损后可以拆换或堆焊。铲斗下壁上还焊有 5 条加强筋，以增加其刚度。铲斗的宽度

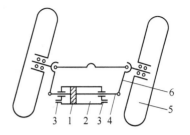

图 6-8　气动式转向机构传动原理
1—活塞；2—气缸；3—进排气口；
4—活塞杆；5—转向轮；6—杠杆机构

与轮距相等，这样装运机能为自身开辟前进道路，并且保护了驱动轮胎。铲斗上部有一耳孔，用来铰接铲斗提升链条。铲斗和斗柄用两排螺栓连接。

铲斗的外形对其铲装阻力和装满程度有很大影响，尤其是斗唇及侧壁的形状。目前采用的铲斗外形都是圆弧形，下壁铲装刃唇状。这样铲装阻力较小，且易装满铲斗。

（2）铲斗提升减速箱及箱座。提升气动机通过减速箱带动卷筒旋转，操纵气动机正转或反转，使铲斗提升或下落。铲斗的自重加快了铲斗下落速度。

铲斗提升减速箱是用螺栓固定在机架前部的箱座上。减速箱为三级圆柱齿轮减速机构，减速比为 37。

铲斗装满开始提升时，提升链受力最大，提升气动机输出功率也最大。从气动机的特性曲线中得知，此时气动机转速为 2550r/min，经过提升减速箱后，链条卷筒的转速为 69r/min。提升过程中由于链条不断缠绕在卷筒上，使其回转半径逐渐增大，因此提升链的速度也在 0.47～0.87m/s 范围内变动。

铲斗提升过程中，链条的速度由小变大，到碰撞缓冲器之前速度最大。如果加大卷筒直径，链条提升速度增大，其末速度更大。这样铲斗和缓冲器的碰撞更有力，铲斗往车厢抛料距离也远些，这样使铲斗卸料干净，车厢装料也均匀。但是卷筒直径不能过大，它受气动机功率等因素的限制。另外卷筒直径过大，链条提升速度太猛，对链条、缓冲器等机件损坏也大，且易发生危险。因此卷筒直径需经过分析和计算后确定。

减速箱体为铸钢件，前面的箱盖为焊接件。箱盖下部凸出部分是加油滤清器，里边装有滤网及磁棒，用以吸取杂质及铁屑。加油滤清器侧面的螺堵用于检查减速箱润滑油位。箱盖上部的螺堵卸下后也可加油，但润滑油必须很洁净。减速箱底部的螺堵供换油时放掉污油。

卷筒为铸钢件。为了使链条缠绕平稳、受力好、冲击小，卷筒外形铸造成渐开线形状，如图 6-9 所示。图上 ABCDEF 曲线为四圆心渐开线，它近似渐开线。

链条由链片、轴销、接头组成。链片由高强度高韧性的钢板冲制成，节距为 45mm。链条一端接头用轴销装在卷筒上，另一端与铲斗铰接。

支承滚轮位于铲斗落下位置和卷筒之间，用来支承提升链条。支承滚轮为铸钢件，表面光滑。它通过一对滚动轴承安装在心轴上，心轴用螺钉紧固在滚轮架上。滚轮架通过橡

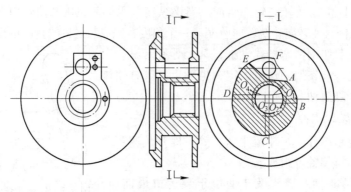

图6-9　链卷筒

胶块和箱座弹性连接，以减缓对链条减速箱轴及齿轮的冲击。

箱座是钢板焊接件，用螺栓连接在机架上。箱底压板上端伸出，盖在驱动轮上面，起挡泥板作用。箱座左侧的挂钩，用以钩住斗柄上的钩销。箱座内安装提升减速箱，两边安装斗柄及板弹簧缓冲器。板弹簧用两根长螺栓紧装在箱座的压板内。板弹簧是由多片不同长度的弹簧钢板叠合成，用来减缓铲斗往车厢卸料时的冲击。板弹簧坚固耐用，易更换，但结构显得庞大。

（3）车厢。车厢是储料仓，由钢板焊接而成。为了加强车厢的刚度，使其装满矿石后不变形，在车厢上部四周和底部以及后挡板上均焊有加强筋。车厢后挡板铰接在车厢后部两侧，卸料时由于卸料控制杆的作用自行开启，如图6-10所示。弧形控制杆由钢板切割而成，一端和后挡板的侧边铰接，另一端铰接在机架上的控制杆底座上。

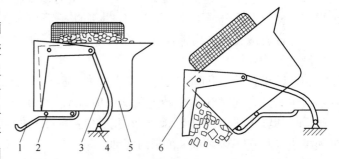

图6-10　后挡板自行开启
1—机架道轨；2—车厢滚轮；3—卸料控制杆；
4—控制杆底座；5—车厢；6—后挡板

车厢底部有4个滚轮，通过滑动轴承安装在滚轮架上。卸料时滚轮沿着机架道轨后滚、下滑。滚轮架和车厢底部间垫有减振橡胶块，并用螺钉弹性连接。车厢底部还焊一轴销座，用来铰接卸料气缸。车厢底部和机架之间连一链条，以防卸料时，车厢掉入溜井。

车厢前上边有一缺口，使铲斗卸料时不至碰撞车厢。车厢前面两侧凹进一块，这是受轮胎位置所限，另外也使车厢不留死角，卸料干净。为了防止铲斗往车厢装料时，矿石蹦出伤人，车厢靠操纵板一侧装有安全网。

（4）卸料装置。装运机的卸料装置主要是车厢卸料气缸，为双作用活塞式气缸。气缸水平装置在车厢底下，一端通过耳环铰接在机架前端，另一端活塞杆耳环和车厢底部轴销铰接。

6.1.1.4　操纵部分

装运机的操纵部分由主供气阀、3个操纵阀、车厢卸料踏板等组成。主供气阀及各操纵阀均用螺钉固定在操作板上，装运机操纵原理如图6-11所示。

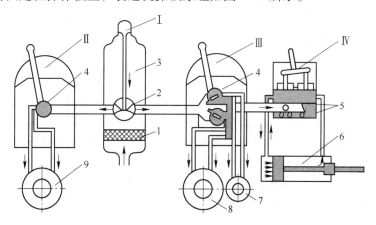

图6-11　C-30装运机操纵原理

1—压气滤气网；2—油雾化喉管；3—润滑油管；4—控制滑阀；5—控制球阀；

6—车厢卸料气缸；7—转向气动机；8—行走气动机；9—铲斗提升气动机；

Ⅰ—主供气阀；Ⅱ—提升控制阀；Ⅲ—行走控制阀；Ⅳ—卸料控制阀

（1）主供气阀。主供气阀的作用是将压缩空气过滤后，随同雾化后的润滑油供给气动机及气缸并起总开关的作用。C-30型装运机主供气阀的作用、原理、结构如图6-12所示。主供气阀内的滤清器和化油器是一个组合件。

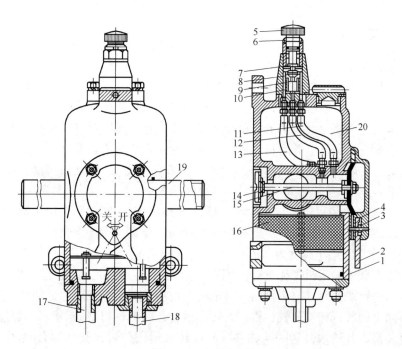

图6-12　主供气阀

1—阀体；2—总开关手柄；3—弹簧片；4—塑料隔膜；5—调节旋钮；6—螺母；7—调节螺钉；

8—油垫；9—滴油嘴；10—视油管；11~13—塑料管；14—垫片；15—阀杆；16—滤网；

17—排气管；18—进气管；19—供气管；20—油室

装运机开始工作时，先把主供气阀手柄 2 扳到开的位置，此时压缩空气由进气管 18 进入阀体 1 经滤网 16 把塑料隔膜 4 压向右边（图中隔膜为未被压开时的位置），同时把与塑料隔膜 4 连在一起的阀杆 15 拉向右边，固定在阀杆左端的垫片 14 就把阀体左端的气孔堵死，压气即由隔膜缝隙进入供气管 19 并分配到提升及行走操纵阀。同时，压气通过塑料管 11 进入化油器的油室，油面受压后润滑油即经塑料管 13 上升，流向毛毡油垫 8 上。松开螺母 6，转动调节旋钮 5，带动调节螺钉 7 改变油垫的受压程度，控制滴油嘴 9 滴油的快慢（每分钟 80 ~ 90 滴，可从视油管 10 中观察到）。油滴经塑料管 12 通向喉管，此处断面缩小，压气流经此处时，速度加快而形成低压，将油管中的油吸出后即形成雾状，随同压气进入各操纵阀、气动机及气缸。

当总开关手柄扳到关的位置时，塑料隔膜处于图 6-12 的位置，将进气口堵死，阀杆左端的垫片将阀体左端的排气孔打开，废气即由此排出。此时油室因不与压气相通而无油滴下。

在排气管 17 的下部接一风管，就可以引出压缩空气来吹洗整个机器。

（2）操纵阀。装运机的操纵阀是组合式控制阀，它控制装运机前进、后退、转向、铲斗提升及下放。

（3）车厢卸料踏板。为了保证安全，避免作业时不慎碰动卸料操纵阀，发生车厢卸矿的危险，特装设一个卸料踏板。卸料踏板是一个棘轮控制机构。卸料时，在操纵卸料阀之前，先踩下卸料踏板，此时棘轮挡板朝箭头方向回转一角度，脱开车厢底部滚轮，然后再操纵卸料阀，使车厢倾斜卸料。

6.1.2　柴油装运机

柴油装运机由工作和动力两部分组成。工作部分包括铲斗、储料仓、闸门及卸载机构；动力部分包括柴油机、液力变矩器、油泵、油箱及驾驶室等。工作部分和动力部分分别设置在前后车架上，前后车架分别有一对轮轴支承，车架之间采用铰接式连接。

柴油装运机生产能力大大高于气动装运机，在国外，其发展速度仅次于井下前端式铲运机。但由于废气污染严重等问题，目前我国很少使用柴油装运机。

国外的柴油装运机有底卸型（如 JoyTL45、JoyTL-55 等）、倾翻卸料型（如 JoyYL-110、CavoD-110 等）、推卸型（如 JoyEC$_2$、HG-120 型等）。

（1）底卸式柴油装运机。JoyTL-55 型底卸式柴油装运机功率为 100kW，有效载重量 6t，自重 11t，装运时间 45 ~ 75s，机器全长 8.08m、全宽 2.36m、全高 2.18m，最大车速 37km/h。其工作空间最小高度为 2.73m。

JoyTL-55 型柴油装运机工作过程如图 6-13 所示。装载时底卸闸门关闭，铲斗放落地面，装运机前进铲取物料，装运机插入料堆后停止前进，操纵转斗油缸动作，通过提升钢绳拉动铲斗向上回转到卸料位置，将矿石卸入料仓，如图 6-13（a）所示。经过多次铲装，才能将料仓装满，并铲取最后一斗物料，然后转入运输位置，驶往卸载地区，如图 6-13（b）所示。卸载时装运机停在卸载溜井上方，操纵卸载油缸，将底卸闸门打开，料仓矿石即卸入溜井中，如图 6-13（c）所示。闸门复位后装运机返回铲装地点，开始下一工作循环。

国外某矿采用这种装运机在运距为 287m 时，生产能力为 188t/h；在运距为 358m 时，生产能力达 122t/h。我国孝义铝矿也有类似的生产工艺。

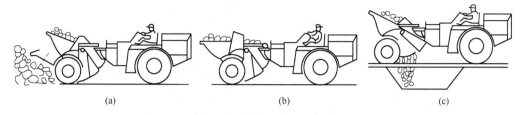

图 6-13　JoyTL-55 型柴油装运机工作过程
（a）装运机铲装矿石；（b）装运机向溜井运送矿石；（c）装运机向溜井卸矿

（2）倾翻卸料柴油装运机。倾翻卸料柴油装运机运输距离较底卸式的长，装运能力较大，可用于大型采矿场回采出矿，也可用于干线运输。装运机带有用于铲装的铲斗和向前倾翻卸料的料仓。这种装运机实质上是一种能自行装载的坑内自卸汽车。

国外生产的 JoyTL-110 型倾翻式柴油装运机应用较广。其铲斗容积为 1.72m^3，料仓容积为 8.36m^3，有效载重 15t，机器全长 8.66m、全宽 3.21m、全高 2.5m，柴油机功率为 150kW，最大速度 32km/h，工作巷道断面在 12m^2 以上。

某矿采用这种装运机，运距 1064m，2.5min 装满料仓，运输时间为 5min，卸载时间为 0.75~1min，平均工效为 550~570t/（工·班）。

JoyTL-110 型柴油装运机工作过程如图 6-14 所示。

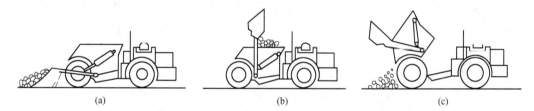

图 6-14　JoyTL-110 型倾翻卸料柴油装运机工作过程
（a）插入矿岩堆；（b）铲取并往料仓装载；（c）装运机卸载

（3）推卸式柴油装运机。推卸式柴油装运机有 JoyEC$_2$ 型。铲斗容积 1~1.6m^3，车厢容积为 8.7m^3，有效载重 15t，最大车速 31km/h，机器全长 9.89m、全宽 2.92m、全高 2.52m，柴油机功率为 150kW。

JoyEC$_2$ 型推卸式柴油装运机组成如图 6-15 所示，装运机的储料仓采用能伸缩的活动结构，它由两节料仓组成。后料仓 18 套合在前料仓 17 里面，可以沿前料仓向铲斗方向伸出。后料仓内有一块卸料推板 19，靠在料仓后板上。一个推卸油缸 5 布置在料仓的中心线上。装矿时，油缸拉动卸料推板向后缩，保证矿石均匀装满料仓；卸料时，推卸油缸将推板推出，矿石被全部推卸出料仓，即使黏性矿石亦可推卸干净。一对转斗油缸 12 分别安装在动臂 16 的外侧，油缸活塞杆 14 铰接在铲斗 15 上，推动铲斗 15 围绕动臂铲斗销轴 13 向上回转。一对举升油缸 9 分别布置在前料仓前端的外侧，使动臂 16 绕动臂销轴 10 升举到卸载位置。

JoyEC$_2$ 型装运机的工作过程如图 6-16 所示。JoyEC$_2$ 装运机适于中、长距离大运量装

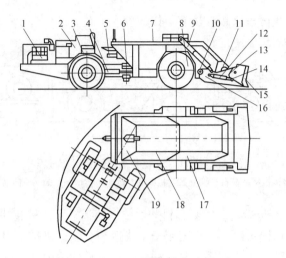

图 6-15　JoyEC$_2$ 型推卸式柴油装运机

1—柴油机；2—操纵室；3—后驱动轮；4—转向油缸；5—推卸油缸；6—转向铰接装置；
7—料仓；8—前驱动轮；9—举升油缸；10—动臂销轴；11—卸载闸门；12—转斗油缸；
13—动臂铲斗销轴；14—转斗油缸活塞杆；15—铲斗；16—动臂；
17—前料仓；18—后料仓；19—推板

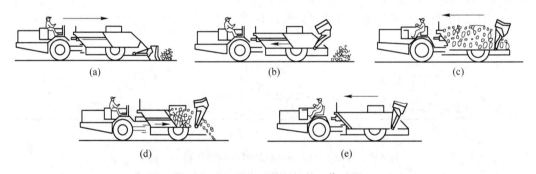

图 6-16　JoyEC$_2$ 型装运机的工作过程

（a）插入料堆；（b）装载；（c）运输；（d）推卸；（e）空车返回

运卸作业。在载重 17t，速度 24km/h，每班工作 6h，设备利用率为 70% 的条件下，当单程运距为 500m 时，装运机每班平均生产能力为 500t，工作顺利时可达 715t。

6.2　地下铲运机

"地下铲运机"一词系参考英文"LHD unit"（load-haul-dump unit），即装-运-卸设备演绎而来。它与露天矿使用的"铲运机"是截然不同的两种设备。地下铲运机是以柴油机或以拖曳电缆供电的电动机为原动机、液压或液力-机械传动、铰接式车架、轮胎行走、前端前卸式铲斗的装载、运输和卸载设备。

随着采矿业国际竞争日益加剧，一些发达国家纷纷将先进的露天开采技术运用到地下矿生产中，使地下矿劳动生产率成几倍甚至十几倍提升，矿石成本大幅度下降，其主要特点之一是无轨化开采，采矿设备的发展方向为无轨化、液压化、节能化、自动化。地下铲运机就是在这种背景下，由露天矿前端式装载机演变发展起来的一种新型高效地下无轨装运卸设备。最初使用的铲运机几乎都是柴油机驱动的内燃铲运机，这种铲运机虽有许多突出的优点，但也存在废气、烟雾、热辐射及噪声等严重污染问题。随后，人们除了继续解决内燃铲运机排放污染等问题外，同时还大力发展电动铲运机。

电动铲运机不存在尾气排放污染问题，无烟雾和气味；其产生的热量不到同级内燃铲运机的30%，可使地下环境温度平均降低3℃；噪声水平一般要低3dB左右；电动铲运机无额外通风要求；电动机比柴油机的维修量小，其维修费用比内燃铲运机低50%左右，而设备完好率高20%左右。电动机的固有功率损失约为15%，而柴油机的固有功率损失约为25%。总的来说，电动铲运机的作业和维修成本较低，设备利用率和生产率较高，综合经济性能较好。电动铲运机的缺点是，拖曳电缆限制其机动性能、活动范围和运行速度，在运距较长或矿点分散时，必须在各采场或各分层频繁调动使用，其技术性能和经济效果还不如内燃铲运机。此外，电动铲运机还需增加电缆、卷缆装置及供电设施投资；电缆易磨损和损坏，需定期更换，并需加强检查和保护。

电动铲运机虽有其局限性，但因其明显优越性，因而得到迅速推广。目前，国内外制造地下铲运机的大公司逾20多家，主要有瑞典阿特拉斯·科普柯·瓦格纳（Atlas Copco Wagner）公司、芬兰山特维克·汤姆洛克（Sandvik Tamrock）公司、美国卡特皮勒（Cater Pillar）公司、德国G.H.H公司、波兰布马尔（BUmar）公司、加拿大MTI公司、日本川崎和住友公司等，主要产品有0.76～10.7m³柴油铲运机和0.4～10m³电动铲运机。

近年来，地下铲运机进入一个新的发展时期，技术发展的重点是提升自动化水平，体现以人为本，改善作业条件，严格贯彻执行安全环保节能标准规范，开发适应不同作业环境的新结构、新产品。

6.2.1   地下铲运机的分类

（1）按原动机形式分类。按原动机形式，地下铲运机可分为地下内燃铲运机和地下电动铲运机。地下内燃铲运机是以柴油机为原动机，采用液力或液压、机械传动。地下电动铲运机是以电动机为原动机，采用电动或液压、机械传动。它们均是采用铰接车架、轮胎行走、前装前卸式的装载、运输、卸载设备。

（2）按额定斗容 V_H 分类。$V_H \leqslant 0.4m^3$ 为微型地下铲运机；$V_H = 0.75 \sim 1.5m^3$ 为小型地下铲运机；$V_H = 2 \sim 5m^3$ 为中型地下铲运机；$V_H \geqslant 5m^3$ 为大型地下铲运机。

（3）按额定载重量 Q_H 分类。$Q_H < 1t$ 为微型地下铲运机；$Q_H = 1 \sim 3t$ 为小型地下铲运机；$Q_H = 4 \sim 10t$ 为中型地下铲运机；$Q_H > 10t$ 为大型地下铲运机。

（4）按传动形式分类。按传动形式，地下铲运机分为液力-机械传动、全液压传动、电传动、液压-机械传动等4种地下铲运机。为简便起见，本节中所使用的"铲运机"一词，均指"地下铲运机"。

6.2.2   地下铲运机的特点

地下铲运机的优点有：

（1）简化了井下作业。铲运机采用中央铰接，无须铺轨架线，机动灵活；四轮驱动，前进后退双向行驶，一般都有相同的速度挡次和效率，可快速自行到达工作场所，一台设备完成铲、装、运、卸作业。

（2）活动范围大，适用范围广。铲运机能自行，外形尺寸小，转弯半径小，适合小断面巷道行驶和作业，广泛用于采场出矿、出渣。铲斗既能向低位溜井卸载，又能向较高的矿车或运输机卸载，还可运送辅助材料及设备，用途十分广泛。

（3）生产能力大，效率高，是地下矿山强化开采的重要设备之一。

（4）结构紧凑坚固，耐冲击与振动。

（5）改善了工作条件，司机座位侧向安装，视野前后相同，而且舒适。

地下铲运机的缺点有：

（1）柴油铲运机排出的废气污染井下空气。柴油铲运机必须配置废气净化器与消声器，若废气净化问题尚未很好解决，需辅以强制通风，加大了通风费用。

（2）轮胎消耗量大，轮胎消耗费用占装运费的 10% ~ 30% 。每台铲运机年消耗轮胎数多至数十个，与路面条件和操作水平有关。

（3）维修工作量大，维修费用高，且需熟练的司机和装备良好的保养车间，维修费随设备使用时间的延长而急剧增加。

（4）基建投资大，设备购置费用高，且要求巷道规格较大。

6.2.3　地下铲运机的适用范围与使用条件

（1）适用范围。

1）可取代装运机和装岩机，简化了作业工序，既能向低位的溜井卸矿，又能向较高的矿车或运输车卸矿，广泛用于出矿和出渣作业，还可运送辅助原材料。

2）适合规模大、开采强度大的矿山。

3）适用矿岩稳固性较好的矿山。

4）备品配件来源方便，有足够的维护、维修能力的矿山。

（2）使用条件。铲运机为无轨自行设备，一般设置斜坡道供其上、下通行。设置斜坡道是无轨化开采必备的条件之一。无斜坡道的矿山，通过井上拆解、井下组装的方式，或通过辅助井筒（或专用设备井）解决铲运机到达井下作业场所。

6.2.4　地下铲运机的工作过程

铲运机工作过程由 5 个工况组成。

（1）插入工况。首先开动行走机构，动臂下放，铲斗设置于底板（地面），斗尖触地，铲斗底板与地面呈现 30° ~ 50° 倾角，开动铲运机，铲斗借助机器牵引力插入矿（岩）等物料堆。

（2）铲装工况。铲斗插入矿（岩）堆后，转动铲斗使其装满，并将铲斗口翻转至近水平。

（3）重载运行工况。将铲斗回转到运输位置（斗底距底板高度不小于设备最小允许离地间隙），然后开动行走机构驶向卸载点。

（4）卸载工况。在卸载点操纵举升臂使铲斗至卸载位置，然后转斗，铲斗向前翻转卸载。铲运机一般是向溜井或矿车卸载，矿（岩）石卸完后，将铲斗下放到运输位置。

（5）空载运行工况。卸载结束后铲运机返回装载点，然后进行第二次铲装，如此进行铲、装、运、卸的循环作业。

6.2.5 地下铲运机的基本结构

地下铲运机的基本结构如图 6-17 所示。地下铲运机由动力系统、传动系统、制动系统、工作机构、液压系统、转向系统、行走系统、电气系统等组成。若为电动铲运机，还包括卷缆系统。

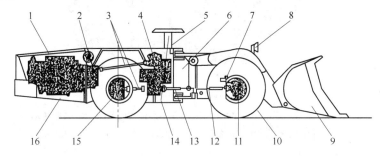

图 6-17 地下铲运机的基本结构

1—柴油机（或电动机）；2—变矩器；3—传动轴；4—变速箱；5—液压系统；6—前车架；
7—停车制动器；8—电气系统；9—工作机构；10—轮胎；11—前驱动桥；12—传动轴；
13—中心铰销；14—驾驶室；15—后驱动桥；16—后车架

6.2.5.1 动力系统

动力源有电动机与柴油机。电动机的电源有 380V、550V 及 1000V 3 种，频率为 50Hz。柴油机有风冷柴油机与水冷柴油机。它们的结构分别如图 6-18、图 6-19 所示。

风冷柴油机冷却系统简单，维修方便，特别适合沙漠、缺水地区、严寒地区使用，不会产生发动机过热和冻结故障，不需要水箱。大缸径的风冷发动机冷却不够均匀，缸盖及有关零件负荷大，其重要部分散热困难，对风道布置要求高。风冷柴油机尺寸大，油耗高，噪声大，排放较高，价格较贵。

水冷柴油机冷却均匀可靠，散热好，气缸变形小，缸盖、活塞等主要零件热负荷较低，可靠性高，能很好地适应大功率发动机的冷却要求，发动机增压后也可采取增加水箱和泵量等手段加强散热。其优点是尺寸小，油耗低，噪声低，排放低，价格相对低，但冷却系统复杂，维修相对困难。

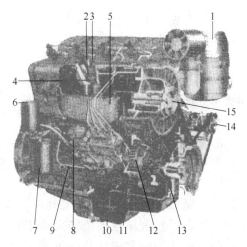

图 6-18 风冷柴油机

1—空气滤清器；2—喷油器；3—加热器；4—涡流室；
5—机油冷却器；6—燃油滤清器；7—机油滤清器；
8—调速器；9—油标尺；10—燃油泵；11—喷油泵；
12—正时齿轮；13—机油泵；14—皮带轮；
15—冷却风扇

过去主要采用风冷柴油机，现在已趋向采用水冷柴油机。

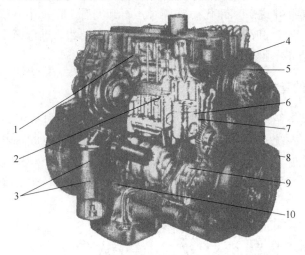

图 6-19　水冷柴油机

1—缸头；2—燃烧系统；3—润滑油系统；4—燃油喷射系统；5—皮带传动；

6—活塞组件；7—湿式缸套；8—齿轮传动；9—曲轴；10—刚体

6.2.5.2　传动系统

传动系统将动力系统的动力传递给车轮，推动铲运机向前、向后、转向运动。它主要有液力机械传动系统和静液压传动系统两种，它们的结构分别如图 6-20 和图 6-21 所示。

液力机械传动系统使铲运机具有自动适应性，能够提高其通过性、舒适性和使用寿命，简化操作，但传动效率低，成本较高，适用于大中型铲运机。

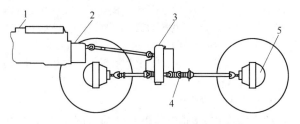

图 6-20　液力机械传动结构

1—柴油机；2—液力变矩器；3—变速箱；

4—传动轴；5—驱动桥油泵

静液压传动系统尺寸小，重量轻，零部件数目少，布置方便，启动、运转平稳，能自动防止过载，能在较大范围内实现无级调速，发动机低速时，牵引力大，但对液压油的清洁度要求高，高压柱塞油泵和液压马达维修困难，目前适用 $1.5m^3$ 以下铲运机。

目前用得最多的是液力机械传动铲运机。液力机械传动由变矩器、变速箱、传动轴、驱动桥组成。

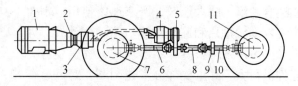

图 6-21　静液压传动结构

1—动力机（柴油机或电动机）；2—主泵及辅助泵分动箱；

3—高压变量油泵；4—变量油液压马达；5—分动箱；

6—后传动箱；7—后桥；8—中间传动；9—前传动轴支承座；

10—前传动轴；11—前桥

变矩器的泵轮接收发动机传来的机械能，并将其转换成液体动能，涡轮则将液体的动能转换成机械能输出，其结构如图 6-22 所示。

变速箱可以改变原动机与驱动桥之间传动比，改变车辆方向，使车辆在空挡启动或停车，起分动箱作用，其结构如图6-23所示。

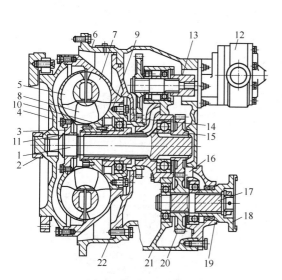

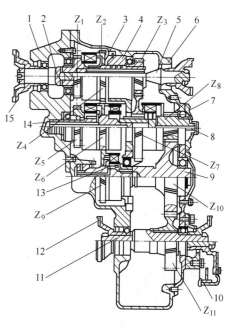

图6-22　变矩器结构

1—涡轮轴；2—罩轮套环；3—涡轮轮毂；4—罩轮；5—涡轮；6—铸铁外壳；7—泵轮；8—导轮；9—泵轮轮毂；10—导轮隔套；11—导轮支轴套组件；12—补油泵；13—补油泵传动轴套；14—泵轮轮毂齿轮；15—涡轮轴齿轮；16—输出齿轮箱；17—输出轴；18—联轴节；19—轴承座；20—输出轴齿轮；21—齿轮箱壳；22—隔油挡板

图6-23　变速箱结构

1—前盖；2—输入齿轮轴；3—前进挡离合器；4—活塞环；5—输出轴；6—箱体；7—后盖；8—1挡离合器；9—惰轮；10—停车制动器；11—输出轴；12—输出法兰；13—3挡离合器；14—后退挡及2挡离合器；15—输入法兰；16—2挡离合器鼓盘；17—3挡离合器鼓盘；$Z_1 \sim Z_{11}$—传动齿轮

传动轴连接变矩器与变速箱、变速箱与驱动桥，传递扭矩与转速，其结构如图6-24所示。

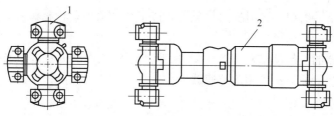

图6-24　传动轴结构

1—万向节；2—传动轴

驱动桥可增大扭矩和改变扭矩传递方向，使左右车轮产生速度差，把车辆重量传递给车轮，把地面反力传递给车架，在其上安装行车与停车制动器。驱动桥的结构如图6-25所示。

由于地下铲运机的大小不同，采用的变矩器、变速箱、驱动桥、传动轴的型号不同，上述结构也有差别，但原理基本相同。在驱动桥中，一个很重要的零件就是主传动。由于地下作业条件十分恶劣，路况也差，因此为了增加铲运机的牵引性能，驱动桥采用了带不同差速器的主传动。

带普通差速器的主传动如图 6-26 所示。这种主传动牵引性能、动力性能、通过性能差，轮胎磨损大，但工艺性好，受力状况好，价格低，一般用于中、小型铲运机后桥和大型铲运机前桥。

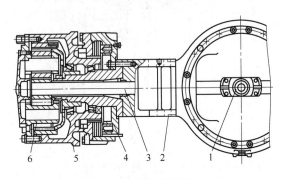

图 6-25 驱动桥结构

1—主传动；2—桥壳；3—半轴；4—行车制动器；
5—轴毂；6—轮边减速器

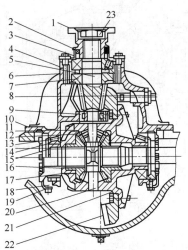

图 6-26 带普通差速器的主传动结构

1—输入法兰；2—油封；3—密封盖；4—调整垫片；
5—主动锥齿轮；6—轴承套；7，9，14—轴承；
8—止动螺栓；10—托架；11—圆锥齿轮；
12—行星锥齿轮；13—调整螺母；15—差速器左壳；
16—半轴齿轮；17—半轴齿轮垫片；18—轴承座；
19—锁紧片；20—十字轴；21—差速器右壳；
22—从动锥齿轮；23—端螺母

带自锁式防滑差速器的主传动结构如图 6-27 所示。这种主传动牵引性能、动力性能、通过性能最好，轮胎磨损小，但受力状况、制造工艺性最差，价格最贵，一般用于中、小型铲运机前桥和大型铲运机后桥。

带防滑差速器的主传动结构如图 6-28 所示。这种主传动处在前两种主传动之间，凡是采用普通差速器的地方都可用此差速器。

6.2.5.3 制动系统

制动系统包括行车制动器、工作制动器、紧急制动器。制动系统中最关键的零部件是行车制动器。

蹄式制动器的结构如图 6-29 所示。这种制动器制动力矩小，维护、调节、更换困难，寿命一般只有 500 ~ 700h，只在小、微型铲运机上使用。

钳盘式制动器的结构如图 6-30 所示。这种制动器的制动力矩比蹄式的大，沾水和泥后制动力矩减小，维护简单，更换容易，寿命可达 1500 ~ 2000h，用在小型、微型铲运机上。

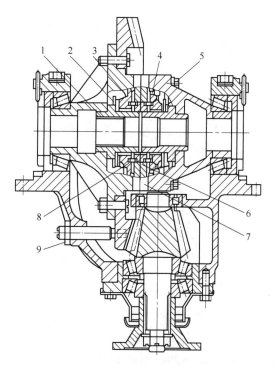

图 6-27　带自锁式防滑差速器的主传动结构

1—半轴齿轮；2—弹簧座；3—弹簧；4—被动离合器；

5—C 形外推环；6—卡环；7—十字轴；

8—中心凸环；9—螺母

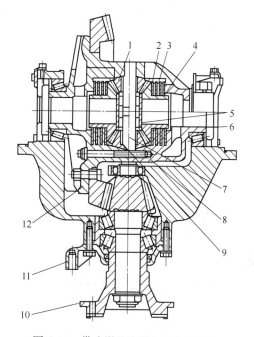

图 6-28　带防滑差速器的主传动结构

1—行星锥齿轮；2—外离合器盘；3—内离合器盘；

4—半轴锥齿轮；5—止推盘；6—碟形弹簧；7—十字轴；

8—右差速器壳；9—滚针轴承；10—制动盘安装法兰；

11—停车制动器托架；12—左差速器壳

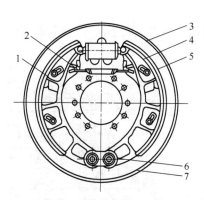

图 6-29　蹄式制动器结构

1—限位片；2—回位弹簧；3—底板；4—制动蹄；

5—摩擦衬片；6—偏心销；7—卡圈

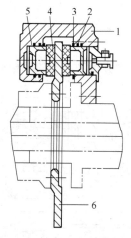

图 6-30　钳盘式制动器结构

1—制动钳；2—矩形油封；3—防尘圈；

4—摩擦片；5—活塞；6—制动盘

半轴制动器的结构如图 6-31 所示。工作制动与行车制动都处在桥中央的驱动桥壳内，由于制动半轴，因而制动力矩小，结构简单，紧凑，制动时温升小，磨损小，寿命长，很少维护，大、中、小型铲运机都有采用。

行星制动器的结构如图 6-32 所示。制动器处在轮边减速器内，靠轮边减速器润滑油冷却与润滑，结构简单，在检修时不需拆掉轮胎与轮毂，只拆除轮边减速器端盖即可，因此维修最方便。

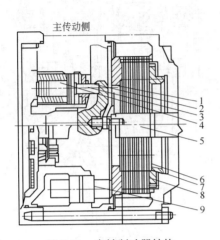

图 6-31　半轴制动器结构

1—制动压板；2—密封；3—手制动缸（2 个）；

4—弹簧；5—半轴；6—动摩擦片；7—摩擦片间

隙调整装置；8—静摩擦片；9—行车制动

缸（3 个，均布）

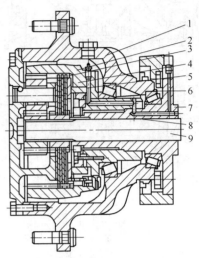

图 6-32　行星制动器结构

1—轮毂；2—内齿圈；3—静摩擦片；4—制动压板；

5—制动油缸活塞；6—动摩擦片；7—空心主轴；

8—内外花键套；9—半轴

液体冷却制动器的结构如图 6-33 所示。它装在轮边减速器与桥壳之间，制动盘尺寸大，制动力矩大，适用于大、中型车桥。制动器冷却有强制冷却与油池冷却两种，分别适用一般与频繁制动的制动器。液体冷却制动器结构较复杂，但很少维修，寿命长，可达 10000h 以上。

液体冷却弹簧制动器的结构如图 6-34 所示。其特点基本上同于液体冷却液压制动器，

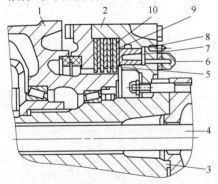

图 6-33　液体冷却制动器结构

1—轮毂；2—制动器；3—空心主轴；4—半轴；

5—浮动油封；6—间隙调节装置；7—制动活塞；

8—放气螺塞；9—静摩擦片；10—动摩擦片

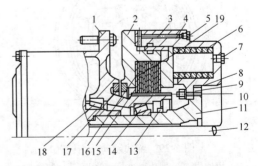

图 6-34　液体冷却弹簧制动器结构

1—轮毂；2—制动器壳体；3—活塞油封；

4—活塞；5，7—螺堵；6—制动弹簧；8—密封圈；

9—螺母；10—螺栓；11—空心主轴；12—半轴；

13—骨架密封圈；14，18—轴承；15—静摩擦片；

16—动摩擦片；17—浮动油封；19—压盘

但更安全可靠，且工作制动与停车制动合二为一，结构简单，但需要一个手动松闸油泵等附件。这是当前最先进、最安全的一种制动器。

6.2.5.4 工作机构

铲运机的工作机构包括铲斗、大臂、摇臂、连杆及相关销轴，用于铲、装、卸物料。其结构和性能直接影响整机的工作尺寸和性能参数。地下铲运机常用工作机构有多种类型，如图6-35所示。

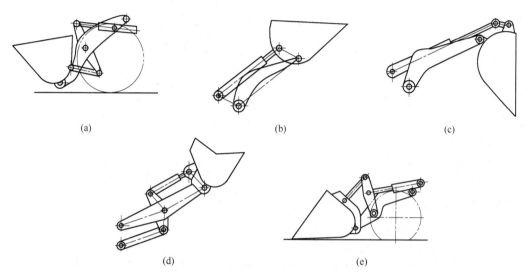

图6-35　地下铲运机常用工作机构种类

(a) Z形反转六杆机构；(b) 转斗油缸正转四杆机构；(c) 转斗油缸正转五杆机构；
(d) 转斗油缸前置正转六杆机构；(e) 转斗油缸后置正转六杆机构

（1）Z形反转六杆机构（见图6-35a）：转斗油缸大腔进油，连杆倍力系数可设计较大，因而铲取力大；铲斗平动性能好，结构十分紧凑，前悬小，司机视野好；承载元件多，铰销多，结构复杂，布置困难；适用于坚实物料（矿石）采掘。

（2）转斗油缸正转四杆机构（见图6-35b）：转斗油缸小腔进油，连杆倍力系数设计较大，铲取力大。转斗油缸活塞行程大，铲斗不能实现自动放平，卸料时活塞与铲斗相碰，故铲斗做成凹型，既增加了制造困难，又减少了斗容，但结构简单，在地下铲运机有一定应用。

（3）转斗油缸正转五杆机构（见图6-35c）：为了克服正转四杆机构活塞杆易与铲斗相碰的缺点，增加了一个小连杆，其他的特点同正转四杆机构。

（4）转斗油缸前置正转六杆机构（见图6-35d）：由两个平行四边形组成，因而铲斗平动性好，司机视野好。缺点是转斗油缸小腔进油，铲取力小，转斗油缸行程长。由于转斗油缸前置、工作机构前悬大，影响整机稳定性，因此不能实现铲斗的自动放平。

（5）转斗油缸后置正转六杆机构（见图6-35e）：与转斗油缸前置比较，前悬较大，传动比较大，活塞行程短，有可能将动臂、转斗油缸动臂与连杆设计在一平面内，从而简化结构，改善动臂与铰销受力。但司机视野差，小腔进油，铲取力较小。

6.2.5.5　液压系统

液压系统包括工作液压系统、转向液压系统、制动液压系统、变速液压系统、冷却系统、卷缆液压系统（用于电动铲运机）。其作用分别是控制工作机构铲、装、卸物料，车辆转向，车辆换挡和换向，制动器冷却，控制电缆的收放。

（1）工作液压系统。工作机构液压系统（见图6-36）是地下铲运机一个很重要的液压系统，大都采用先导工作液系统。先导操纵可实现单杆操纵，且手柄操作力及行程比机械式小得多，大大降低了驾驶员的劳动强度，增加了操作舒适性，从而也大大提高了作业效率。

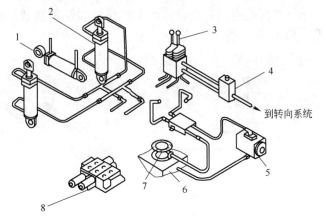

图6-36　工作液压系统组成及工作原理
1—铲斗油缸；2—举升油缸；3—先导阀；
4—减压阀；5—工作油泵；6—液压油箱；
7—回油过滤器；8—换向阀

（2）转向液压系统。转向液压系统有两种，如图6-37所示，一种是转向器转向液压回路，另一种是转向阀转向液压回路。转向器操作轻便灵活，结构简单，尺寸紧凑，重量轻，性能稳定，保养方便，发动机油泵出现故障后，仍可人工转向。由于转向阀转向液压系统是单杆操作，操作力小，转向反应时间短，很适合地下狭窄的巷道采矿车辆使用，但结构稍复杂。在地下铲运机的转向液压系统中，两者都有广泛的应用。

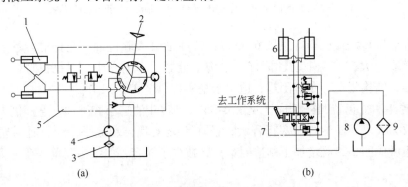

图6-37　转向液压系统组成及工作原理
（a）转向器转向液压回路；（b）转向阀转向液压回路
1，6—转向油缸；2—方向器；3—滤清器；4—齿轮油泵；5—全液压转向器；
7—转向阀；8—转向油泵；9—过滤器

（3）制动液压系统。制动液压系统有双回路和单回路两种。双回路液压系统适用于封闭多盘湿式制动器（即LGB制动器）。单回路液压系统适用于弹簧制动、液压松开制动器（即posi-stop制动器）。

双回路液压系统的两个系统是独立的。当一个车轮的制动液压系统出故障，另一个制动液压系统仍可制动，从而保证车辆的安全。单回路液压系统即前后两车轮共用一个回路，当液压系统出现故障，压力下降，4个车轮在各自制动弹簧作用下，一起制动，从而使车辆更加安全。

图6-38所示液压回路是制动液压回路与转向液压回路合在一起用一个变量柱塞泵。还有一种是两个液压回路各自独立，分别由各自的齿轮油泵驱动。

（4）变速液压系统。该系统由两路组成。一路是变矩器液压回路，它为变矩器提供所需流量及一定的补偿压力。另一路是变速箱回路，它主要控制车速挡位和前进后退的方向。换挡的方式，目前用得最多的是手工换向，操纵力大，需要两个操纵杆，还有一种是操纵电磁阀换挡，如图6-39所示，单杆操作，操作简单，操作力小，布置方便。

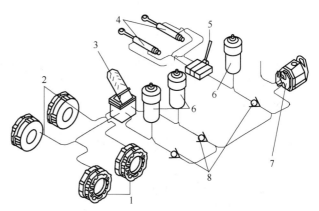

图6-38　制动液压系统组成及工作原理
1—全封闭油冷工作制动器；2—独立的双回路工作制动器；
3—制动器踏板；4—转向油缸；5—转向杆；6—转向阀蓄能器；
7—转向/制动变量柱塞泵；8—单向阀

（5）冷却液压系统。该系统如图6-40所示，主要是冷却工作制动器工作时所产生的摩擦热，用于制动器强制冷却。

（6）卷缆液压系统。卷缆液压系统如图6-41所示。卷缆阀的作用主要是控制电缆转筒的收缆与放缆。当机器朝着动力源方向运动时，则电缆卷筒转绕电缆，油压打开单向阀，进入液压马达，马达将产生力矩带动电缆开始收缆。当机器离开动力源时，也就是电缆从转筒上拉出电缆，

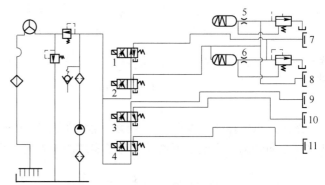

图6-39　变速液压系统组成及工作原理
1～4—电磁换向阀；5—后退挡调节阀；6—前进挡调节阀；
7—后退离合器；8—前进离合器；9—3挡离合器；
10—2挡离合器；11—1挡离合器

卷缆阀开始换向进行放卷，电缆拉着卷筒反向转动，这样液压马达变成了油泵，其压力由系统内的低压溢流阀控制。随着放缆，电缆产生张力，并且不管机器运行速度如何，电缆始终拉紧。电缆的张力由溢流阀的调整压力来控制，即放缆时由低压溢流阀调整，收缆时，由高压溢流阀调整。所有卷缆与放缆都是自动进行的，无需司机操作。

6.2.5.6　转向系统

转向系统由前车架、后车架、摆动车架、上/下铰销、转向油缸及相应操纵机构组成，其作用是使前后车架绕中心铰接销轴折腰转向。

（1）车架。车架可采用三点铰接或二点铰接。采用三点铰接时，如图6-42所示，前、

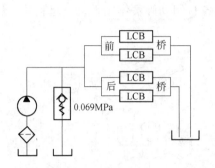

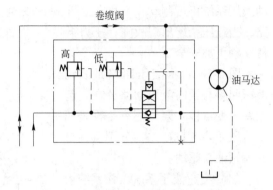

图 6-40　冷却液压系统组成及工作原理　　　图 6-41　卷缆液压系统组成及工作原理

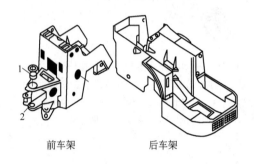

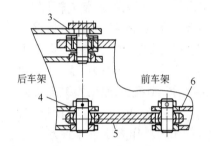

图 6-42　三点铰接组成

1—中心关节轴承；2，5—连杆；3—后车架上铰销；4—后车架下铰销；6—前车架下铰销

后车架通过三点铰销和一个连杆相连，不仅可在水平方向转动，而且还可以在垂直方向上下做一定的摆动，保证 4 个车轮同时着地，从而稳定性好。前、后桥分别刚性连接在前后车架上。

采用二点铰接时，如图 6-43 所示，前、后车架通过上、下两个铰销连接，车架只能在水平方向转动，不能上下摆动，为了实现四轮着地，只能依靠摆动车架，通过两个纵向

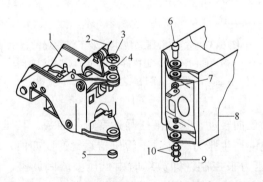

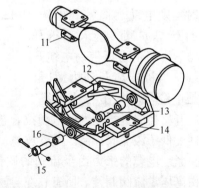

图 6-43　二点铰接组成

1—前车架；2—锁紧铁丝；3—挡板；4—上关节轴承；5—下关节轴承；6—上销；7—垫；
8—后车架；9—O 形圈；10—垫片；11—后桥；12—前轴承；13—前销；
14—桥的安装面；15—后销；16—后轴套

铰销同后车架相连，后桥与摆动车架刚性连接，并一起上下摆动。二点铰接尽管结构复杂，但被绝大多数铲运机所采用。

（2）中间铰接。中间铰接有轴销式和锥轴承式两种，如图6-44所示。轴销式铰接结构简单，强度高，装配方便，使用维修费用低。锥轴承式铰接转向灵活，既能承受水平力，又能承受垂直力，垫片用来调节预紧力，但结构复杂，成本高。

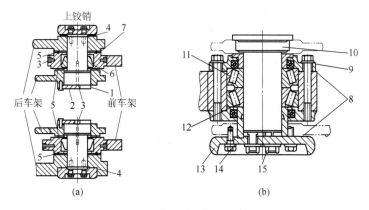

图6-44　中间铰接组成

（a）轴销式；（b）锥轴承式

1—铰销；2—压板；3—油嘴；4—垫片；5，9—密封圈；6—球头；7—球碗；8—调节垫片；
10—销轴；11，12—轴承；13—压盖；14—垫圈；15—螺钉

（3）转向油缸。转向油缸分为单缸转向和双缸转向两种，如图6-45所示。单缸转向油缸通常布置在中央上铰销附近，可避免油缸及管路受地面水、泥污染和矿岩破坏，结构简单，但要采用较大的油缸直径。双缸转向油缸通常布置在中央下铰销附近，易受地面水、泥污染与矿岩破坏，左右转向力相等，缸径较小，对称布置油缸，结构复杂，但应用最广。

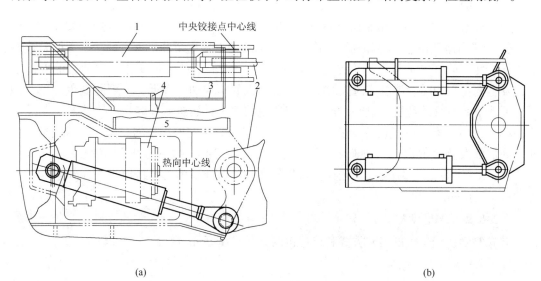

图6-45　转向油缸组成

（a）单缸转向；（b）双缸转向

1—转向油缸；2—前车架铰接板；3—后车架铰接板；4—变速箱；5—驾驶室

6.2.6　地下铲运机的选型

6.2.6.1　选型原则

（1）运输距离。运距是选择铲运机的主要条件。据国外矿山生产实践，柴油铲运机经济合理单程运距为 150～200m，电动铲运机为 100～150m。在经济合理的单程运距内，还要结合矿山及采场的生产能力进行设备选型。有条件的选用大型铲运机，产量小、运距较短的选用小型铲运机。

（2）铲运机的类型。柴油铲运机有效运距长、机动灵活、适用范围广，其缺点是废气净化效果不理想，若增大井下通风风量则通风费用比较高，而且比电动的维修量大。电动铲运机没有废气排放问题，噪声低、发热量少、过载能力大，相对而言，结构简单、维修费用低、操作运营成本低，但灵活性差，转移作业地点困难一些，电缆昂贵且易受损，存在漏电危险，用于通风不良、运距不长、不需频繁调换的工作面。应该指出，自电动铲运机出现后，电动铲运机与柴油铲运机谁优谁劣意见不一。以拖曳电缆为代表的电动铲运机近些年确有较大的发展，市场占有率不断提高，但柴油铲运机仍占大多数，特别是在西方地下矿山。这与一些矿山一开始就大量采用柴油铲运机并形成一套与之相适应的通风、配套设施，有了成熟的使用管理经验有关，这些矿山一般情况下不会改用电动铲运机。而一开始就采用电动铲运机为主要出矿设备的矿山，一般也不会轻易改用柴油铲运机。总之，电动铲运机在装卸点相对固定、运距不大的情况下，仍会继续得到发展。预计在今后相当长时间内，两种类型铲运机将相辅相成，共同发展，也给用户有更多的选择范围。

（3）出矿（岩）量。巷道掘进每次爆破量有限，一次出渣量少，一般不宜采用大中型设备。但国外一些矿山，为减少设备台数或管理方便，加之基建期往往使用生产期的设备，也有采用中型设备的。就生产矿山而言，主要作业如采场出矿一般采用大中型设备，辅助作业一般采用中小型设备。设备选型与矿山生产能力相适应。

（4）作业场地空间。作业场地空间较大时采用大中型设备，狭小时采用小型设备。

（5）矿山地理位置气温和标高。内燃铲运机的动力采用柴油机，它的功率一般是按基准条件设计，即 1000m 以下环境温度在 25℃。如果基准条件发生变化，发动机的性能也就会发生变化。如随着温度或海拔的增加，发动机的额定功率降低，从而降低生产率。为了保证地下铲运机的性能，就必须选与之相适应的地下铲运机或采取相应的措施。

（6）经济因素。机械设备的装运费用一般规律是大型的比小型的经济，经营成本低一些，如加拿大萨得伯里矿每吨矿石铲运机的装运费用：ST-2A 为 0.92 美元，ST-4A 为 0.49 美元，ST-8 为 0.31 美元。选择设备型号和规格时还要考虑经济因素，应在进行经济比较分析后确定。

6.2.6.2　选型步骤

首先要确认铲运机的出矿方式和铲运机的出矿结构。

A　铲运机出矿方式

根据铲运机出矿所在作业地点不同，可分为下列三种出矿方式：

（1）铲运机在采场底部结构中长时间固定在一条或几条装运巷道中铲装和运输矿石，如留矿法、分段法、阶段矿房法、有底柱分段崩落法、阶段崩落法等采矿方法的回采出矿。

（2）铲运机在采场进路中铲装和运输矿石，如无底柱分段崩落法、分层崩落法、进路式上向水平分层充填法、下向水平分层充填法等采矿方法的回采出矿。

（3）铲运机在采场内多点不固定的铲装和运输矿石，如全面法、房柱法、上向水平分层充填法等采矿方法的回采出矿。

B　铲运机出矿结构

根据铲运机上述三种出矿方式以及采场出矿（放矿）方式的不同，铲运机出矿结构分为下面几种情况：

（1）铲运机在有采场底部结构中的出矿结构。这种出矿结构由集矿堑沟、出矿巷道、装矿进路、运输平巷、出矿溜井等构成。

集矿堑沟为连接装矿进路与上部采场的受矿结构，且平行于出矿巷道。集矿堑沟在采场中的条数根据采场宽度确定：当采场宽度小于20m时，采用单堑沟；当采场宽度大于20m时，采用双堑沟。集矿堑沟的斜面倾角一般采用45°~55°。

出矿巷道为平行于集矿堑沟与装矿进路连接的巷道。当采场垂直矿体走向布置时，该巷道为穿脉巷道，且位于间柱中。当采场沿矿体走向布置时，该巷道沿矿体走向布置于矿体下盘或上盘围岩中。

装矿进路是连接出矿巷道与集矿堑沟的巷道。该巷道的布置与采场尺寸、铲运机的外形尺寸、矿岩的稳固程度和运输巷道的布置有关。装矿进路可与出矿巷道斜交，交角一般为45°~50°。装矿进路间距一般为10~15m。间距过小，不能保证出矿结构的稳定性；间距过大，进路间难以装运出的三角矿堆损失过大。因此，装矿进路支护后可以采场底部总暴露面积不超过采场水平面积的40%为参考。铲运机在直线位置上铲装效率高，机械磨损小。因此，该巷道长度一般不小于设备长度与矿堆占用长度之和。装矿进路布置形式与采场宽度有关：当采场宽度小于12m时，有用单堑沟单侧装矿进路的布置形式；当采场宽度为12~20m时，采用单堑沟双侧装矿进路的布置形式，一般两侧进路错开布置；当采场宽度大于20m时，采用双堑沟双侧装矿进路的布置形式，两侧进路可对称布置，也可错开布置。

运输平巷为与出矿巷道连接的巷道。当采场垂直矿体走向布置时，该巷道沿矿体走向布置于上、下盘围岩或矿体中；当采场沿矿体走向布置时，该巷道与出矿巷道合二为一。

出矿溜井可沿运输平巷或出矿巷道布置。当沿出矿巷道布置时，一个采场设置一条；当沿运输平巷布置时，几个采场设置一条。其间距根据铲运机经济合理单程运距确定。

铲运机在采场底部结构中的出矿结构实例见表6-1。随着遥控铲运机的出现，发展了一种平底结构遥控铲运机出矿方式，它与出矿结构相似，装矿进路既可单侧布置，也可双侧布置。但采场底部不开堑沟，而是按采场全宽拉底。一般在采场出矿到最后阶段，遥控铲运机从装矿进路进入采场空区中进行三角矿堆的装运。这种方式不仅简化底部结构且可减小损失。凡口铅锌矿及大厂锡矿VCR法及大孔阶段矿房法中采用的是装矿进路单侧布置出矿结构。

（2）铲运机在采场进路中的出矿结构。这种出矿结构由回采进路、分段（分层）平巷和出矿溜井等构成，且位于分段（分层）的底部水平。

分段（分层）平巷是与回采进路连接的巷道，一般沿矿体走向布置于靠下盘或靠上盘的矿体中；在矿体极不稳固时，可布置在上盘或下盘的围岩中。当回采进路沿矿体走向布置时，分段（分层）平巷与回采进路合二为一。一般分段高度为 10~15m ，分层高度为 2.8~3.5m。上下分段（分层）平巷应错开布置。

出矿溜井沿分段（分层）平巷布置，且位于下盘或上盘围岩中，一般 1~2 个采场布置一条。

铲运机在采场进路中的回采出矿结构实例见表6-2。

表 6-1　铲运机在采场底部结构中的出矿结构实例

国家	矿山名称	采矿方法	出 矿 结 构				
			集矿堑沟	出矿巷道	装矿进路	运输平巷	出矿溜井
中国	寿王坟铜矿	分段凿岩的阶段矿房法，矿体厚度大于20m时，矿房垂直矿体走向布置，矿房宽35m、长50m，间柱宽15m，底柱厚11~14m，采用LK-1和TORO-100型铲运机出矿	为单堑沟，堑沟斜面倾角50°，堑沟底部宽度10~14m，位于矿房中央最底部	平行于集矿堑沟，且位于间柱中央	与出矿巷道斜交，交角为50°，采用单堑沟双侧进路布置形式，两侧装矿进路对称布置，长为13~17m，间距为15m	沿矿体走向布置在矿体下盘15~17m处	沿出矿巷道布置，每一采场一条，断面规格为2.5m×2.5m
	金山店铁矿	平底结构的自然崩落法，沿矿体走向布置，矿房长度80m，矿房宽度为矿体厚度，采用LK-1型铲运机出矿		沿矿体布置，且位于围岩中、上下盘围岩中各布置一条	与出矿巷道直交，为双侧进路布置形式，两侧装矿进路对称布置，间距为10m	与出矿巷道合二为一	沿出矿巷道布置，间距为80m，平均运距40~50m
	中条山有色金属公司铜矿峪铜矿	有底柱阶段崩落法，垂直矿体走向布置，采场长100m、宽16m，采用架线式和LK-1型铲运机出矿		垂直矿体走向布置，且位于矿体中	与出矿巷道斜交，交角为45°，为单侧进路布置形式	沿矿体走向布置在矿体下盘围岩中	沿运输平巷布置
	柿竹园多金属矿设计	分段凿岩的阶段矿房法，盘区布置，矿房长64m、宽20m，底柱厚14m，分段高22m，采用ST-5型铲运机出矿	为单堑沟，堑沟斜面倾角为50°，堑沟底宽4m，位于矿房中央最底部	平行于集矿堑沟，且位于间柱中央	与出矿巷道斜交，交角为50°，采用单堑沟双侧进路布置形式，两侧装矿进路错开布置，长为12m，间距为15m	为盘区平巷与出矿巷道直交，且位于盘区矿柱中	为矿山主溜井，间距为150m，溜井规格为ϕ3m（最大出矿块度为750mm）
美国	Pilot Knob	分段凿岩的阶段矿房法，盘区布置，矿房宽度大于30m，间柱和盘区矿柱宽为9m，采用ST-5型铲运机出矿	为双堑沟，位于矿房最底部	平行于集矿堑沟，且位于间柱中央	与出矿巷道斜交，采用双堑沟双侧进路布置形式，间距为15m		

国家	矿山名称	采矿方法	出 矿 结 构				
			集矿堑沟	出矿巷道	装矿进路	运输平巷	出矿溜井
加拿大	Madeleine	分段凿岩的阶段矿房法,矿房垂直矿体走向布置,矿房宽18m,间柱宽12m,底柱高12m,采用ST-4A型铲运机出矿	为单堑沟,位于矿房中央最底部	平行于出矿巷道,且位于间柱中央	与出矿巷道斜交,交角为50°,单堑沟双侧进路布置形式,两侧装矿进路错开布置,长度为19m左右,间距为15m	沿矿体走向布置,且位于矿体下盘围岩中,与出矿巷道直交	沿运输平巷布置,两个采场共用一条,铲运机平均运距为84m
赞比亚	Rokana Mindola	分段法,阶段高度76m,分段高度15m,不分矿房矿柱沿矿体走向连续回采	为单堑沟,位于矿房中央最底部	与运输平巷合二为一	与运输平巷直交,单堑沟单侧进路布置形式,长度为20m左右,距矿体6m外有一条下盘通风平巷,连接各装矿进路,装矿进路间柱为9m	位于矿体下盘围岩中,距矿体24m	沿运输平巷布置,间距76m,断面规格为φ1.8m
	Mufulira	分段法,阶段高度76m,分3个分段,分段间有6m厚的斜矿柱,沿矿体走向布置采场,采场长度为24m,间柱宽6m,采用Cat 950铲运机出矿	为单堑沟,堑沟斜面倾角55°,且位于矿房中央最底部	与分段运输平巷合二为一	与分段运输平巷直交,单堑沟单侧进路布置形式,间距为10m,长度8.5m	位于矿体的下盘与矿体的交接处	沿分段运输平巷布置,间距为90m

表6-2 铲运机在采场进路中的回采出矿结构实例

矿山名称	采矿方法	出 矿 结 构		
		回采进路	分段平巷	出矿溜井
寿王坟铜矿	无底柱分段崩落法,垂直矿体走向布置,4~5条回采进路一个采场,采场宽度为50~60.5m,分段高度为47m,采用KL-1型铲运机出矿	垂直矿体走向布置,与分段平巷直交,回采进路间距为12.5m,长度为矿体厚度	沿矿体走向布置在脉外15~17m处的下盘围岩中	沿分段平巷布置,间距25~37.5m,溜井规格为2.5m×2.5m
大厂矿务局铜坑锡矿	无底柱分段崩落法,垂直矿体走向布置,5条回采进路一个采场,采场宽度为50m,分段高度12m,采用LF-4.1型铲运机出矿	垂直矿体走向布置,与分段平巷直交,回采进路间距为10m	沿矿体走向布置在下盘围岩中,当矿体厚度较大时,在矿体下、下盘围岩中各布置一条分段平巷	沿分段平巷布置,每个采场布置一条,间距为50m,平均运距50~100m,溜井规格2m×2m

矿山名称	采矿方法	出 矿 结 构		
		回采进路	分段平巷	出矿溜井
丰山铜矿	无底柱分段崩落法，垂直矿体走向布置，采场宽度50m，分段高度为10m，采用 WJ-2 和 LK-1 型铲运机出矿	垂直矿体走向布置，与分段平巷直交，间距为 10m，上下分段错开呈菱形布置	沿矿体走向布置在围岩中	沿分段平巷布置，间距为 80～100m，平均运距为 60～70m，溜井规格为 $\phi3$m
中条山有色金属公司箆子沟铜矿	无底柱分段崩落法，垂直矿体走向布置，分段高度为10m，采用 LK-1 型铲运机出矿	垂直矿体走向布置，与分段平巷直交，间距为10m	沿矿体走向布置在靠上盘的矿体中	沿分段平巷布置，间距为30m，平均运距70m 以内
符山铁矿	无底柱分段崩落法，垂直矿体走向布置，5 条进路一个采场，采场宽度为50m，分段高度10m，采用 LK-1 型铲运机运矿	垂直矿体走向布置，与分段平巷直交，回采进路间距8～10m	沿矿体走向布置在下盘围岩中，矿体厚度较大时，在矿体中间再布置一条平巷	沿分段平巷布置，一个采场布置一条，其间距为50m，平均运距80～120m
梅山铁矿	无底柱分段崩落法，盘区布置，50～60m 划分为一个盘区，在盘区中每60m 布置一个采场，分段高度为12m，采用 LK-1 型铲运机出矿	垂直盘区平巷布置，与盘区平巷直交，其间距为10m，其长度为 25～30m	为盘区平巷，且位于矿体中	沿盘区平巷布置，一个采场布置一条，其间距为 50～60m，平均运距73m 左右
弓长岭铁矿	无底柱分段崩落法，垂直矿体走向布置，5～6 条进路一个采场，采场宽度为 50～60m，采用 LK-1 型铲运机出矿	垂直矿体走向布置，与分段平巷直交，间距10m	沿矿体走向布置在矿体下盘的角闪岩中	沿分段平巷布置，一个采场布置一条，间距为 50～60m，平均运距为50m
程潮铁矿	无底柱分段崩落法，垂直矿体走向布置，5 条进路一个采场，采场宽度为50m，分段高度为 10～12m，采用 WJ-1.5 型铲运机出矿	垂直矿体走向布置，与分段平巷直交，间距为10m	沿矿体走向布置在矿体上盘围岩中	沿分段平巷布置，一个采场布置一条，间距为50m，平均运距为110m
大冶尖林山铁矿	无底柱分段崩落法，垂直矿体走向布置，采场宽度50m，分段高度为10m，采用 LK-1 和 ZLD-40 型铲运机出矿	垂直矿体走向布置，与分段平巷直交，间距为10m	沿矿体走向布置在下盘大理岩中	沿分段平巷布置，间距为80m，平均运距为75m

（3）铲运机在采场内多点出矿的出矿结构。

1）全面法和房柱法的出矿结构。铲运机可自由出入采场，出矿结构由出矿斜巷或平巷、运输平巷和出矿溜井等构成。出矿斜巷（平巷）一般位于矿体内，当矿体倾角小于5°～6°时，该巷道布置呈现与矿体倾向一致的直斜巷（平巷）；当矿体倾角大于5°～6°时，该巷道布置呈倾斜的直斜巷或折返斜巷。该巷道可作为矿石、人员、设备和材料运输的通道。当矿体厚度较大时，斜巷也可位于矿体下盘围岩中，用分层横巷与采场连接。运输平巷和溜井布置同前。铲运机在全面法和房柱法采场内多点出矿的出矿结构实例见表6-3。

表6-3　铲运机在全面法和房柱法采场内多点出矿的出矿结构实例

矿山名称	采矿方法	出　矿　结　构		
		斜　巷	运输平巷	出矿溜井
Laisvall	房柱法，采用尾砂充填，矿房宽度15m，采场中留10m圆柱，圆柱间距29m，采用铲运机-自卸汽车出矿	位于矿体内的直斜巷，斜巷坡度为3.5%~5.5%，作为矿石、人员、材料和设备的运输通道	为盘区平巷，与斜巷连接，且位于矿体内，沿矿体走向布置	采场不设出矿溜井，矿石用自卸汽车直接从采场工作面运至矿山装载矿仓，运距最大为700m
Krarnforp	房柱法，沿矿体走向每50m划分盘区，沿矿体倾向划分矿块，矿房宽11m，矿柱宽6m，采用装载机-自卸汽车出矿	位于矿体内即为盘区运输道，作为矿石、人员、设备和材料的运输通道	为盘区横巷，伪倾斜布置在矿体内，与盘区运输道连接	采场不设出矿溜井，矿石用自卸汽车直接从采场工作面运至矿山装载矿仓，最大运距为650m
Gaspe	房柱法，矿房宽度15m，矿柱1.35m×21m，采用电铲或铲运机-自卸汽车出矿	位于矿体下盘12m处，斜巷坡度为10%	从斜巷每距12m垂高掘分段横巷通向采场，作为矿石、人员、设备和材料的通道	采场不设出矿溜井，矿石用自卸汽车直接从采场工作面运至矿山装载站，运距约800m（上坡）
Rammelsberg	房柱法，垂直矿体走向布置，即自分段平巷沿矿体倾向布置矿房，矿房斜长20~30m	位于矿体走向长400m的中央矿脉内，斜巷坡度为1:10，为折返式	从斜巷每10m垂高在矿体内沿矿体走向布置分段平巷（运输平巷）	采场不设出矿溜井，小于12°矿体用ST-2B铲运机自采场直接出矿，12°~14°矿体，用电耙将矿石集中到分段平巷，再用铲运机在分段平巷出矿
Lovain	房柱法，矿房宽度5~6m，矿柱规格18~20m²，盘区布置，采用蟹爬式装载机或铲运机-自卸汽车出矿	无	沿矿体走向布置盘区运输平巷（两条），与矿山副斜巷连接	采场不设出矿溜井，小于400m用铲运机直接装运矿石，400~800m用蟹爬式装载机或铲运机-自卸汽车出矿
维什涅夫矿	房柱法，矿块沿矿体走向布置，长度180m，矿房宽度6.5~7.5m留规则矿柱，采用ДД-8型铲运机出矿	位于矿体内，呈伪倾斜直斜巷，斜巷坡度10°，为对角斜巷	无	沿斜巷布置，每一采场设置2条，一条位于采场下部，一条位于采场中部，铲运机平均运距80~100m

2）上向水平分层法的出矿结构。这种出矿结构由斜巷、分段平巷、出矿进路（采场联络道）和出矿溜井等构成。

斜巷一般位于矿体下盘围岩中，当矿体下盘围岩不稳固时，也可布置在矿体上盘围岩或矿体中，作为人员、设备和材料的运输通道。

分段平巷的布置为：当采场垂直矿体走向布置时，分段平巷一般沿矿体走向布置于下盘围岩中；当矿体下盘围岩不稳固时，可布置在上盘围岩或矿体中，且与斜巷连接。分段高度一般为2~3个分层高度，分层高度一般为3~5m，则分段高度为6~10m至9~15m。

当采场沿矿体走向布置时，无需布置分段平巷，自斜巷每层开凿联络道通向采场。

采场联络道的布置为：当采场沿矿体走向布置时，每分层自斜巷布置联络道通向采场；当采场垂直矿体走向布置时，自分段平巷布置联络道通向采场。该巷道可自分段平巷布置两条（一条上坡，一条下坡）平面上错开的巷道通向采场，也可自分段平巷布置一条上坡的巷道通向采场，随分层的上采，将进路挑顶，由重车上坡逐渐变为重车下坡。

出矿溜井可布置在采场充填体内，一个采场至少一对。但由于支护工作复杂、劳动强度大、效率低且难以维护，因此目前广泛布置在矿体下盘的分段平巷中，几个采场共用一条。

铲运机在上向水平分层充填法采场内的出矿结构实例见表6-4。

表 6-4　铲运机在上向水平分层充填法采场内的出矿结构实例

矿山名称		采矿方法	出 矿 结 构			
			斜　巷	分段平巷	出矿联络道	出矿溜井
中国	凡口铅锌矿	上向水平分层胶结充填法，垂直矿体走向布置，矿房宽14m，间柱宽8m，底柱厚6m，采用LF-4.1和TORO-100DH型铲运机出矿	位于矿体下盘围岩中，作为人员、设备和材料的运输通道，斜巷坡度20%～25%，弯道半径8～12m，底板铺设0.2m厚的混凝土路面	沿矿体走向布置在距矿体10m的下盘围岩中，与斜巷连接，分段高度8m，分层高度4m（2条一充）	从分段平巷掘2条（一条＋20%坡度，一条－20%坡度）平面上错开的出矿联络道通向采场	布置在采场充填体内（现改在下盘围岩中，沿分段平巷布置几个采场设置一条）每一采场设置一对
	红透山铜矿	上向水平分层尾砂充填，沿矿体走向布置，矿房长度为100～180m，不留间柱，底柱厚度为6m，采用TORO-100DH，LK-1和LF-4.1型铲运机出矿	位于矿体下盘围岩中，呈折返式布置，作为人员、设备和材料的运输通道，斜巷坡度1:5	未设分段平巷，分层高度为3m	从下盘斜巷每分层掘联络道通向采场，作为人员、设备和材料的运输出入口	位于采场充填体内，用钢筋混凝土构筑，壁厚0.5m，每一个采场设置一对，间距为15m，平均运距为10～60m，溜井断面规格为2m×2m
	铜绿山铜矿	上向水平分层点柱充填法，沿矿体走向布置，矿房宽度为32m，间柱宽4m，采场中沿矿体走向留1～2排柱，排距12～15m，每排1～2个点柱，采用WJ-76和WJ-1.5D电动铲运机出矿	位于矿体下盘围岩中，作为人员、设备和材料的运输通道	沿矿体走向布置，且位于矿体下盘围岩中，与斜巷连接，分层高度4～5m，分段高度8～10m	从分段平巷掘进2条（一条上坡，一条下坡）平面上错开的联络道通向采场	位于采场充填体内，每一采场设置一对，用混凝土构筑，壁厚0.4～0.6m，溜井断面规格为1.8m×1.5m

矿山名称		采矿方法	出 矿 结 构			
			斜 巷	分段平巷	出矿联络道	出矿溜井
加拿大	Brunswick	上向水平分层充填法，垂直矿体走向布置，矿房宽度为15m，间柱宽度12m，采用ST-4A型铲运机出矿	位于矿体下盘一端，呈螺旋形布置，斜巷坡度为20%，作为人员、设备和材料的运输通道	沿矿体走向布置于矿体下盘36m处的围岩中，与斜巷连接，分层高度5m，分段高度15m	从分段巷道掘进一条倾斜的联络道通向采场，随分层上采逐渐挑顶，由重车上坡变成重车下坡	沿分段平巷布置于下盘围岩中，间距为60m
爱尔兰	Avoca	上向水平分段充填法，沿矿体走向布置，400m长作为一个采场，采用ST-5A型铲运机出矿	位于矿体下盘围岩中，沿矿体走向布置，呈折返式布置，斜巷坡度为20%	沿矿体走向布置于矿体内，用分段横巷与斜巷连接，分段高度为15m	从分段平巷出矿联络道与下盘出矿溜井连接	位于矿体下盘围岩中，每一采场设置不少于一对
澳大利亚	Mount lsa	上向水平分层充填法，沿矿体走向布置，一个矿体作为一个采场，每个采场分2个采矿段，采用ST-5A铲运机出矿	斜巷只从采场底部的运输横巷至采场拉底水平相通，斜巷坡度为1:7	未设分段平巷，铲运机设备整体或分成3个部分，从采场中央的辅助天井（规格为3m×3.6m）进入采场，分层高度4m	从采场至出矿溜井用出矿联络道连接，随分层上采在溜井两侧交替掘凿	沿矿体走向布置于矿体下盘6m处的围岩中，间距为90～120m，但其中2条靠中央辅助天井
澳大利亚	Cobar	上向水平分层充填法，沿矿体走向布置，一个矿体作为一个采场，采用ST-5A和TL-55型铲运机出矿	位于矿体下盘围岩中，为折返式布置，斜巷坡度1:7，作为矿石、人员、设备和材料运输的通道	未设分段平巷，从矿体下盘斜巷每分层用横巷直接与采场连通，作为人员、设备和材料的运输出入口，分层高度4.5m	从矿体下盘溜井每分层开掘出矿联络道通向采场，上下分层联络道平面上错开布置	位于矿体下盘围岩中，每一采场放置一条，溜井下部与斜巷连接，溜井断面规格为2.4m×2.4m，平均运距为76m

6.3　电　耙

多年来，电耙广泛应用于国内外地下开采矿山中，其任务是将采场经漏斗流入电耙巷道的矿石耙运到溜井，或直接在采场工作面出矿，或在巷道、硐室掘进作业中出渣。

采用电耙出矿虽然没有铲运机等无轨自行设备生产能力高、灵活性强，但由于电耙结构简单、使用可靠、耐用、故障少、维护容易、维修费用低、设备造价低、基建投资少、出矿成本低，因此对于设备检修技术力量不强的地下开采小矿山，在条件适合时，电耙仍是主要的出矿方式之一。

随着矿山机械设备技术发展，我国的电耙逐渐集中为几个主要专业厂家生产，并有国家机械行业标准及耙矿绞车系列型谱。

国外耙矿绞车种类规格较多，一般可配 2~3 个不同功率和转速的电动机，以利于用户选择。绞车操纵系统采用电钮、实现远距离控制。耙矿绞车卷筒容绳量也较大。有的矿山使用 130kW 耙矿绞车配大容积耙斗，达到了很高的出矿生产能力。国外耙斗种类较多，耙斗容积也在加大。为了适应通过小断面巷道，有的耙斗采用组合式，便于分解拆开运输。

6.3.1　电耙结构

电耙设备由绞车、耙斗、滑轮和钢丝绳组成。

6.3.1.1　绞车

绞车是电耙的动力传递装置，耙斗的往复运动是通过它来实现的。目前，我国金属矿山使用最广的是 JP 系列的耙矿绞车。JP 型耙矿绞车的结构如图 6-46（a）所示。电动机 1 用螺栓固定在绞车的底座上，电动机轴穿入减速箱用键与齿轮 2 连接。齿轮 3、4 用键固定在同轴上，齿轮 5、太阳齿轮 8 和 16 用花键与绞车主轴 6 连接，太阳齿轮 8 和 16 的外面各有 3 个与它们啮合的行星齿轮 10 和 19。行星齿轮 10 和 19 的外侧分别与内齿圈 13 和 20 啮合，内齿轮圈的轮壳通过球轴承支承在机架 12 上。行星齿轮 10 和 19 通过球轴承分别安装在小轴 9 和 17 上，小轴 9 和 17 分别与行星轮架 14 和 21 固定。行星轮架 14 和21

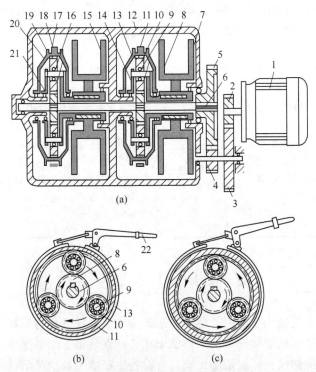

图 6-46　JP 型电耙绞车结构与工作原理
（a）耙矿绞车结构；（b）缠绕首绳牵引耙斗；（c）首绳停止或放出首绳
1—电动机；2~5—减速齿轮；6—主轴；7—主卷筒；8，16—太阳齿轮；9，17—小轴；10，19—行星齿轮；
11，18—闸带；12—机架；13，20—内齿圈；14，21—行星轮架；15—副卷筒；22—闸把的一端通过球轴承支承在机架 12 上，另一端用平键分别与主卷筒 7 和副卷筒 15 固定，而主卷筒 7、副卷筒 15 和主轴 6 分别通过球轴承支承在机架 12 上。在内齿圈 13 和 20 的外侧圆周上分别装有闸带 11 和 18，闸带抱紧，内齿圈被固定，闸带放松，内齿圈可自由转动。绞车底座做成撬板形，使之便于移动。

JP 型绞车的工作原理如图 6-46 所示。电动机 1 经齿轮 2~5 二级减速后带动主轴 6 转动，在闸带抱紧和放松内齿圈时，行星轮机构的运动状态如下：当闸带口抱紧内齿圈 13 时，太阳齿轮 8 在主轴 6 带动下顺时针旋转，3 个行星齿轮 10 在太阳齿轮带动下逆时针旋转，因内齿圈 13 被闸带 11 抱紧不能转动，3 个行星齿轮被迫沿内齿圈的齿面滚动，带动 3 根小轴 9 绕主轴 6 顺时针旋转。小轴 9 通过行星轮架 14 与主卷筒 7 连接，主卷筒就在小轴带动下绕主轴顺时针转动，从而缠绕首绳，牵引耙斗耙矿。当闸带 11 从内齿圈 13 上松开时，太阳齿轮 8 在主轴 6 带动下顺时针旋转，3 个行星齿轮 10 在太阳齿轮带动下逆时针旋转，内齿圈 13 在 3 个行星齿轮带动下也逆时针转动。此时，小轴 9 和主卷筒 7 的运动有两种状态：

（1）当闸带 11 和 18 都松开时，主卷筒在耙斗和钢丝绳的阻力作用下停止不动，小轴 9 也停止不动。

（2）当闸带 18 抱紧内齿圈 20 时，因副卷筒 15 转动，缠绕尾绳拉动首绳，在首绳牵引下，主卷筒逆时针转动，放出首绳，此时通过行星轮架 14，小轴 9 也绕主轴逆时针旋转，带动 3 个行星齿轮 10 在内齿圈 13 的齿面上滚动。

副卷筒在闸带抱紧和放松时，行星轮机构中各齿轮和小轴的运动状态与主卷筒完全相同。

JP 系列电耙绞车的主要技术性能列于表 6-5 中。

表 6-5　JP 系列电耙绞车的主要技术性能

型号	平均牵引力/kN		平均速度/m·s⁻¹		钢丝绳直径/mm		卷筒/mm		容绳量/m		电动机			外形尺寸/mm			总重量/kg
	主卷筒	副卷筒	主卷筒	副卷筒	主卷筒	副卷筒	直径	宽度	主卷筒	副卷筒	功率/kW	转速/r·min⁻¹	重量/kg	长	宽	高	
2JP-7.5 3JP-7.5	8.30	8.30	1.0	1.0	9.3	9.3	205	80	45	45	7.5	1450	90	1140① 1330②	538.5	474	400① 520②
2JP-13	14.00	11.00	1.5	1.5	12.5	11	225	125	80	100	13	1460	164	1409	641	580	660
2JP-28	24.00	17.00	—	—	14	12.5	280	160	100	120	30	1470	272	1650	975	695	1250
2JP-30 3JP-30	28.00	20.00	1.2	1.6	16	14	280	160	85	110	30	1470	272	1650① 2000②	820	695	1153① 1545②
2JP-55 3JP-55	49.00	33.00	1.2	1.6	18	16	350	180	85	55	55	1470	548	1975① 2520②	1010	845	2233① 2874②

①双卷筒绞车；②三卷筒绞车。

绞车的电动机及控制设备都采用非防爆式，电压为 380V，满压直接启动，并具有失压保护线圈。

绞车电控原理如图 6-47 所示。接通三开关 Q，按下启动按钮 SB₁，电流通过磁力启动器线圈 S，磁力启动器触头 KA 闭合，电动机 M 启动。按下停机按钮 SB$_2$，磁力启动器线圈断电，触头跳开，电动机停机。三相铁壳开关内的熔断器起过载保护作用。

6.3.1.2　耙斗

耙斗是电耙设备中直接和矿岩发生作用的部分，矿岩的耙运是通过它来实现的。金属矿主要用耙式耙斗。耙斗可为铸造件，也可为焊接件，如图 6-48 所示。在耙运过程中，耙齿和耙斗的矿岩直接与耙运面接触，并沿耙运面移动，为了增加耐磨性，耙齿通常用高锰钢制造，焊接在耙斗尾帮上。为了改善耙运条件，耙齿与耙运面的交角，对于水平耙矿为 55°，倾斜耙矿用 65°。

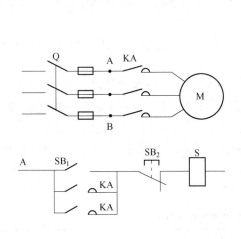

图 6-47　绞车电控原理

Q—三相铁壳开关；SB$_1$—启动按钮；

SB$_2$—停机按钮；S—磁力启动器线圈；

KA—磁力启动器触头；M—电动机

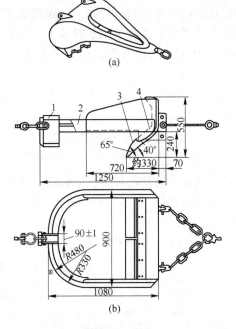

图 6-48　耙斗

（a）铸造耙斗；（b）焊接耙斗

1—碰头；2—斗柄；3—耙齿；4—尾帮

JP 系列绞车配备的耙斗和滑轮规格见表 6-6。

表 6-6　JP 系列绞车配备的耙斗和滑轮规格

绞车型号	耙 斗		滑 轮	
	代　号	容积/m^3	代　号	直径/mm
2JP-7. 5 3JP-7. 5	102A	0.1	Q311	150
2JP-13	Q803	0.25	Q311	150
2JP-30 3JP-30	Q305	0.4	Q312	200
2JP-55 3JP-55	Q284	0.6	Q312	250

6.3.1.3 滑轮

滑轮的作用是实现尾绳的转向。常用电耙滑轮的结构如图 6-49 所示，滑轮套装在夹板内，滑轮轴用螺帽固定在夹板上，取下螺帽，抽出滑轮轴和夹板下端的两个销轴，滑轮可以从夹板内取出。

电耙滑轮在工作面的悬挂方法因情况不同而异。在岩石上，滑轮挂在带楔头的钢丝绳套内，安装方法如图 6-50 所

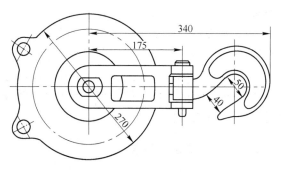

图 6-49　滑轮

示，先将钢丝绳带楔头的一端放入眼内，插入紧楔，使其前端压住楔头并用力打紧，滑轮的挂钩在钢丝绳套内。拆卸时，用锤子从侧面敲打紧楔，将其震松，楔子即可取出。若工作面较宽，可在两侧的岩石中打入固定楔，在两个固定楔之间装一根链条，滑轮可挂在链条的不同地点，以改变耙运方向。若工作面有支架，可用链条或钢丝绳将滑轮挂在支架上，此时要用撑木撑紧支架，以防倒塌。

若在崩落区耙矿，不允许人员进入危险地带悬挂滑轮，可用悬杆送入滑轮，悬杆用链条固定在支架上，如图 6-51 所示。

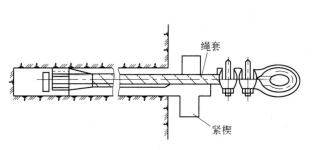

图 6-50　固定楔

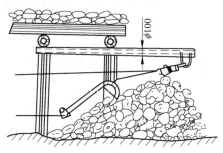

图 6-51　崩落区耙矿悬挂滑轮

6.3.1.4 钢丝绳

钢丝绳是电耙设备的一个重要组成部分，它直接关系电耙的正常生产。钢丝绳是由一定数量的细钢丝捻成股，再由若干个股围绕绳芯捻成绳。钢丝的编绕方法通常有平行编绕和交叉编绕两种。平行编绕的钢绳，绳股内的钢丝绕向与绳股向相同；交叉编绕的钢绳则二者绕向不同。平行编绕钢绳的表面比较光滑，柔曲性较好，但有自旋性，容易扭曲，不宜用于运输，但对耙矿影响不大。

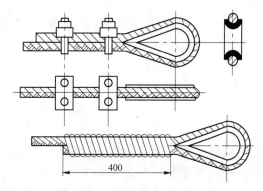

图 6-52　钢丝绳与耙斗连接方法

钢丝绳与耙斗的连接方法如图 6-52 所示。钢丝绳末端绕过一个带槽的嵌环，折回 200 ~ 250mm，用绳卡夹紧，也可以将打回部分用软钢丝缠紧，但折回部分的长度为

400mm 左右。

新钢丝绳绕上绞车卷筒之前，应将钢丝绳沿卷道拉开整直，把绳头穿入卷筒的绳孔，用楔子楔紧，然后慢慢开动绞车，使钢丝绳顺序绕在卷筒上。在工作中，若钢丝绳磨损破断，可将断头用编结方法接上。禁止用扣结法连接，因为扣结既不牢固，又易卡住滑轮。

电耙钢丝绳的工作条件恶劣，为了延长钢丝绳使用寿命，耙运路线尽可能平直，在必须拐弯处要安装导向托轮。

6.3.2 电耙主要技术参数

选取的电耙应满足生产率和牵引力的要求。

6.3.2.1 电耙生产率

耙斗循环一次的时间 $t(\text{s})$ 为：

$$t = \frac{L}{v_1} + \frac{L}{v_2} + t_0$$

式中 L——平均耙运距离，m；

v_1，v_2——首绳、尾绳的绳速，m/s；

t_0——耙斗往返一次的换向时间，通常取 $20 \sim 40\text{s}$。

耙运距离不固定时的加权平均运距 L（m）为：

$$L = \frac{L_1 Q_1 + L_2 Q_2 + \cdots}{Q_1 + Q_2 + \cdots}$$

式中 L_1，L_2，$\cdots$——各段耙运距离，m；

Q_1，Q_2，$\cdots$——各段耙运矿量，m^3。

耙斗每小时的循环次数 n 为：

$$n = \frac{3600}{t}$$

电耙的生产率 $\eta_h(\text{m}^3/\text{h})$ 为：

$$\eta_h = nVK_qK_\beta$$

式中 V——耙斗容积，m^3；

K_q——耙斗装满系数，一般为 $0.6 \sim 0.9$；

K_β——电耙时间利用系数，一般为 $0.7 \sim 0.8$。

6.3.2.2 电耙出矿时间

电耙出矿时间 $t_p(\text{h})$ 为：

$$t_p = \frac{QE}{\eta_h}$$

式中 Q——爆落的原矿体积，m^3；

η_h——电耙生产率，m^3/h；

E——矿石松散系数，耙运时一般取 1.5。

6.3.2.3 绞车牵引力

耙矿绞车的牵引力必须大于耙矿总阻力。耙矿总阻力包括：耙斗及耙斗内矿石的移动阻力；为了控制放绳速度，对放绳卷筒做轻微制动产生的阻力；耙斗插入矿堆进行装矿时的阻力；钢丝绳沿耙运面的移动阻力和绕滑轮的转向阻力；某些额外阻力，如耙斗拐弯阻力、耙运面不平产生的阻力等。在一般情况下，前两种阻力是主要的，其他阻力较小，不必一一计算，只需将这两种阻力之和乘上一个大于1的附加系数来代表它们即可。

当耙斗沿倾角为 β 平面耙运时，耙斗及耙斗内矿石的移动阻力 $F_1(\text{N})$ 为：

$$F_1 = G_0 g(f_1 \cos\beta \pm \sin\beta) + Gg(f_2 \cos\beta \pm \sin\beta)$$

式中　G_0——耙斗质量，kg；

　　　G——耙斗内矿石质量，kg；

　　　g——重力加速度，9.8m/s^2；

　　　f_1——耙斗与耙运面的摩擦系数，通常取 $0.5 \sim 0.55$；

　　　f_2——矿石与耙运面的摩擦系数，通常取 $0.7 \sim 0.75$。

式中向上耙运时取"+"号，向下耙运时取"-"号。

耙斗内矿石的质量 G（kg）为：

$$G = VK_q\gamma$$

式中　V——耙斗容积，m^3；

　　　K_q——耙斗装满系数，计算牵引力时为了从最困难情况考虑，一般将耙斗作为装满处理，即取 $K_q = 1$；

　　　γ——松散矿石的密度，kg/m^3。

为了避免放绳过快，造成钢丝绳弯垂过度或打结，可对放绳卷筒轻微制动，由此产生的阻力 F_2 在计算时可取 $600 \sim 1000\text{N}$。

其他阻力用附加系数 α 表示，通常 α 取 $1.3 \sim 1.4$。

绞车主卷筒的牵引力 $F(\text{N})$ 为：

$$F = \alpha(F_1 + F_2)$$

绞车电动机所需功率 $P(\text{kW})$ 为：

$$P = \frac{Fv_1}{1000\eta}$$

式中　v_1——首绳速度，m/s；

　　　η——绞车机械效率，一般取 $0.8 \sim 0.9$。

当沿倾斜底板向下耙运时，因所需牵引力较小，绞车不一定能拖动空耙斗向上运行，因此需要校核耙斗向上空行程时电动机的功率是否满足要求。此时绞车电动机所需功率 P'（kW）为：

$$P' = \frac{F'v_2}{1000\eta}$$

式中　F'——耙斗向上空行程时，绞车副卷筒的牵引力，N；

　　　v_2——尾绳速度，m/s。

在 P 和 P' 中取较大值选取电动机。

F' 的计算方法与 F 相似，但不包括耙斗内矿石的移动阻力。考虑耙斗向上运行时会刮动矿石，使阻力增加，附加系数 α 应取为2。

在电耙计算时，需要知道主绳和尾绳速度。绞车不同，绳速也不相同，因此计算前需要根据工作条件初选一种绞车，然后通过计算检验。若检验不符合要求，应重选重算，直至符合要求为止。

6.4 装渣机械

装渣机械是在井巷施工中对岩石或矿石等松散物料完成铲装作业的设备。它按使用动力分为电动装载机、气动装载机、内燃机驱动装载机;按行走方式可分为轨轮式装载机、轮胎式装载机、履带式装载机;按铲装方式分为铲斗装载机、扒爪类装载机、挖斗式装载机和耙斗式装载机。

6.4.1 铲斗装载机

铲斗装载机利用机械前进使铲斗插入岩堆铲起渣石,通过铲斗的提升和翻转,将渣石卸入矿车或转载设备中,是间歇式非连续装载机。它由铲斗、行走底盘、提升机构、回转机构、动力及操作机构等部分组成。装渣时,依靠自身质量和运动速度所具有动能将铲斗插入岩堆,铲满后将渣石卸入矿车内或料仓内由运输机构卸入转载机,然后铲斗回到铲取位置,开始下一铲装循环。铲斗装载机按卸载方式分为后卸式铲斗装载机和侧卸式铲斗装载机两类。

(1)后卸式铲斗装载机(装岩机)。后卸式铲斗装载机通称装岩机,它是正铲后卸的轻型装载机。装岩机利用机体前方的铲斗铲起岩块,经机体上方将岩块倒入机后的矿车内,然后铲斗在横梁缓冲弹簧的反作用下,自动下放到铲取位置。装岩机按行走方式分为轨轮式装岩机、履带式装岩机和轮胎式装岩机,如图6-53所示。国产装岩机的行走方式大多为轨轮式。装岩机按动力分为电动和气动两类。电动装岩机又分为隔爆式装岩机、非隔爆式装岩机。电动装岩机的优点是能源输入简单、方便,能量利用率高,使用操作容易、维修简便等。但它的控制元件多,地下涌水量较大时易烧电机,在有沼气的工作面需使用防爆型装岩机。气动装岩机可以自行调速,装渣时的插入力和铲取力均可自行调节,缓冲性能较好,使用安全,但压气输入不方便,能量利用率低,维修较麻烦。气动式装岩机适用于涌水量较大的岩巷工程。

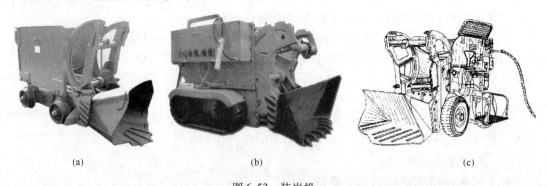

图6-53 装岩机
(a)轨轮式电动装岩机;(b)履带式电动装岩机;(c)轮胎式气动装岩机

ZYC-20B(Z-20B)型电动装岩机是我国应用最早的地下装渣机械,也是目前岩巷掘进中应用最多的装渣机械。它的构造如图6-54所示。

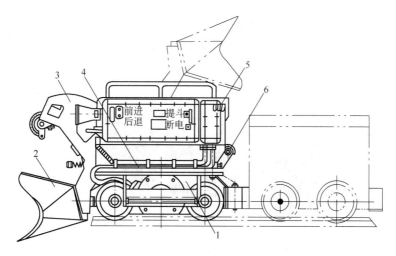

图 6-54　ZYC-20B 型电动装岩机的构造
1—行走机构；2—铲斗；3—斗臂；4—回转台；5—缓冲弹簧；6—提斗机构

装岩机的型号及规格见表 6-7。装岩机具有结构简单、适应性强、工作可靠、操作维修简便等特点，装渣时可同时进行凿岩，互相干扰小，可实现装渣与凿岩平行作业。但其工作宽度一般只有 1.7~3.5m，工作长度较短，轨轮式装岩机需要随时将轨道延伸至岩堆，斗容量小，且一进一退间歇装渣，生产率较低。装岩机主要适用于小断面岩巷及倾角小于 8° 的斜巷掘进装渣。它是目前国内岩巷掘进中应用最广泛的装载机。

表 6-7　装岩机的主要技术参数

指　标	电　动　型			气　动　型	
	Z-17B（ZCZ-17）	ZYC-20B（Z-20B）	ZYC-28	ZQ-13（ZCQ-13）	ZZQ-26（ZCZ-26）
铲斗容积/m³	0.17	0.20	0.20	0.13	0.26
装载宽度/mm	1700	2200	2200	1700	2700
效率/m³·h⁻¹	25~30	30~40	30~45	15~20	50
岩石最大尺寸/mm	500	400		300	750
最小断面（$b \times h$）/mm×mm	1800×1800	3000×2500		1800×1800	3000×2500
轨距/mm	550，600	600	600，900	600	600，762
行走速度/m·s⁻¹	1.0	0.79	0.97	1.02~1.40	1.20
装机功率/kW	2×10.5	10.5+13	13+15		
外形尺寸（长×宽×高）/mm×mm×mm	2175×1040×1750	2372×1604×2192	2370×1604×2145	2000×970×1600	2375×1010×2290
质量/t	1.75	4.88	5.16	2.00	2.70

（2）侧卸式铲斗装载机。侧卸式铲斗装载机的基本构造与装岩机相似，也是在正面铲取岩石，但在设备的前方侧转卸载，行走方式多为履带式（见图 6-55）。由于是侧面卸载，转载设备布置在它卸载的一侧。它铲取的岩石可直接卸到转载设备前面的料仓内，通

过转载设备转卸到矿车中。这样就可以连续装满一列矿车，提高了装渣效率。

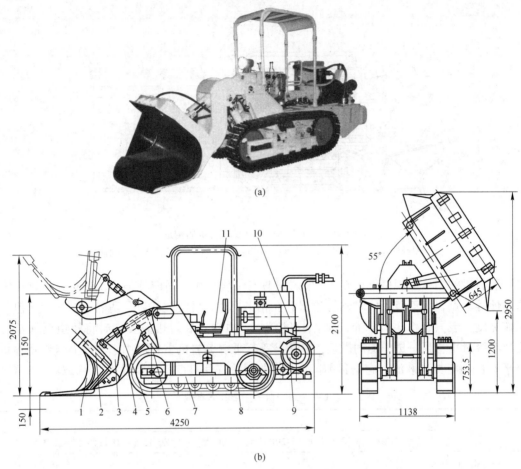

图 6-55　ZLC-60 型全液压侧卸式铲斗装载机

（a）外形图；（b）结构示意图

1—铲斗；2—侧卸液压缸；3—铲斗座；4—大臂；5—拉杆；6—提升液压缸；7—行走机构；
8—主动链轮；9，10—电动机；11—司机座

　　侧卸式铲斗装载机的特点是铲斗比机身宽，容积大；铲斗的侧壁很低，通常一边无侧壁，因此插入阻力小，容易装满铲斗；不受岩石块度、硬度限制，更有利于装载硬岩；功率大，提升和翻转的行程较短，装渣生产率高；履带行走机动性好，装渣宽度不受限制；铲斗还可兼作活动平台，用于挑顶和安装锚杆等。它适用于大断面岩巷的装渣。

6.4.2　扒爪类装载机

　　扒爪类装载机的前面有一对耙爪，耙爪将岩石耙取到后面的带式（刮板或链板）输送机上，再转运到运输车辆内。扒爪类装载机是一种连续装渣机械，其装载宽度大、生产效率高，适用于断面较大的岩巷装渣。扒爪类装载机按耙爪及其动作原理可分为蟹爪装载机、立爪装载机和蟹立爪装载机。

　　（1）蟹爪装载机。蟹爪装载机在前方倾斜的铲板上设置一对蟹爪形耙爪，耙爪交替扒

取岩石，并通过设备本身的运输机构将岩石转运到后面运输车辆的装载机。目前应用较多的是履带行动的电动蟹爪装载机。蟹爪装载机主要由蟹爪装载机构、转载输送机、行走底盘、液压和电控系统及喷水降尘系统等组成（见图6-56）。它在底盘前端装有可升降的楔形集料板，其前端的铲板上装有一对蟹爪，由液压马达或电动机驱动，连续以180°相位差交替地扒取岩石。转载输送机是通用的刮板输送机，有的前段采用刮板输送机，后段搭接胶带输送机。部分国产蟹爪装载机的型号及性能见表6-8。

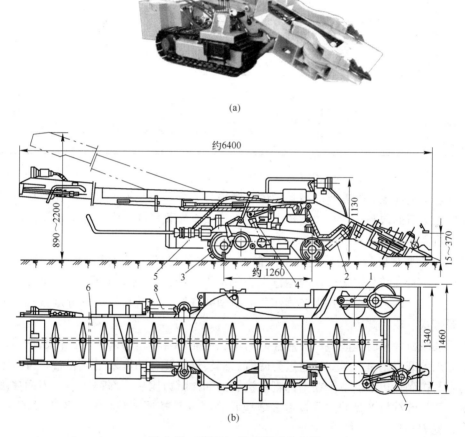

(a)

(b)

图 6-56　ZMZ2A-17 型蟹爪装载机

（a）外形图；（b）结构示意图

1—蟹爪；2—铲板升降液压缸；3—履带行走装置；4—转载机升降液压缸；5—电动机；

6—转载输送机；7—铲板；8—转载机摆动液压缸

表 6-8　蟹爪装载机主要技术参数

指　标	ZS-60	ZMZ2A-17	ZXZ60	LB-150	ZB-1
生产率/m³·h⁻¹	60	40	60	150	150～180
岩石适合块度/mm	350～600	300	—	600～700	500～600
铲板宽度/mm	1350	1590	1600	2150	2220

指 标	ZS-60	ZMZ2A-17	ZXZ60	LB-150	ZB-1
耙爪动作频率 /次·min^{-1}	35	45	31.8	35	35
行走速度 （插入/调动） /m·s^{-1}	0.1/0.37	—/0.29	0.208/—	0.163/0.595	0.16/0.316
转载机尾摆角/(°)	±30	±45	±30	±30	—
机头动力	液压马达	电动机	电动机	电动机	电动机
机头功率/kW	—	—	2×13	2×13	2×13
行走动力	液压马达	电动机	电动机	电动机	电动机
行走功率/kW	2×7	—	30	2×13	2×15
装机功率/kW	32	17	64.5	83.5	97.5
外形尺寸 （长×宽×高） /mm×mm×mm	7570×1350× 1720	7200×1460× 2200	8100×1600× 1770	8770×2150× 1790	8837×2290× 1960
质量/t	6.0	4.1	15	23	20

蟹爪装载机连续装渣，装载宽度大、生产效率高，设备高度低，产生粉尘少，但结构复杂，制造工艺和维修保养要求高，爪齿易磨损，要求爆破底板平整，以便铲板推进。此外，受蟹爪拨渣的限制，岩石块度较大时的工作效率显著降低。为了清除工作面两帮的岩石，装载机需多次移动机位。

（2）立爪装载机。立爪装载机是由前方一对立爪在竖直面上从岩堆上部往下耙取岩石，并通过本身的转载输送机运至运输设备的地下装载机（见图 6-57）。它是在蟹爪装载机的基础上发展的一种上取式半连续作业的新型装载机。立爪装载机按行走方式可分为轨轮式、履带式、轮胎式等。

蟹爪装载机装渣时，倾斜铲板需插入岩堆，可能使岩堆塌落，甚至压住蟹爪使之不能工作。立爪装载机则是一对立爪通过升降臂、回转臂的联合动作来耙取岩石，可将前方和两侧的岩石扒到铲板上。由于在上部耙取渣石的插入阻力比从下部耙取小，因而要求的动力较小。立爪装载机产品的主要技术参数应符合《立爪挖掘装载机》（JB/T 5503—2004）的规定，见表 6-9。

立爪装载机的性能比蟹爪装载机好，立爪机构简单可靠、动作灵活；对岩巷断面和岩石块度适应性强，当岩石块度较大时，也能保证较高的生产率，特别适用于装载岩石块度小于 500~650mm 的硬岩；轨轮式的工作宽度可达 3.8m，工作长度可达到轨端前方 3m，生产效率较高；还能挖排水沟和清理底板。但其爪齿易磨损，操作较复杂，维修要求高。立爪装载机可与凿岩台车、梭式矿车或其他运输设备组成机械化作业线。

（3）蟹立爪装载机。蟹立爪装载机是由蟹爪在铲板平面、立爪在竖直面交替耙取物料，并通过本身的运输设备将岩石卸载的扒爪装载机（见图 6-58）。它是以蟹爪为主、立爪为辅的高效连续作业的新型装载机。立爪在竖直面交替扒集岩石并给蟹爪喂料，蟹爪则在铲板平面取料和送料。HG-120 型蟹立爪装载机的性能见表 6-10。

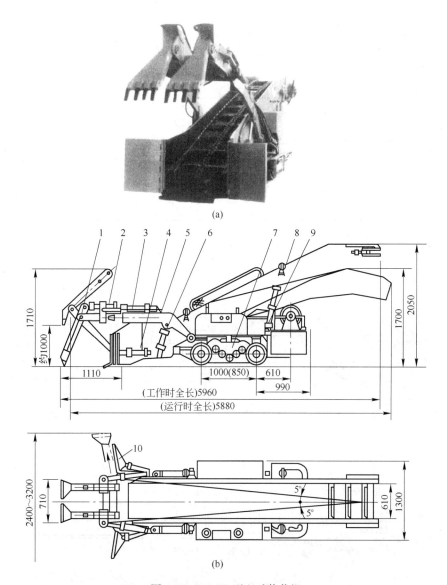

图 6-57 LA-60 型立爪装载机

（a）外形图；（b）结构示意图

1—立爪；2—耙取液压缸；3—回转液压缸；4—集渣液压缸；5—工作大臂；6—大臂液压缸；
7—行走底盘；8—刮板输送机；9—支撑液压缸；10—集渣门

表 6-9 立爪装载机产品的主要技术参数

指　标	LZ-80	LZ-100	LZ-120	LZL-120
装载能力/m³·h⁻¹	80	100	120	
耙取宽度/mm	≥2650		≥2900	
装载宽度/mm	≥3800（转槽）		≥4000（转槽）	任意
工作高度/mm	≤2300		≤2500	≤3200
耙取高度/mm	≥1300		≥1345	

续表6-9

指　　标	LZ-80	LZ-100	LZ-120	LZL-120
耙取深度/mm	≥200		≥250	
卸载高度/mm	≥1400			
最小转弯半径/m	7	9		≤5.9
电机总功率/kW	15			55
质量/t	≤9.4		≤11.7	≤14.5
运输最大外形尺寸 （长×宽×高） /m×m×m	5.70×1.80×2.10	6.40×1.95×2.30	7.10×2.10×2.50	9.10×2.40×3.20

注：1. 型号中"LZ"为轮轨式立爪装载机；"LZL"为履带式立爪装载机；

　　2. 工作高度为立爪装载机工作时机器最高点与行走支承面间的距离。

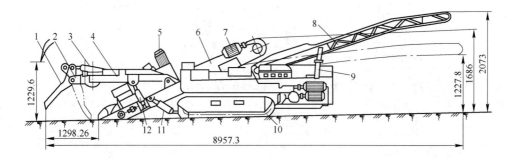

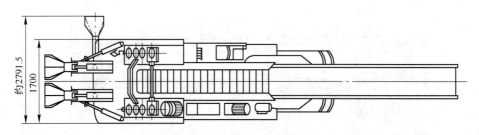

图6-58　蟹立爪装载机

1—立爪；2—小臂；3—立爪液压缸；4—大臂；5—蟹爪电动机；6—双链刮板输送机；7—刮板输送机电动机；
8—胶带输送机；9—升降液压缸；10—履带装置；11—机头升降液压缸；12—大臂升降液压缸

表6-10　HG-120型蟹立爪装载机的主要技术参数

指标	生产率 /m³·h⁻¹	岩石适合 块度/mm	耙装频率 /次·min⁻¹	耙装宽度 /mm	行走速度 /m·min⁻¹	电机总功率 /kW	外形尺寸 （长×宽×高） /m×m×m	质量/t
参数	120	400	13（立爪） 40（蟹爪）	1365	12	40	8.47×3.10×1.96	10

　　蟹立爪装载机克服了蟹爪装载机不能在有根底或高岩堆情况下扒集岩石、立爪装载机扒取岩石速度较慢并可能碰坏刮板的缺点。它的立爪既可将岩堆上的悬石耙下，也可将岩

巷两侧的岩石喂给蟹爪，加大装载宽度，同时改善了蟹爪插入岩堆时阻力较大的不利工况，降低了对铲板插入深度的要求，保证了蟹爪的满载作业。当底板爆破留有根底、铲板无法插入岩堆时，由于立爪是超前铲板工作，因此也能正常装渣，并为二次爆破根底创造条件。

6.4.3　挖斗装载机

挖斗装载机简称挖装机，它是利用前端的反铲将渣石耙至集料斗，经自身的刮板输送机输送至尾部，将渣石卸入自卸汽车或梭式矿车等运输工具。挖装机由挖掘装置、回转装置、输送装置和行走装置组成。行走方式多为履带式，用于较小断面的还有轮轨式和轮胎式（见图6-59）。它采用双动力系统，在进洞行走或洞外作业时使用柴油动力，在洞内装渣时采用电动全液压装置，从而可有效地减较少洞内空气的污染。

国内隧道工程应用较多的挖装机为德国夏夫（Schaff）公司生产的 ITC312-H3 型履带挖装机（见图6-60）。它的装渣能力为 $3 \sim 3.5\text{m}^3/\text{min}$，电动机功率为90kW，柴油发动机功率为112kW，重量为27t，可用于掘进断面为 $15 \sim 50\text{m}^2$ 的装渣。此外，夏夫公司还生产配有岩石击碎机的 TC312-H3 型、ITC420-E68 型大功率等挖装机，增加了清底和修凿断面轮廓的功能。

国产 WZ330 型挖装机是在 ITC312 型挖装机的基础上研制的，其主要技术参数见表6-11。行业标准设有 LW-150、LWL-150、LWL-200、LWL-250 等型号。

(a)　　　　　　　　　　　　　　　(b)

图6-59　挖斗装载机
（a）轨轮式挖装机；（b）轮胎式挖装机

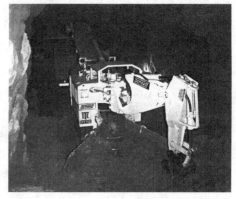

(a)　　　　　　　　　　　　　　　(b)

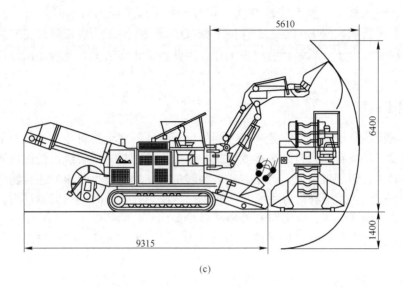

(c)

图6-60   ITC312-H3型履带式挖装机

（a）外形图；（b）正在装渣作业；（c）结构示意图

表6-11   WZ330型挖装机的主要技术参数

指　　　标	参　　数	指　　　标	参　　数
装载能力/m³·h⁻¹	330	电动机功率/kW	90
挖斗扒取宽度/mm	8500	柴油机功率/kW	132
挖斗扒取宽度/mm	6500	整机质量/t	32
挖斗下挖深度/mm	1000	长（运输状态）/mm	15600
卸渣高度/mm	3500	宽（运输状态）/mm	2500
最小离地间隙/mm	250	高（运输状态）/mm	2700

6. 4. 4   耙斗装载机

　　耙斗装载机是用绞车和钢丝绳牵引耙斗往复运动来耙取破碎岩石，经装车台卸入矿车的地下装载机。它采用轨轮行走方式，需用机车牵引，电力驱动。如图6-61所示，耙斗装载机由扒矿机和装车台组成。扒矿机由耙斗、绞车、钢丝绳和滑轮组等组成。装车台由进料槽、中间槽、卸料槽和台车组成。

(a)

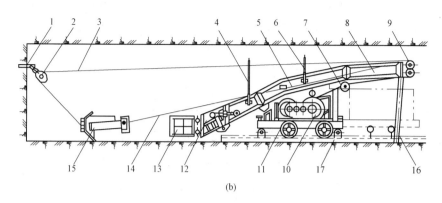

图 6-61　耙斗装载机

（a）外形图；（b）构造图

1—固定楔；2—尾轮；3—返回钢丝绳；4，6—钎子；5—中间槽；7—托轮；8—卸料槽；9—头轮；10—绞车；
11—台车；12—进料槽；13—簸箕挡板；14—工作钢丝绳；15—耙斗；16—撑脚；17—卡轨器

在工作面上锚固尾滑轮的固定楔由楔体和紧楔组成，它分为硬岩用和软岩用两种，如图 6-62 所示。软岩用固定楔也能用于硬岩。

耙斗装岩机的生产率随耙渣距离的增加而降低，一般耙渣距离以 6～20m 为宜，大于 20m 时装渣效率将明显下降。耙斗装载机结构简单、制造和维修容易、搬运和操作简便，是我国煤矿巷道掘进的主要装渣设备，也可用于斜井（倾角小于 35°）掘进的装渣。

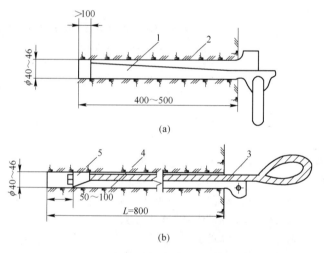

图 6-62　尾滑轮固定楔结构

（a）硬岩用固定楔；（b）软岩用固定楔

1—楔体；2—紧楔；3—钢丝绳；4—钢管；5—圆锥套

6.4.5　装载机的选择

选用装载机时，要考虑岩巷断面的规格和资金条件、对施工工期和机械化程度的要求及操作与维修条件等。装载机的选型配套，应能满足高效装渣作业、装渣能力与掘进能力及运输能力相适应的要求，并保证装运能力大于最大的掘进能力。装载机应移动方便、污染小、易于维修。各类装载机的特点及适用条件归纳在表 6-12 中，该表可作为选择装载机的参考。

当前，普遍采用后卸式装载机，尤其是岩巷的断面不大于 $12m^2$ 时。当断面较大且采用无轨运输时，宜采用轮胎式侧卸铲斗装载机。当岩巷断面大于 $12m^2$ 且长度大于 500m 时，也可采用履带式侧卸铲斗装载机与侧卸式矿车组成的混合式装渣运输系统。如果要求机械化程度高、掘进速度快，而且资金又允许，可采用立爪式或蟹立爪式装载机。当岩巷开挖长度大于 500m，用无轨运输时，为降低洞内油烟浓度，可采用立爪式轨行装载机装渣。此时，采用无轨运输与有轨装渣相结合方式，在距开挖工作面 70 ~ 80m 范围内铺设轨道，轨枕可采用 120 型槽钢代替，并与钢轨连接成整体。同时，应对装载机实行强制保养制度，以提高装载机的完好率和利用率。

表 6-12　各类装载机的特点

装载机类型	特　　点
后卸铲斗装载机	卸载时扬斗后卸，铲斗容积小，岩石块度不能太大；间歇式装渣效率低，一般生产能力只有 25 ~ 40m³/h；卸载时粉尘大；要求熟练的操作技术；装渣宽度较小；用于断面较小的岩巷掘进
侧卸铲斗装载机	铲取能力大，对大块岩石、坚硬岩石的适应性强；履带行走移动灵活，装载宽度大，清底干净；操作简单、省力；但构造复杂，价格高，维修要求高；适用于断面大于 12m² 的岩巷掘进
蟹爪装载机、立爪装载机、蟹立爪装载机	连续装渣、可与大容积的运输设备或转载机械配合应用，生产效率高；但构造较复杂，价格高，蟹爪的铲板易磨损，若装坚硬岩石，对制造工艺与材料耐磨度要求较高
耙斗装载机	构造简单，操作和维修容易；但体积较大，移动不便，妨碍其他机械同时工作，耙齿和钢丝绳的损耗大，底板清理不干净，人工辅助工作量大，效率低；主要用于煤矿巷道、倾斜岩巷的掘进

复习思考题

6-1　简述铲运机与装运机的主要区别。

6-2　简述地下装运机的优缺点和适用范围。

6-3　简述 C-30 型装运机的工作循环过程。

6-4　简述地下铲运机的优缺点和适用范围。

6-5　简述地下铲运机的工作原理。

6-6　简述电耙设备的优缺点及其适用场合。

6-7　电耙设备由哪几部分组成？

6-8　电耙设备是如何分类的？

6-9　电耙设备有哪些优缺点？

6-10　电耙设备主要适用什么场合工作？

第3篇

运输与提升机械

本篇包括第7~9章，主要介绍巷道运输机械、矿用运输汽车、矿井提升机械。

地下采矿过程中，采下的矿岩需要通过阶段运输巷道的运输和竖（斜）井的提升到达地表。此时常用的运输与提升机械有牵引电机车、矿车、矿用自卸汽车、箕斗和罐笼等。露天采矿崩落的矿岩也需要运输到采场外，如矿石需要运往选矿厂，废石要运到排土场堆垒存放。此时常用的运输机械有铁路运输、汽车运输，也可以采用皮带运输。

7　巷道运输机械

+-+

【学习要求】

（1）了解牵引电机车的分类、电气设备、结构。

（2）熟知常用矿车的结构特点、适用条件。

（3）熟知轨道的结构、铺设及衔接。

（4）了解巷道运输辅助设备阻车器、推车器、翻转机构。

+-+

7.1　牵引电机车

7.1.1　电机车的分类

电机车是我国金属地下矿的主要运输设备。通常牵引矿车组在水平或坡度小于30‰~50‰的线路上做长距离运输，有时也用于短距离运输或做调车用。

电机车按电源形式不同分为两类：从架空线取得电能的架线式电机车、从蓄电池取得电能的蓄电池式电机车如图7-1所示。二者比较，架线式结构简单、操纵方便、效率高、生产费用低，在金属矿获得广泛应用；蓄电池式通常只在有瓦斯或矿尘爆炸危险的矿井中使用。

架线式电机车按电源性质不同，分为直流电机车和交流电机车两种。目前国内普遍使用直流电机车。交流电机车因供电简易，耗电较少，价格和经营费用较低，受到国内外重

图 7-1 电机车外形

(a) 架线式；(b) 蓄电池式

视。我国已研制成装有鼠笼电动机的可控硅变频调速交流电机车，为在地下矿使用交流电机车创造了条件，但还不可能在短时间推广。本章只介绍直流架线式电机车。

7.1.2 矿用电机车的电气结构

7.1.2.1 电机车的供电系统

直流架线式电机车的供电系统如图 7-2 所示。从中央变电所经高压电缆 4 输来的交流电，在牵引变电所 1 内，由变压器 2 降压至 250V 或 550V，经整流器 6 将交流变为直流，用供电电缆 7 输送至架空线 9。电机车通过本身装置的集电弓，从架空线获得电能，供给牵引电动机，驱动车轮运转。最后电流以轨道 11 和回电电缆 5 作为回路，返回变压器 2。

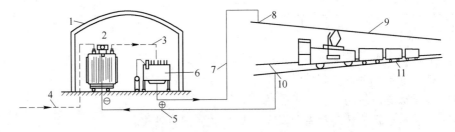

图 7-2 直流架线式电机车的供电系统

1—牵引变电所；2—变压器；3—阳极电缆；4—从中央变电所来的高压电缆；5—回电电缆；
6—整流器；7—供电电缆；8—供电点；9—架空线；10—回电点；11—轨道

近年来，大功率硅整流的发展，为电机车直流供电开辟了广阔前景，进一步扩大了直流电机车的使用范围。

7.1.2.2 电机车的电气设备

矿用电机车的电气设备主要包括牵引电动机、控制器、电阻器和集电器。

(1) 牵引电动机。目前矿用电机车的牵引电动机绝大多数采用直流串激电动机。根据电工原理，直流串激电动机线路使用下列符号：U 为外电压（V）；E 为电枢的感应电动势（V）；I、I_j、I_s 分别为负荷电流、激磁电流、电枢电流（A）；R_j、R_s 分别为激磁绕组电阻、电枢电阻（Ω）；B、Φ 分别为激磁绕组的磁感应强度（T）及磁通（Wb）；l 为电枢上相应于产生电动力 F 的导线长度（m）；r 为电枢半径（m）；S 为磁通面积（m^2）；n 为电枢转速（r/min）；v 为电枢线圈的切线速度（m/s）；N、R_m 分别为激磁绕组的匝数及磁阻

（A·匝/Wb）。

$$I_{\text{s}} = I_{\text{j}} = I$$

$$F = BIl = \frac{\Phi}{S}Il$$

$$M = Fr = \frac{\Phi Ilr}{S} = \Phi IC_{\text{m}}$$

式中　M——电磁转矩，N·m；

　　　C_{m}——转矩常数，对已制成的电动机，C_{m}是常数。

在磁场未饱和前 $\Phi = \dfrac{IN}{R_{\text{m}}}$ ，所以

$$M = I^2 \cdot \frac{NC_{\text{m}}}{R_{\text{m}}}$$

因为

$$E = Blv = \frac{\Phi}{S} \cdot l \cdot \frac{2\pi rn}{60} = \Phi nC_{\text{e}}$$

式中，C_{e} 为电机常数，对已制成的电动机，C_{e} 是常数。

$$U = E + I(R_{\text{s}} + R_{\text{j}})$$

所以

$$I = \frac{U - E}{R_{\text{s}} + R_{\text{j}}} = \frac{U - \Phi nC_{\text{e}}}{R_{\text{s}} + R_{\text{j}}}$$

$$n = \frac{U - I(R_{\text{s}} + R_{\text{j}})}{\Phi C_{\text{e}}} = \frac{U - I(R_{\text{s}} + R_{\text{j}})}{\dfrac{IN}{R_{\text{m}}}C_{\text{e}}}$$

从上述公式可知，直流串激电动机的特性是：

1）由于电枢电流等于电动机的负荷电流，在磁场未饱和前，电磁转矩与电枢电流的平方成正比，因此起动转矩大，运行时的转矩也大。

2）在外电压不变的情况下，外负荷增大，电动机转速减慢，使电枢电流加大，电磁转矩迅速增大，在新的条件下与外负荷平衡，令电枢等速运转。这种软特性使电机车不会因外负荷增大而停车。

3）外负荷增大，电动机的电枢电流随之加大，但其增加幅度比负荷的变动要小得多，因此过负荷能力强。

4）外电压下降，电动机转速减慢，电枢电流基本保持不变，电磁转矩也基本不变，使电机车不会因外电压下降而停车。

5）用双电动机拖动时，两台电动机的负荷比较均匀。

上述特性对在困难条件下工作的电机车拖动，具有重大意义。

（2）控制器。控制器安装在电机车驾驶室内，控制器顶部有主轴手柄和换向轴手柄。旋转主轴手柄可以实现：接通电源，启动电机车使之达到额定速度；对电机车调速；切断电源，对电机车进行能耗制动。旋转换向轴手柄可以实现：接通或切断电源；改变电机车的运行方向。

电机车通常使用凸轮控制器。单电机凸轮控制器的工作原理如图7-3所示，控制器主轴上装有若干个用坚固绝缘材料制成的凸轮盘2，凸轮盘侧面装有接触元件，接触元件由活动触点3和固定触点4构成。活动触点在凸轮盘凸缘推动下，能与固定触点紧密接触，

凸缘离开后，活动触点在弹簧作用下复位，两个触点分离。旋转主轴手柄1能使各个凸轮盘按顺序闭合或断开各个接触元件，将电阻串入电路或从电路内切除。在图中，手柄顺时针从0位向8位转动，电动机启动并不断提高速度；反之，逆时针从8位向0位转动，电动机不断减速，手柄转到0位，电源切断。若将手柄继续逆时针从0位转向Ⅵ位，电机车受能耗制动减速停车。

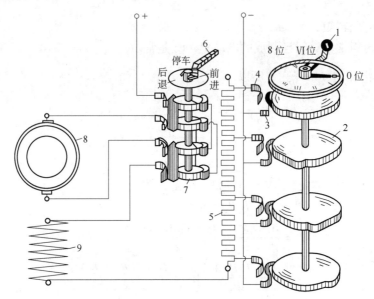

图7-3　　单电机凸轮控制器工作原理

1—主轴手柄；2—凸轮盘；3—活动触点；4—固定触点；5—电阻；

6—换向轴手柄；7—鼓轮；8—电枢；9—激磁绕组

控制器换向轴上装有鼓轮7，鼓轮上装有若干个活动触点。旋转换向轴手柄6，可使这些触点与它们对应的固定触点闭合或断开。在图示位置，电枢绕组被正接入电路，电动机正转，电机车前进；将手柄6转到停车位置，电源切断，电动机停机；将手柄6转到后退位置，电枢绕组被反接入电路，电动机反转，电机车后退。

（3）电阻器。电阻器是牵引电动机启动、调速和电气制动的重要元件，放在电机车的电阻室内。目前主要使用带状电阻，它是一种用不同断面的高电阻康铜或铁铬镍合金金属带做成的螺旋状电阻。

（4）集电器。架线式电机车利用集电器从架空线取得电能。目前常用图7-4所示的双弓集电器。底座1用螺栓固定在电机车的车架上，下支杆2与底座铰接，用弹簧4拉紧。上支杆3用绝缘材料制成，铰接在下支杆上，用弹簧5拉紧。上支杆上装有弓子6，在弹簧

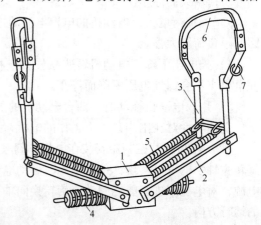

图7-4　双弓集电器

1—底座；2—下支杆；3—上支杆；

4，5—弹簧；6—弓子；7—绝缘环

作用下，弓子紧靠在架空线上，并随架空线的高低而改变其升起高度。弓子用铝合金或紫铜制成，其顶部有一纵向槽，槽内充填润滑脂，随着电机车的运行，润滑脂涂在弓子和架空线表面，起润滑作用，并能减少弓子与架线之间产生火花。使用双弓可增大接触面积，减少接触电阻，并在一个弓子脱离架线时另一弓子可继续受电。弓子从架空线接受的电流，由电缆输送到控制器。弓子上装有绝缘环 7，上面系有绳子，在驾驶室内拉动绳子，可使弓子脱离架空线。

架空线用线夹夹紧后，用拉线悬吊在巷道壁或支架上，为了使架空线与巷道壁绝缘，拉线中间应装瓷瓶。架空线的悬吊间距，在直线段内不应超过 5m，在曲线段内为 2～3m。架空线与巷道内钢轨轨顶的垂直间距不应低于 1.8m，在主要巷道中应不低于 2m。

7.1.3　矿用电机车的机械结构

矿用电机车的机械部分包括车架、轮轴及传动装置、轴箱、弹簧托架、制动装置和撒砂装置。

（1）车架。电机车的车架如图 7-5 所示，由纵向钢板 2，缓冲器 1、4 和横向钢板 3 等组或。纵板 2 厚 30～60mm，前后用缓冲器 4 和 1 连接，中间用横板 3 加固。横板将车架分为驾驶室、行走机构室和电阻室三部分。纵板的中部有两个侧孔 5 和一个侧孔 6，从孔 5 可看见轴箱 7 和弹簧托架 8，以便于检修，从孔 6 可调整刹车闸瓦与车轮的间距。缓冲器上有连接器，可将矿车连接在电机车上。

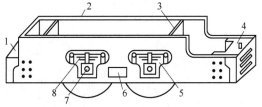

图 7-5　电机车的车架
1—缓冲器；2—纵板；3—横板；4—缓冲器；
5，6—侧孔；7—轴箱；8—弹簧托架

（2）轮轴及转动装置。电机车的轮轴如图 7-6 所示，由车轴 1、用压力嵌在轴上的两个铸铁轮心 2 和与轮心热压配合的钢轮圈 3 组成。轮圈用合金钢制成，耐磨性好，磨损后可单独更换，不需换整个车轮。车轴两端有凸出的轴颈 6，可插入轴箱的滚柱轴承内，使车轴能顺利旋转。车轴上装有轴瓦 4 和齿轮 5。电动机通过轴瓦套装在车轴上（见图 7-7），经齿轮 8 驱动车轴上的齿轮 5 旋转，使车轮沿轨道运行。

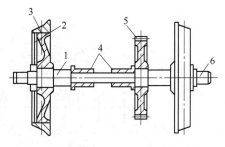

图 7-6　电机车的轮轴
1—车轴；2—轮心；3—轮圈；
4—轴瓦；5—齿轮；6—轴颈

电动机的外形如图 7-8 所示，它的一端装有轴套 5，轴套套装在电机车的车轴上，使车轴在支承电动机的同时可以自由转动。从图 7-7 可知，电动机的另一端有挂耳 2，通过弹簧 4 悬吊在车厢纵板上。这种安装方法结构紧凑，并保证在机车运行振动时，传动齿轮仍能正确啮合。

如图 7-9 所示，电机车的两根车轴 4，各用一台电动机 1，经齿轮 2、3 一级减速驱动。两个传动系统采用图示的顺序配置方式，以保证轴距不致过大，而电机车具有足够的稳定性。

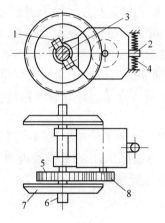

图 7-7　电机车的齿轮传动装置

1—电动机；2—挂耳；3—车轴；4—弹簧；

5，8—正齿轮；6—轴颈；7—车轮

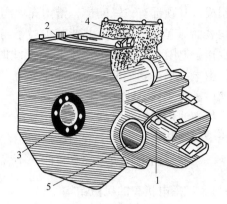

图 7-8　牵引电动机

1—螺栓；2—整流子检查孔；3—轴承；

4—接线盒；5—轴套

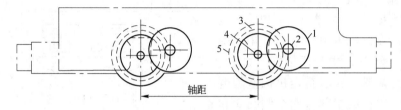

图 7-9　电机车双轴传动的配置

1—电动机；2，3—齿轮；4—车轴；5—车轮

（3）轴箱。电机车的轴箱如图 7-10 所示，轴箱外壳 1 为铸钢件，箱内装有两个单列

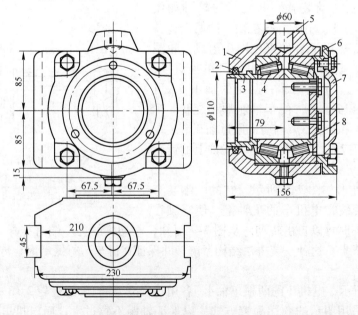

图 7-10　电机车的轴箱

1—铸钢外壳；2—密封圈；3—支持环；4—滚柱轴承；5—柱状孔；6—支持盖；7—端盖；8—止推垫圈

圆锥滚柱轴承 4，车轴两端的轴颈插入轴承的内座圈，用支持环 3 和止推垫圈 8 防止车轴做轴向移动。轴箱外侧装有支持盖 6，用来压紧轴承外座圆和承受轴向力，轴箱端面另用端盖 7 封闭。轴箱内侧装有毡垫密封圈 2，可防止润滑油漏出和灰尘侵入。为了便于检修，轴箱外壳 1 由两半合成，用四个螺栓连接。轴箱顶部有一个柱状孔 5，弹簧托架的弹簧箍底座就放在孔内，轴箱两端的凹槽卡在车架上，使轴箱固定。

（4）弹簧托架。电机车的弹簧托架如图 7-11 所示，叠板弹簧 4 的中部用卡箍 3 箍紧，卡箍的底座插入轴箱 6 的顶部柱片孔内，电机车的车架用托架 5 悬吊在叠板弹簧的两端。

为了使车轮受力均衡，弹簧托架上装有均衡梁。图 7-11（a）是装有横向均衡梁的托架，车架的一端悬吊在弹簧托架 C、D 上，另一端通过横梁 2 支撑在弹簧托架 A、B 的外端，利用三点平衡原理，自动调整车轴的负荷。图 7-11（b）是装有纵向均衡梁的托架，前后两个弹簧托架的中间用纵梁 8 连接，纵梁的中点是车架的中部支点，通过纵梁使车轴负荷得到自动调整。

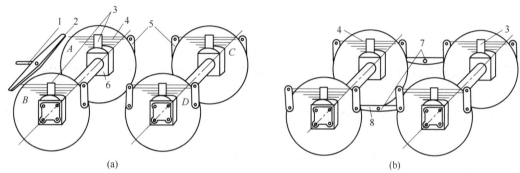

(a)　　　　　　　　　　　　　　(b)

图 7-11　电机车的弹簧托架
1—横向均衡梁在车架上的支点；2—横梁；3—卡箍；4—叠板弹簧；
5—托架；6—轴箱；7—纵向均衡梁在车架上的支点；8—纵梁

（5）制动装置。电机车的机械制动装置如图 7-12 所示。制动装置用驾驶室内的手轮 1 操纵，手轮装在螺杆 3 上，螺杆的无螺纹部分穿过车架横板上的套管 2，只能旋转不能移动，螺杆的螺纹拧入均衡杆 4 的螺母内。正向转动手轮 1，螺杆 3 拖动均衡杆 4 向左移动，经拉杆 5 拖动前后杠杆 6、7，使前后闸瓦同时刹住车轮。反向转动手轮，闸瓦松开。螺杆 10 的两端有正反扣螺纹，可调整闸瓦与车轮的间隙。

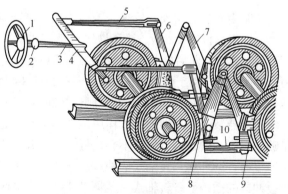

图 7-12　电机车的机械制动装置
1—手轮；2—套管；3—螺杆；4—均衡杆；5—拉杆；
6，7—前、后杠杆；8，9—前、后闸瓦；10—调节螺杆

（6）撒砂装置。为了增大车轮与钢轨的黏着系数，提高机车的牵引力和防止车轮打滑，电机车装有如图 7-13 所示的撒砂装置。在车架行走机构室的四个角上，各装一个砂箱，箱中装有干燥的细砂。扳动驾驶室内的撒砂手柄，通过杠杆系统打开砂箱，砂经撒砂管流到车轮前端的钢轨上。放松手柄，挡板在弹簧

作用下复位，切断砂流。若机车反向运行，则反向扳动手柄，使另一端的砂箱撒砂。

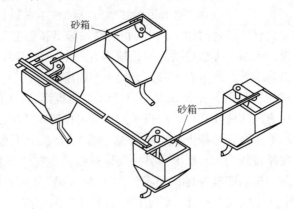

砂箱

砂箱

图 7-13　电机车的撒砂装置

7.2　矿　　车

为了适应矿山工作的需要，矿用车辆有多种类型，如运货车辆、运人车辆和专用车辆等。

（1）运货车辆：运货车辆有运送矿石和废石的矿车，运送材料和设备的材料车、平板车等。

（2）运人车辆：运人车辆有平巷人车和斜巷人车。

（3）专用车辆：专用车辆有炸药车、水车、消防车、卫生车等。

矿用车辆中，最主要、数量最多的是运送矿石和废石的矿车。

7.2.1　矿车的结构

矿车由车厢、车架、轮轴、缓冲器和连接器组成。

车厢用钢板焊接而成，为了增加刚度，顶部有钢质包边，有时四周还用钢条加固。车架用型钢制成，其前后端装有缓冲器，下部焊有轴座。缓冲器的作用是承受车辆相互的碰撞力，并保证摘挂钩工作的安全。缓冲器有弹性和刚性两种：弹性缓冲器借助碰头推压弹簧起缓冲作用，通常用于大容积矿车；刚性缓冲器用型钢或铸钢制成，刚性连接在车架上。

连接器装在缓冲器上，其作用是把单个矿车连接成车组，并传递牵引力。连接器要有足够的强度，摘挂钩方便，不会自行脱钩，并在垂直方向和水平方向有一定活动余地。常用连接器有链环式和转轴式两种：链环式一般由三个套环组成，两端钢环分别挂在两个矿车缓冲器的插销上；转轴式（见图 7-14）由两个套环和转轴组成两个套环分别挂在两个矿车缓冲器的插销上。由于左右套环能绕转轴独立旋转，因此矿车组不必摘钩，每个矿车能在翻车机内独立卸载。

常用轮轴的结构如图 7-15 所示。在轴 5 的外侧装有两个单列圆锥滚子轴承 3。轮毂 6 的孔内有凸肩，顶住两个轴承的外座圈，其内座圈借助轴的凸肩和螺母 7 压紧在轴上，并用开口销防松。轮毂内侧采用迷宫式密封，外密封圈点焊在轮毂上，内密封圈与轴肩的锥面结合。端盖 1 为冲压件，用螺钉固定在轮毂上。润滑脂经注油孔 2 注入，由于密封圈和油脂密封，灰尘和水不易浸入轴孔。轴上焊有挡环，防止车轴转动，但允许轴在轴座内做少量纵横向移动，以保证车轮同时着轨。车轮一般为铸钢件，轮缘经表面淬火处理。车轮直径由车厢容积决定，通常为 250～450mm。车轮轮缘大致呈圆锥形，锥度 1:20，使矿车能自动沿轨道中心运行，并减少对运行部分的磨损和冲击。

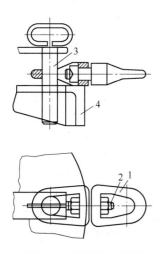

图 7-14 转轴式连接器

1—套环；2—转轴；3—插销；4—缓冲器

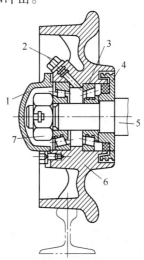

图 7-15 轮轴结构

1—端盖；2—注油孔；3—单列圆锥滚子轴承；
4—迷宫式密封圈；5—轴；6—轮毂；7—螺母

7.2.2 矿车的类型

矿车按车厢结构和卸载方式不同，一般分为固定车厢式、翻转车厢式、曲轨侧卸式及底卸式等主要类型。各类矿车除车厢结构不同外，其他部分大体相似。

7.2.2.1 固定车厢式矿车

固定车厢式矿车如图 7-16 所示，车厢焊接在车架上，具有半圆形箱底，结构简单，坚固耐用，但必须使用翻车机卸载。

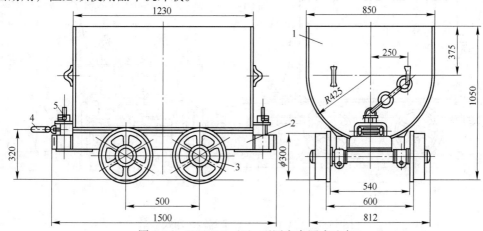

图 7-16 YGC 0.7（6）型固定车厢式矿车

1—车厢；2—车架；3—轮轴；4—连接器；5—插销

固定车厢式矿车的主要技术性能见表7-1。

表7-1 固定车厢式矿车的主要技术性能

| 矿车型号 | 车厢容积/m³ | 装卸质量/kg | 外形尺寸/mm | | | 轨距/mm | 轴距/mm | 轮径/mm | 车厢长度/mm | 连接器高度/mm | 连接器最大拉力/kN | 矿车质量/kg |
			长	宽	高							
YGC0.5（6）	0.5	1250	1200	850	1000	600	400	300	910	320	58.5	450
YGC0.7（6）	0.7	1750	1500	850	1050	600	500	300	1210	320	58.5	500
YGC0.7（7）	0.7	1750	1500	850	1050	762	500	300	1210	320	58.5	500
YGC1.2（6）	1.2	3000	1900	1050	1200	600	600	300	1500	320	58.5	720
YGC1.2（7）	1.2	3000	1900	1050	1200	762	600	300	1500	320	58.5	730
YGC2（6）	2	5000	3000	1200	1200	600	1000	400	2650	320	58.5	1330
YGC2（7）	2	5000	3000	1200	1200	762	1000	400	2650	320	58.5	1350
YGC4（7）	4	10000	3700	1330	1550	762	1300	450	3300	320	58.5	2620
YGC4（9）	4	10000	3700	1330	1550	900	1300	450	3300	320	58.5	2900
YGC10（7）	10	25000	7200	1500	1550	762	850	450	6780	430	78.4	7000
YGC10（9）	10	25000	7200	1500	1550	900	850	450	6780	430	78.4	7080

注：YGC10 为四轴式，带有转向架，转向架轴距850mm，前后转达向架最大轴距4500mm。

7.2.2.2 翻转车厢式矿车

翻转车厢式矿车如图7-17所示，车厢横断面呈U形，两端焊有圆弧形翻转轨3，翻转轨放在车架两端的平板状支座2上。装载和运行时，用车架上的斜撑（或销子）4撑住翻转轨，使车厢固定。卸载时，移开斜撑（或拔出销子），在外力推动下，翻转轨沿支座滚动，翻转轨上的限位滚钉插入支座孔内，使车厢平稳翻转。卸载后反向推动车厢，使之复位，并用斜撑（或销子）固定。这种矿车卸载灵活，但坚固性较差，容积大时翻车费力。

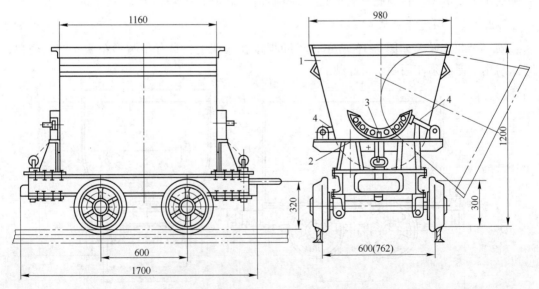

图7-17 YFC0.7（6）型翻转车厢式矿车

1—车厢；2—平板状支座；3—圆弧形翻转轨；4—斜撑

翻转车厢式矿车的主要技术性能见表7-2。

表 7-2 翻转车厢式矿车的主要技术性能

矿车型号	车厢容积/m³	装载质量/kg	外形尺寸/mm			轨距/mm	轴距/mm	轮径/mm	车厢长度/mm	连接器高度/mm	连接器最大拉力/kN	矿车质量/kg
			长	宽	高							
YFC0.5 (6)	0.5	1250	1500	850	1050	600	500	300	1110	320	58.5	590
YFC0.7 (6)	0.7	1750	1650	980	1200	600	600	300	1160	320	58.5	710
YFC0.7 (7)	0.7	1750	1650	980	1200	762	600	300	1160	320	58.5	720
YFC1.0 (7)	1.0	2500	2040	1410	1315	762	900	300	—	320	58.5	—
V型1.2 (7)	1.2	3000	2470	1374	1360	762	900	300	—	320	58.5	1419

注：上述矿车的卸载角均为40°。

7.2.2.3 曲轨侧卸式矿车

曲轨侧卸式矿车如图7-18所示，车厢1用铰轴装在车架8上，车厢右侧板4用销轴7铰接在车厢上，当车厢在正常位置时，侧板4被挂钩5钩住关闭车厢侧板。卸载时，车厢侧面的滚轮3被曲轨2抬高，迫使车厢绕铰轴向右翻转，车架上的挡铁6将挂钩5顶开，矿岩即从车厢侧板卸入轨道侧面的溜井内。卸载后滚轮3沿曲轨2下降，车厢复位，侧板4被挂钩5钩住自动关闭。

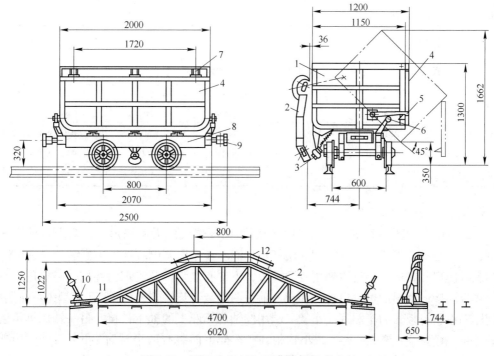

图 7-18 YCC 1.6 (6) 型曲轨侧卸式矿车

1—车厢；2—曲轨；3—滚轮；4—侧板；15—挂钩；6—挡铁；7—销轴；8—车架；
9—碰头；10—转辙器；11—过渡轨；12—滚轮罩

卸载曲轨由曲轨2、过渡轨11、转辙器10和滚轮罩12组成。转辙器和过渡轨在曲轨两端各有一套，转动转辙器手柄，可使过渡轨的进口端前后移动。当进口端向前，电机车牵引矿车通过卸载站时，车厢上的滚轮被过渡轨引导，沿曲轨上升，使车厢翻转侧卸；当进口端向后，滚轮从曲轨侧面通过，不进入过渡轨和曲轨，矿车不翻转。曲轨顶部的滚轮罩用来控制矿车的倾斜角，防止矿车重心外移倾倒，并引导车厢复位。

曲轨侧卸式矿车坚固耐用，卸载方便，已被很多矿山采用。

曲轨侧卸式矿车的主要技术性能见表7-3，卸载曲轨的主要技术性能见表7-4。

表7-3　曲轨侧卸式矿车的技术性能

| 矿车型号 | 车厢容积/m³ | 载重量质量/kg | 外形尺寸/mm | | | 轨距/mm | 轴距/mm | 轮径/mm | 连接器高度/mm | 连接器最大拉力/kN | 车厢长度/mm | 矿车质量/kg | 卸载角/(°) |
			长	宽	高								
YCC0.7（6）	0.7	1750	1650	980	1050	600	600	300	320	58.5	1300	750	40
YCC1.2（6）	1.2	3000	1900	1050	1200	600	600	300	320	58.5	1600	1000	40
YCC1.6（6）	1.6	4000	2500	1200	1300	600	800	350	320	58.5	—	1363	42
YCC2（6）	2	5000	3000	1250	1300	600	1000	400	320	58.5	2500	1830	42
YCC2（7）	2	5000	3000	1250	1300	762	1000	400	320	58.5	2500	1880	42
YCC4（7）	4	10000	3900	1400	1650	762	1300	450	430	58.5	3200	3230	42
YCC4（9）	4	10000	3900	1400	1650	900	1300	450	430	58.5	3200	3300	42
YCC6（7）	6	15000	—	—	—	—	—	—	—	—	—	—	—
YCC6（9）	6	15000	—	—	—	—	—	—	—	—	—	—	—

注：YCC6型待发展。

表7-4　卸载曲轨技术性能

矿车型号	自重/kg	曲轨高度/mm	曲轨长度/mm	曲轨顶长度/mm	外形尺寸（长×宽×高）/mm×mm×mm
YCC1.6（6）	281	891	4700	800	6020×650×1120
YCC2（6）	431	930	5624	1300	6944×650×1160
YCC4（7）	586	1151	6400	1460	9400×801×1406

7.2.2.4　底卸式矿车

底卸式矿车如图7-19所示，车厢1是用厚钢板焊成的无底箱形体，其上口外围扣焊角钢，底部外围扣焊槽钢，并在四周用筋板加固。在车厢两侧腰部焊接槽钢，制成翼板6，供卸载时使用。翼板外侧有限速用的摩擦板，下部有加强板及支承斜垫板，它们用沉头螺栓与翼板连接，磨损后可以更换。在车厢前后两端装有连接器5。车架2用型钢焊接制成，上铺厚钢板和衬板作为车厢底。车架一端用铰轴与车厢上的轴承铰接，另一端用轴承装有卸载轮4。由于车架较长，为了减小轴距，在车架下面装有两个转向架3，每个转向架用两根轮轴支承，使矿车能通过曲率半径较小的弯道。装矿时矿石对车底的冲击，也可以用转向架上的弹簧组缓冲。

底卸式矿车用电机车牵引至卸载站卸载，其卸载方式如图7-20所示。矿车进入卸载站因卸矿漏斗9上部的轨道中断，车厢1由其两侧翼板2支承在漏斗旁的两列托轮组3

上，车架 4 由于失去支承，被矿石压开，连同转向架 5 一起通过卸载轮 6 沿卸载曲轨 7 运行，车底绕端部铰轴倾斜，矿石借自重卸出，经卸矿漏斗 9 进入溜井。卸矿曲轨 7 是一条弯曲钢轨，位于车厢的中轴线上，从卸矿漏斗的一端通向另一端，其下部用工字钢加固。

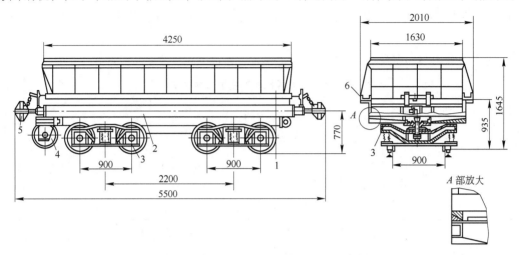

图 7-19　YDC6（7）型底卸式矿车

1—车厢；2—车架；3—转向架；4—卸载轮；5—连接器；6—翼板

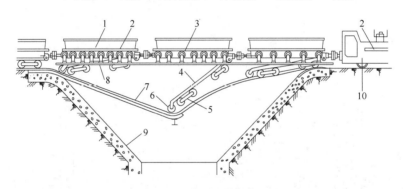

图 7-20　底卸式矿车卸载方式

1—车厢；2—翼板；3—托轮组；4—车架；5—转向架；6—卸载轮；7—卸载曲轨；
8—托轮座；9—卸矿漏斗；10—电机车

电机车 10 进入卸载站后同样由两侧翼板 2 支承在托轮组 3 上，因而失去牵引力。当靠近电机车的第一辆矿车的卸载轮处于卸载曲轨的左端卸载段时，由于矿石及车架的重力作用，曲轨对矿车产生反作用力，推动矿车前进。当第一辆矿车的卸载轮爬上曲轨右端的复位段时，第二辆矿车的卸载轮早已进入曲轨的卸载段，又产生推力推动列车前进。当最后一辆矿车的卸载轮沿曲轨复位段上爬时，虽无后续矿车的推力，但因列车的惯性和电机车已进入轨道产生牵引力，整个列车随即离开曲轨，驶出卸载站。

两列托轮组分别向车厢倾斜 10°，车厢翼板下面的支承斜垫板放在托轮组上，使车厢保持水平并能自动对中。托轮的间距应保证车厢悬空时，每节车厢至少有三个托轮支承。在卸载过程中，由于矿车在卸载段不断产生推力，车速加快，当车速过大时，会出现矿石卸不净的现象。为保证卸净矿石，应设置限速器。限速器的闸板用气缸推动，使闸板上的夹布胶木闸衬与翼板外侧的摩擦板接触，以降低车速。用手动操纵阀控制气缸即可达到限速目的。

卸载曲轨的卸载段倾斜 22°，其最低点按车底最大倾角 45° 确定。曲轨的复位段有凸凹曲线，以便卸净矿石。由于卸载时车底倾角大，以及矿石的流动冲刷，矿车无结底现象。

底卸式矿车的主要技术性能见表 7-5。

表 7-5　底卸式矿车的主要技术性能

矿车型号	车厢容积/m³	装载质量/kg	外形尺寸/mm			轨距/mm	轴距/mm	轮径/mm	车厢长度/mm	连接器高度/mm	连接器最大拉力/kN	矿车质量/kg
			长	宽	高							
YDC4（7）	4	10000	3900	1600	1600	762	1300	450	3415	600	58.5	4320
YDC6（7）	6	15000	5400	1750	1650	762	800	400	4540	730	58.5	6320
YDC6（9）	6	15000	5400	1750	1650	900	800	400	4540	730	58.5	6380

注：YDC6 为四轴式，带有转向架，转向架轴距 800mm，前后转向架最大轴距 2500mm。

7.3　轨　道

7.3.1　矿井轨道的结构

矿井轨道由下部结构和上部结构组成，如图 7-21 所示。

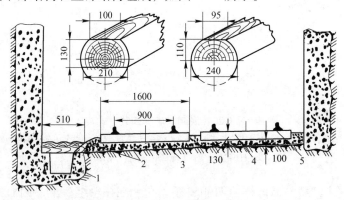

图 7-21　矿井轨道的结构
1—水沟；2—巷道底板；3—道砟；4—轨枕；5—钢轨

下部结构是巷道底板，由线路的空间位置确定。线路空间位置用平面图和剖面图表示：平面图说明线路的平面布置，包括直线段、曲线段的位置及其平面连接方式；纵剖面图说明线路坡度及变坡处的连接竖曲线；横剖面图说明线路在巷道内的布置情况。轨道线路应力求铺成直线或具有较大的曲线半径，纵向力求平坦，平巷沿重力方向有 3‰ 的下向坡度，横向在排水沟方向稍有倾斜。

线路坡度，对斜巷用角度表示；对平巷用纵剖面图上两点的高差与其间距之比表示。设一条线路的起点、终点标高分别为 H_1、H_2（m），间距为 L（m），则

斜巷平均坡度

$$i_{平} = \arctan\left(\frac{H_2 - H_1}{L}\right)$$

平巷坡度

$$i_{平} = \frac{1000(H_2 - H_1)}{L}\text{‰} = \frac{1000(i_1l_1 + i_2l_2 + \cdots + i_nl_n)}{l_1 + l_2 + \cdots + l_n}\text{‰}$$

式中　i_1，i_2，$\cdots$，i_n——各段线路的坡度，‰；

　　　l_1，l_2，$\cdots$，l_n——各段线路的长度，m。

上部结构包括道砟、轨枕、钢轨及接轨零件。

道砟层由直径 20～40mm 的坚硬碎石构成，其作用是将轨枕传来的压力均匀地传递到下部结构上，并防止轨枕纵横向移动以及缓和车轮对钢轨的冲击作用，还可以调节轨面高度。道砟层的厚度在倾角小于 10° 的巷道内不小于 150mm，轨枕的 2/3 应埋在道砟中，轨枕底面至巷道底板的道砟厚度不小于 100mm；在倾角大于 10° 的巷道内，轨枕通常铺在专用地沟内，其深度约为轨枕厚度的 2/3，沟内道砟层厚度不小于 50mm，若采用钢钎固定轨枕，道砟层厚度与平巷相同。道砟层的宽度，对 600mm 轨距，上宽 1400mm，下宽 1600mm；对 900mm 轨距，上宽 1700mm，下宽 2000mm。

轨枕的作用是固定钢轨，使之保持规定的轨距，并将钢轨的压力均匀传递给道砟层。矿用轨枕通常用木材和钢筋混凝土制作。木轨枕有良好弹性、重量轻、铺设方便，但寿命短，维修工作量大，钢筋混凝土轨枕与之相反。在矿山推广使用钢筋混凝土轨枕，是节约木材的重要措施之一。

钢筋混凝土轨枕如图 7-22 所示，制造时在穿过螺栓处留有椭圆孔，安装时钢轨用螺栓通过压板压紧在轨枕上，为了有一定弹性，可在钢轨与轨枕间垫入胶垫。

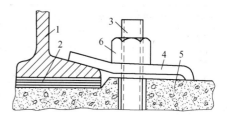

图 7-22　钢筋混凝土轨枕
1—钢轨；2—胶垫；3—螺栓；4—弹性压板；
5—混凝土轨枕；6—螺帽

木轨枕的尺寸见图 7-21 及表 7-6。

表 7-6　木轨枕的尺寸

钢轨型号 /kg·m⁻¹	轨枕厚 /mm	顶面宽 /mm	底面宽 /mm	轨枕长/mm	
				轨距 600	轨距 762
8	100	100	100	1100	1250
11、15、18	120	100	188	1200	1350
24	130	100	210	1200	1350
33	140	130	225	1200	1350

钢筋混凝土轨枕的形状和尺寸见图 7-23 及表 7-7。

钢轨是上部结构最重要的部分，其作用是形成平滑坚固的轨道，引导车辆运行方向，并把车辆给予的载荷均匀地传递给轨枕。钢轨断面呈工字形，可保证在断面不大的情况下，具有足够的强度，而且轨头粗大，坚固耐用；轨腰较高，便于接轨；轨底较宽，利于固定在轨枕上。钢轨的型号用每米长度的质量（kg/m）表示，其技术性能见表 7-8。

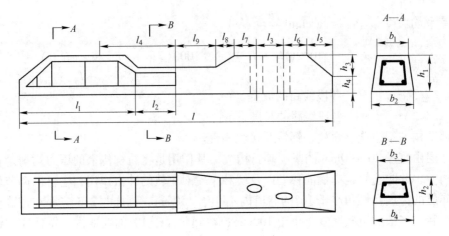

图 7-23   钢筋混凝土轨枕的形状和尺寸

表 7-7   钢筋混凝土轨枕的尺寸

轨距 /mm	机车质量 /t	钢轨 /kg·m⁻¹	枕距 /mm	尺寸/mm								
				l	l_1	l_2	l_3	l_4	l_5	l_6	l_7	l_8
600	3	11 ~ 15	700	1200	400	150	91	275	100	84	71	54
600	10	18	700	1200	400	150	94	275	100	81	75	50
762	10	18	700	1350	485	190	104	349	130	92	109	50
900	20	24	700	1700	—	—	—	—	—	—	—	—
900	20	38	700	1700	—	—	—	—	—	—	—	—

尺寸/mm									钢材		混凝土
l_9	b_1	b_2	b_3	b_4	h_1	h_2	h_3	h_4	钢号	kg	标号	m³
150	120	140	126	140	130	91	80	50	A_5	1.57	300	0.015
150	160	180	126	188	130	91	80	50	A_5	2.25	300	0.021
190	180	200	186	200	150	105	100	50	A_5	3.88	300	0.032
330	170	200	140	160	145	110	95	50	A_3	12.85	300	68kg
330	170	200	140	180	145	110	95	50	A_3	13.39	300	68kg

表 7-8   钢轨的技术性能

钢轨型号		高度 /mm	轨头宽度 /mm	轨底宽度 /mm	轨腰厚度 /mm	截面积 /mm²	理论质量 /kg·m⁻¹	长度 /m
轻型	8	65	25	54	7	1076	8.42	5 ~ 10
	11	80.5	32	66	7	1431	11.2	6 ~ 10
	15	91	37	76	7	1880	14.72	6 ~ 12
	18	96	40	80	10	2307	18.06	7 ~ 12
	24	107	51	92	10.9	3124	24.46	7 ~ 12
重型	33	120	60	110	12.5	4250	33.286	12.5
	38	134	68	114	13	4952	38.733	12.5

钢轨型号的选择主要取决于运输量、机车质量和矿车容积，一般可按表7-9选取。

表7-9　中段生产能力与电机车质量、矿车容积、轨距、轨型的一般关系

运输矿石质量 $(\times 10^4)/t \cdot a^{-1}$	机车质量 /t	矿车容积 /m³	轨距 /mm	钢轨型号 /kg·m⁻¹
<8	人推车	0.5~0.6	600	8
8~15	1.5~3.0	0.6~1.2	600	8~11
15~30	3~7	0.7~1.2	600	11~15
30~60	7~10	1.2~2.0	600	15~18
60~100	10~14	2.0~4.0	600，762	18~24
100~200	10、14 双机牵引	4.0~6.0	762，900	24~33
>200	10、14、20 双机牵引	>6.0	762，900	33

　　将钢轨固定在轨枕上的扣件和钢轨之间的连接件，统称接轨零件。钢轨与木轨枕用道钉连接（见图7-24）；与钢筋混凝土轨枕用螺栓和压板连接（见图7-22）。安装重型钢轨时，为了增加轨枕的承压面积，可在钢轨与轨枕之间垫入垫板。钢轨之间通常用鱼尾板连接（见图7-24），鱼尾板上钻有四个椭圆形孔，钢轨两端也钻有与之对应的孔，接轨时先

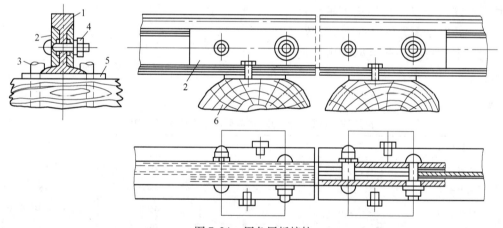

图7-24　用鱼尾板接轨
1—钢轨；2—鱼尾板；3—道钉；4—螺栓；5—垫板；6—轨枕

用两块鱼尾板夹住两根钢轨的轨腰，再穿入螺栓夹紧。采用架线式电机车运输时，钢轨是直流电回路，为了减少接轨处的电阻，通常在鱼尾板内嵌入铜片或铜线，也可在接轨处焊接导线。

　　轨枕间距一般为0.7~0.9m。两根钢枕接头处应悬空，并缩短轨枕间距，如图7-24所示。

　　在某些大中型矿山的箕斗斜井、主溜井放矿硐室等地，采用硫黄水泥将钢轨锚固在混凝土整体道床上，如图7-25所示。此时不用轨枕和道砟，在巷道底板沿线路浇灌混凝土，并留下预留

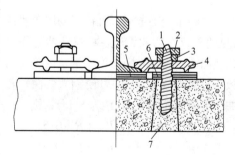

图7-25　硫黄水泥锚固整体道床
1—螺栓；2—螺帽；3—弹簧垫圈；4—压板；
5，6—胶垫；7—硫黄水泥

孔。安装时,先在孔中填入10mm厚的砂子,再把加热混合的硫黄和水泥混合液(重量比1:1~1.5:1)灌入孔内,然后将加热的螺栓立即准确插入混合液,硫黄水泥快速凝固后,用螺帽和压板将钢轨固定在整体道床上。为了有一定弹性,可垫入胶垫。这种整体道床坚固耐用,但不宜用于地震区。

7.3.2　弯曲轨道

车辆在线路曲线段运行与在直线段运行不同,有若干特殊要求。

7.3.2.1　最小曲线半径

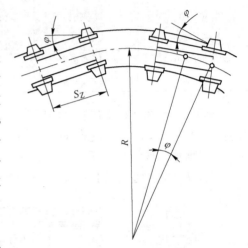

如图7-26所示,车辆在曲线段运行会产生离心力,而且车辆前后两轴不可能和曲线半径方向一致,车轮将和钢轨强烈摩擦,增大运行阻力。为了减少磨损和阻力,曲线半径不宜过小。通常最小曲线半径在运行速度小于1.5m/s时,应大于车辆轴距的7倍;在速度大于1.5m/s时,大于轴距的10倍;在速度大于3.5m/s时,大于轴距的15倍。若通过弯道的车辆种类不同,应以车辆的最大轴距计算最小曲线半径,并取以米为单位的较大整数。

近年来,我国一些金属矿山使用有转向架的大容量四轴矿车,其最小曲线半径可参考表7-10选取。

图7-26　矿车通过弯道

表7-10　有转向架的四轴车辆通过弯道半径实例

使用地点	矿车形式	固定架轴距/m	转向架间距/m	弯道半径/m
凤凰山铜矿	底卸式,7m³	850	2400	30~35
凤凰山铜矿	梭式,7m³	850	4800	16
落雪矿	固定式,10m³	850	4500	20偏小,推荐25
三九公司铁矿	底卸式,6m³	800	2500	30
梅山铁矿	侧卸式,6m³	800	2500	20

曲线半径确定后,可在现场用弯轨器(见图7-27)弯曲钢轨。将弯轨器的铁弓钩住钢轨外侧,顶杆2顶住钢轨内侧,用扳手扭动调节头3,即可使钢轨弯曲。若曲线半径为$R(m)$,轨距为$S(m)$,则

外轨曲线半径　$R_外 + R + 0.5S$

内轨曲线半径　$R_内 = R - 0.5S$

7.3.2.2　外轨抬高

为了消除在曲线段运行时离心力对

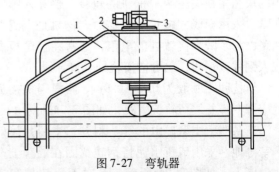

图7-27　弯轨器
1—铁弓;2—螺旋顶杆;3—调节头

车辆的影响，可将曲线段的外轨抬高（见图 7-28），使离心力和车辆重力的合力与轨面垂直，车辆正常运行。

当重量为 $G(\mathrm{N})$ 的车辆，在轨距为 $S(\mathrm{m})$、曲线半径为 $R(\mathrm{m})$ 的弯道上，以速度 $v(\mathrm{m/s})$ 运行时，离心力为 $\dfrac{Gv^2}{gR}(\mathrm{N})$。因为 $\triangle \mathrm{OAB} \backsim \triangle \mathrm{oab}$，所以 $\dfrac{Gv^2}{gR}:G=\Delta h:S\cos\beta$，故 $\Delta h=\dfrac{v^2 S\cos\beta}{gR}(\mathrm{m})$。由于外轨抬高后路面的横向倾角 β 很小，重力加速度 $g=9.81\mathrm{m/s}$，可认为 $\dfrac{g}{\cos\beta}=10\mathrm{m/s}^2$，所以

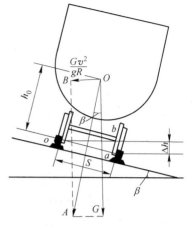

$$\Delta h=\frac{100v^2 S}{R}\ (\mathrm{mm})$$

图 7-28 外轨抬高计算图

外轨抬高的方法是不动内轨，加厚外轨下面的道砟层厚度，在整个曲线段，外轨都需要抬高 $\Delta h(\mathrm{mm})$。为了使外轨与直线段轨道连接，轨道在进入曲线段之前要逐渐抬高，这段抬高段称为缓和线。缓和线坡度为 3‰～10‰，缓和线长度 $d(\mathrm{m})$ 为：

$$d=\left(\frac{1}{10}\sim\frac{1}{3}\right)\Delta h$$

式中　Δh——外轨抬高值，mm；

$\dfrac{1}{10}\sim\dfrac{1}{3}$——缓和线坡度为 3‰～10‰所取的值。

7.3.2.3　轨距加宽

为了减小车辆在弯道内的运行阻力，在曲线段轨距应适当加宽。轨距加宽值 ΔS 可用经验公式计算：

$$\Delta S=0.18\frac{S_{\mathrm{Z}}^2}{R}$$

式中　S_{Z}——车辆轴距，mm；

　　R——曲线半径，mm。

轨距加宽时，外轨不动，只将内轨向内移动，在整个曲线段，轨距都需要加宽 ΔS（mm）。为了使内轨与直线段轨道连接，轨道在进入曲线段之前要逐渐加宽轨距，这段长度通常与抬高段的缓和线长度相同。

7.3.2.4　轨道间距及巷道加宽

车辆在曲线段运行，车厢向轨道外凸出，为了保证安全，必须加宽轨道间距和巷道宽度。线路中心线与巷道壁间距的加宽值 $\Delta_1(\mathrm{mm})$ 为：

$$\Delta_1=\frac{L^2-S_{\mathrm{Z}}^2}{8R}$$

式中　L——车厢长度，mm；

　　S_{Z}——车辆轴距，mm；

　　R——曲线半径，mm。

对双轨巷道，两线路中心线间距的加宽值 $\Delta_2(\mathrm{mm})$ 为：

$$\Delta_2 = \frac{L^2}{8R}$$

对双轨巷道，用电机车运输时，通常巷道外侧、两线路中心线和巷道内侧分别加宽 300mm、300mm 和 100mm。

7.3.2.5 两曲线连接

为了便于车辆运行，两曲线连接处必须插入一段直线。

两反向曲线连接，插入直线段长度 $S_{反}$(m) 为：

$$S_{反} \geq d_1 + d_2 + S_Z$$

式中 d_1，d_2——两曲线外轨抬高所需缓和线长度，m；

S_Z——车辆轴距，m。

在特殊情况下 $S_{反}$ 可以缩短，但不能小于 S_Z 与两倍鱼尾板长之和。

两同向曲线连接，插入直线段长度 $S_{同}$(m) 为：

$$S_{同} \geq d_1 - d_2$$

7.3.3 轨道的衔接

7.3.3.1 道岔

通常应用道岔把两条轨道衔接起来，使车辆从一条线路驶入另一条线路。道岔如图 7-29 所示，由岔尖 2、基本轨 3、过渡轨 4、辙岔 5、护轮轨 6 和转辙器 7 组成。

辙岔 5 位于两条轨道交叉处，包括翼轨 8 和岔心 9，通常将这两部分焊接在铁板 10 上或浇铸成为整体。岔心的中心角 α 称辙岔角，是两条线路中心线的交角。辙岔的标号 $M = 2\tan\frac{\alpha}{2}$。常用辙岔标号为 1/2、1/3、1/4、1/5 和 1/6，可参考表 7-11 选取。

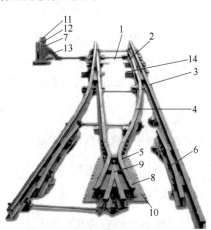

图 7-29 道岔结构

1—拉杆；2—岔尖；3—基本轨；4—过渡轨；
5—辙岔；6—护轮轨；7—转辙器；8—翼轨；
9—岔心；10—铁板；11—手柄；12—重锤；
13—曲杠杆；14—底座

表 7-11 辙岔的选择

运输方式或机车质量 /t	机车车辆要求的最小弯道半径/m	平均运行速度 /m·s⁻¹	轨距/mm		
			600	762	900
			辙岔标号		
人推车	4	—	1/2	—	—
2.5 以下	5	0.6~2	1/3	1/3	—
3~4	5.7~7	1.8~2.3	1/4	1/4	—
6.5~8.5	7~8	2.9~3.5	1/4	1/4	—
10~12	10	3.0~3.5	1/4	1/4	1/4
14~16	10~15	3.5~3.9	1/5	1/5	1/5
斜坡串车	—	—	1/4，1/5，1/6	1/4，1/5，1/6	1/5，1/6

过渡轨 4 是两根短轨，它的前后两端分别用鱼尾板与辙岔 5 和岔尖 2 连接。岔尖 2 是两根端部削尖的短轨，在拉杆 1 的带动下可左右摆动，分别与两侧的基本轨靠紧。控制岔尖位置，可按规定使车辆从一条线路转移到另一条线路。护轮轨 6 的作用是控制车轮凸缘的运动方向，使车轮凸缘从翼轨 8 和岔心 9 之间的沟槽中通过。转辙器的作用是带动拉杆移动岔尖，控制车辆的运行方向。

手动转辙器的结构如图 7-29 所示，底座 4 固定在轨枕上，座中装有曲杠杆 12，转动手柄 11，通过曲杠杆可带动拉杆 1，使岔尖左右摆动。重锤 12 的作用是使岔尖紧靠在基本轨上，并使之定位。

岔尖的摆动还可以使用机械、压气或电磁自动控制。

根据线路的位置关系，道岔有单开道岔（左向或右向）和对称道岔两种基本类型。渡线道岔、三角道岔和梯形道岔则是它们的组合形式，如图 7-30 所示。

道岔在图中通常用单线表示，其各项数据见图 7-31 及表 7-12。表中道岔标号横线前的第一位数字表示轨距，第二、三位两个数字表示轨型，横线中间的数字表示辙岔标号，横线后的数字表示弯曲过渡轨的曲线半径，左（右）表示道岔为左（右）向。例如：618-1/4-11.5 右，表示道岔轨距 600mm，轨型 18kg/m，辙岔标号

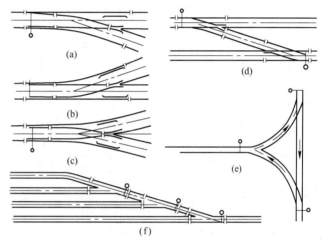

图 7-30 道岔基本类型

（a），（b）单开道岔；（c）对称道岔；（d）渡线道岔；
（e）三角道岔；（f）梯形道岔

1/4，弯曲过渡轨曲线半径 11.5m，右向。$\frac{762}{24}$-1/4-16 左，表示道岔轨距 762mm，轨型 24kg/m，辙岔标号 1/4，弯曲过渡轨曲线半径 16m，左向。

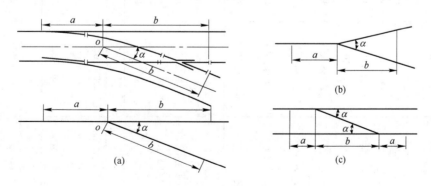

图 7-31 道岔单线表示

（a）单开道岔；（b）对称道岔；（c）单侧渡线

表 7-12　道岔规格

道岔标号	辙岔角 α	主要尺寸/mm a	主要尺寸/mm b	质量/kg	道岔标号	辙岔角 α	主要尺寸/mm a	主要尺寸/mm b	质量/kg
一、单开道岔（右向或左向道岔）									
608-1/2-4 右（左）	28°4′20″	1144	1816	150	618-1/4-11.5 右（左）	14°15′	2724	3005	413
608-1/3-6 右（左）	18°55′30″	3063	2597	351	624-1/2-4 右（左）	28°4′20″	1197	1863	475
611-1/4-12 右（左）	14°15′	3200	3390	518	624-1/3-6 右（左）	18°55′30″	2293	2657	652
615-1/2-4 右（左）	28°4′20″	1144	1956	344	624-1/4-12 右（左）	14°15′	3352	3298	868
615-1/3-6 右（左）	18°55′30″	3063	2597	597	$\frac{762}{15}$-1/4-16 右（左）	14°15′	3047	3952	—
615-1/4-12 右（左）	14°15′	3200	3390	670	$\frac{762}{18}$-1/4-15 右（左）	14°15′	4257	3963	812
618-1/2-4 右（左）	28°4′20″	1144	1816	317	$\frac{762}{18}$-1/5-15 右（左）	11°25′16″	3786	4879	835
618-1/3-6 右（左）	18°55′30″	2302	2655	490	$\frac{762}{24}$-1/4-16 右（左）	14°15′	3184	3977	—
二、对称道岔									
608-1/3-12	18°55′30″	1883	2427	213	615-1/3-12	18°55′30″	1882	2618	508
608-3/5-3.8	33°20′	1002	1288	139	618-1/3-11.65	18°55′30″	3195	2935	550
615-1/2-5	28°4′20″	1382	2018	440	624-1/3-12	18°55′30″	1944	2496	618
615-3/5-3.8	33°20′	1404	1496	405	$\frac{762}{24}$	14°15′	1833	3071	—
三、单侧渡线									
608-1/2-4 右	28°4′20″	1144	2250	278	618-1/4-12 右（左）	14°15′	2722	5514	1752
608-1/3-6 左	18°55′30″	3063	3062	635	624-1/4-12 右（左）	14°15′	3352	5906	1616
615-1/4-12 右（左）	14°15′	3200	4725	1055	$\frac{762}{24}$-1/4-12 右（左）	14°15′	2878	6103	2371
四、双侧渡线（菱形道岔）									
615-1/3-6	18°55′30″	3063	4492	1509	624-1/4-12	14°15′	3352	5709	3356
615-1/4-12	14°15′	3200	5906	2619	$\frac{762}{15}$-1/4-16	14°15′	3160	7680	—
608-1/2-4	28°4′20″	1144	2242	677	$\frac{762}{24}$-1/4-12	14°15′	2878	7883	3923

7.3.3.2 分叉点的连接

（1）单向分岔点连接。单向分岔点连接是曲线与单开道岔的连接。为了保证曲线段外轨抬高和轨距加宽，应在道岔与曲线段之间插入一直线段，其长度一般取外轨抬高递减距离。这样巷道长度和体积将增加，因此在井下线路设计中应尽量缩短插入直线段长度可以在曲线本身的范围内逐渐垫高外轨和加宽轨距，但在道岔和曲线段之间也必须加入一最小的插入段 $d = 200 \sim 300$mm。

如图 7-32 所示，若已知曲线半径 R，转角 β，道岔尺寸 a、b 及角 α，则各连接尺寸为：

$$\alpha_1 = \beta - \alpha$$

$$T = R\tan\frac{\alpha_1}{2}$$

$$m = \alpha + \frac{(b + d + T)\sin\alpha_1}{\sin\beta}$$

$$n = T + \frac{(b + a + T)\sin\alpha}{\sin\beta}$$

（2）双线单向连接。双线单向连接是用单向道岔使双轨线路过渡成单轨线路。如图 7-33所示，已知平行线路中心线之间的距离 S，道岔尺寸 a、b 及角 α，曲线半径 R，则：

$$\alpha = \alpha_1$$

$$T = R\tan\frac{\alpha}{2}$$

$$d = \frac{S}{\sin\alpha} - (b + T)$$

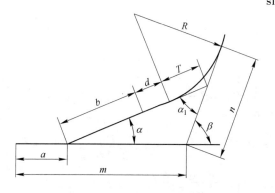

图 7-32　单向分岔点连接

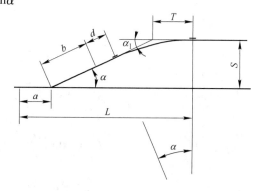

图 7-33　双线单向连接

若 $d \geqslant 200 \sim 300$mm，则连接是可能的，其连接尺寸为：

$$L = (a + T) + (b + d + T)\cos\alpha$$

按所得尺寸，便可绘出连接部分平面图。

（3）双线对称连接。如图 7-34 所示，其已知条件及要求与双线单向连接相同。

$$T = R\tan\frac{\alpha}{4}$$

$$d = \frac{S}{2\sin\frac{\alpha}{2}} - (b + T)$$

若 $d \geqslant 200 \sim 300\text{mm}$，则连接是可能的，其连接尺寸为：

$$L = a + \frac{S}{2\tan\frac{\alpha}{2}} + T$$

（4）三角岔道连接。如图 7-35 所示，三角岔道的上部是对称道岔，且为任意数。若 β 等于 90°，则构成了对称的三角岔道。

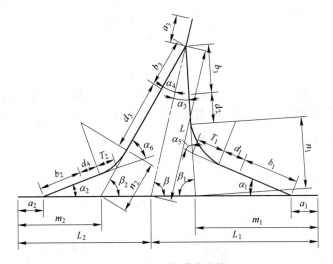

图 7-34　双线对称连接

已知 β 角，曲线半径 R，道岔尺寸 a_1、a_2、a_3、b_1、b_2、b_3 及角 α_1、α_2、α_3、α_4，并取 $d_1 = d_2 = d_4 = 200 \sim 300\text{mm}$，现计算三角岔道的尺寸。

图 7-35　三角道岔连接

$$\beta_1 = 180° - (\beta + \alpha_3)\,, \ \beta_2 = \beta - \alpha_1$$

$$\alpha_5 = \beta_1 - \alpha_1\,, \ \alpha_6 = \beta_2 - \alpha_2$$

$$T_1 = R\tan\frac{\alpha_5}{2}\,, \ T_2 = R\tan\frac{\alpha_6}{2}$$

$$m_1 = \alpha_1 + (b_1 + d_1 + T_1)\frac{\sin(\beta_1 - \alpha_1)}{\sin\beta_1}$$

$$n_1 = T_1 + (b_1 + d_1 + T_1)\frac{\sin\alpha_1}{\sin\beta_1}$$

$$L_1 = m_1 + (n_1 + d_2 + b_3)\frac{\sin\alpha_3}{\sin\beta}$$

$$m_2 = a_2 + (b_2 + d_4 + T_2)\frac{\sin(\beta_2 - \alpha_2)}{\sin\beta_2}$$

$$n_2 = T_2 + (b_2 + d_4 + T_2)\frac{\sin\alpha_2}{\sin\beta_2}$$

$$L = (n_1 + d_2 + b_3)\frac{\sin\beta_1}{\sin\beta}$$

$$d_3 = (n_1 + d_2 + b_3) \frac{\sin\beta_1}{\sin\beta_2} - (n_2 + b_3)$$

如果 $d_3 \geqslant 200 \sim 300\text{mm}$，则计算可以结束，连接是可能的。

$$L_2 = m_2 + (n_2 + d_3 + b_3) \frac{\alpha_4}{\sin\beta}$$

如果 $d_3 < 200 \sim 300\text{mm}$，则必须从左部开始重新计算，步骤同上。

（5）线路平移的连接。如图 7-36 所示，这种连接亦称反向曲线的连接。在反向曲线之间，必须插入的直线段 d 为车辆最大轴距 S_z 加上两倍鱼尾板长度，以保证车辆平稳地通过反向曲线。

已知线路平移距离 S，曲线半径 R，现计算连接尺寸。

1）取 $d \geqslant S_z + 2$ 倍鱼尾板长。

2）确定 β。把折线 $AOBCO_1D$ 向垂线上投影，并令向上为正，则：

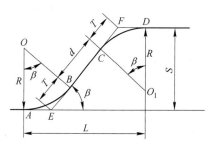

图 7-36　线路平移的连接

$$R - R\cos\beta + d\sin\beta - R\cos\beta + R = S$$

令 $P = 2R - S$，则化简得：$2R\cos\beta - d\sin\beta = P$

将上式除以 d 得：

$$\frac{2R}{d}\cos\beta - \sin\beta = \frac{P}{d}$$

导入辅助角 $\delta = \arctan\dfrac{2R}{d}$，用 $\tan\delta$ 代入上式，并将各项乘以 $\cos\delta$ 得：

$$\sin\delta\cos\beta - \sin\beta\cos\delta = \frac{P}{d}\cos\delta$$

或

$$\sin(\delta - \beta) = \frac{P}{d}\cos\delta$$

故

$$\beta = \delta - \arcsin\left(\frac{P}{d}\cos\delta\right)$$

β 角不得大于 $90°$，如大于 $90°$，则取 $\beta = 90°$。

3）确定连接长度。

$$L = 2R\sin\beta + d\cos\beta$$

$$T = R\tan\frac{\beta}{2}$$

求出 T，即可确定 E、F 点，连接 E、F 两点，截取 $\overline{EB} = \overline{CF} = T$，便可确定 B、C 点，这样即可绘图。

（6）分岔平移连接。如图 7-37 所示，已知平行线路中心距 S，曲线半径 R，道岔尺寸 a、b 及角 α，连接尺寸即可求出。

1）取 $d_2 = S_z + 2$ 倍鱼尾板长，并取

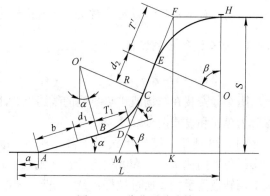

图 7-37　分岔平移连接

$d_1 = 200 \sim 300\text{mm}$。

2）确定转角 β（确定方法同前）。

$$\beta = \delta - \arcsin\left(\frac{P}{d_2}\cos\delta\right)$$

式中

$$P = (b + d_1)\sin\alpha + R(1 + \cos\alpha) - S$$

$$\delta = \arctan\frac{2R}{d_2}$$

若求出的 β 大于 $90°$，则取 $\beta = 90°$。

3）确定连接尺寸。

$$\alpha_1 = \beta - \alpha$$

$$T_1 = R\tan\frac{\alpha_1}{2}$$

$$\overline{AD} = b + d_1 + T_1$$

$$\overline{AM} = \overline{AD}\frac{\sin\alpha_1}{\sin\beta} = (b + d_1 + T_1)\frac{\sin\alpha_1}{\sin\beta}$$

$$\overline{DM} = \overline{AD}\frac{\sin\alpha}{\sin\beta} = (b + d_1 + T_1)\frac{\sin\alpha}{\sin\beta}$$

$$\overline{MK} = \frac{S}{\tan\beta}$$

$$T' = R\tan\frac{\beta}{2}$$

$$L = a + \overline{AM} + \overline{MK} + T'$$

4）作图。自 H 点截取 $\overline{HF} = T'$，从 F 点作垂线得 K 点。按 $\overline{KM}$ 长得 M 点，连接 F 和 M 两点。按 $\overline{MD}$ 长得 D 点，按 $\overline{MA}$ 长得 A 点。自 D 及 F 点截取对应曲线的切点得 B、C 及 E 点，并作曲线，此曲线即为所求。

7.4　巷道辅助机械

巷道运输的辅助设备主要包括矿车运行控制设备、卸载设备和调度设备。这些设备多用于车场、装车站和卸载站，对实现运输机械化具有重要意义。

7.4.1　矿车运行控制设备

7.4.1.1　阻车器

阻车器安装在车场或矿车自溜的线路上，用来阻挡矿车或控制矿车的通过数量。阻车器分为单式和复式两种。

图 7-38 所示为简易单式阻车器，其转轴装在轨道外侧，两个挡爪分别用人力扳动，在实线位置挡住车轮，虚线位置让矿车通行。图 7-39 所示为常用的普通单式阻车器。挡爪 1 用转辙器手柄 2 通过拉杆系统 3 联动。当挡爪位于阻车位置时，由于重锤 4 及转辙器上弹簧的作用，挡爪不会自行打开，提高了阻车的可靠性。

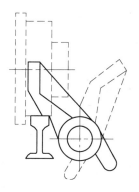

图 7-38   简易阻车器

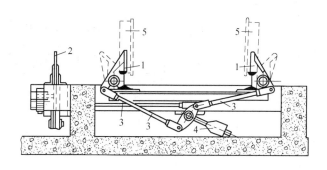

图 7-39   普通单式阻车器

1—挡爪；2—转辙器手柄；3—拉杆；4—重锤；5—车轮

复式阻车器由两个单式阻车器组成，用一个转辙器联动，其中一个阻车器的挡爪打开时，另一个阻车器的挡爪关闭。复式阻车器用来控制矿车通过的数量，其工作原理如图 7-40 所示。在图（a），前挡爪关闭，后挡爪打开，车组被前挡爪阻挡。图（b），前挡爪打开，后挡爪关闭，第一辆矿车自溜前进，后端车组被后挡爪阻挡。图（c），前挡爪关闭，后挡爪打开，车组自溜一段距离后，被前挡爪阻挡。重复上述过程，矿车就一辆一辆自溜前进。因此，只要反复扳动转辙器手柄，就能使矿车定量通过。每次通过的矿车数量，由前后挡爪的间距确定。

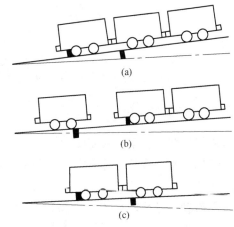

图 7-40   复式阻车器工作原理

7.4.1.2   矿车减速器

矿车减速器用来减慢矿车的自溜速度。图 7-41 所示为简易矿车减速器。角钢制成的弯头压板 1 安装在钢轨 5 的两侧，借弹簧 2 的弹力压向钢轨，弹簧装在角钢 4 上，角钢 4 与钢轨 5 用螺栓与槽钢 3 连接。当矿车沿钢轨驶来，车轮从弯头处挤入，车轮摩擦压板，速度减慢。

图 7-42 所示为气动摇杆矿车减速器。摇杆 7 的轴上装有一组摩擦片 4，弹簧 6 通过环圈 5 压紧摩擦片。当矿车沿钢轨驶来，车轮推压摇杆使之摆动，摩擦片

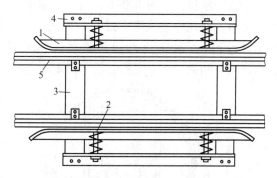

图 7-41   简易矿车减速器

1—压板；2—弹簧；3—槽钢；4—角钢；5—钢轨

间的摩擦阻力使矿车减速。向气缸 1 通入压气，活塞 2 通过推杆 3 及环圈 5 推开弹簧 6，摩擦片间的摩擦力减小，对车轮的阻力随之减小，因此调节压气压力，可调节矿车的减速度。

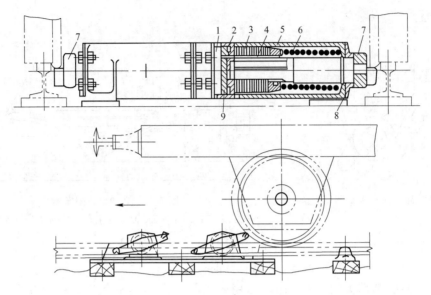

图 7-42　气动摇杆矿车减速器

1—气缸；2—活塞；3—推杆；4—摩擦片；5—环圈；6—弹簧；7—摇杆；8—轴套；9—轴承

7.4.2　矿车卸载设备

固定车厢式矿车卸载需要使用翻车机。翻车机通常分为侧翻式和前翻式两种。

常用的侧翻式圆筒翻车机如图 7-43 所示。用型钢焊成的圆形翻笼 1 支撑在两侧的主动滚轮 2 和支撑滚轮 3 上，主动滚轮和支撑滚轮用轴承装置在支架 4 上。电动机通过齿轮减速器带动主动滚轮旋转时，借助摩擦力，翻笼也随之转动。将重矿车推至翻笼的轨道上，车轮被阻车器、车厢角铁挡板固定，扳动手柄 7，拉杆使制动挡铁 5 离开翻笼上的挡块 6，同时电动机启动，翻笼旋转，矿石从矿车中卸出，沿溜板 8 溜入矿仓。矿车卸载后，将手柄扳回原位，电动机断电，翻笼靠惯性继续旋转，当挡块 6 被挡铁 5 挡住时停止转动。此时，翻笼内的轨道正好与外面的轨道对正，打开阻车器，即可推入重车，顶出空车，进行下一次翻车。为了提高卸载效率，可用电机车顶推矿车进出翻笼，卸载时列车不脱钩，列车卸完后，立即用电机车拉走。

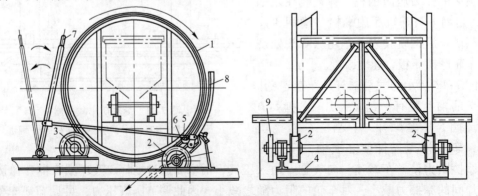

图 7-43　侧翻式圆筒翻车机

1—翻笼；2—主动滚轮；3—支撑滚轮；4—支架；5—制动挡铁；6—挡块；7—手柄；8—溜板；9—齿轮

简易的侧翻式翻车机可以不用动力，将翻笼内的轨道对翻笼偏心安装，并用闸带控制翻笼的运动。重车进入翻笼并固定后，松开闸带和挡铁，翻笼在自重作用下翻转卸载。卸载后，用闸带减速，当翻笼接触挡铁时停止转动。

简易的前翻式翻车机如图7-44所示。翻车机的底座1固定在卸载木架2上，底座上有圆轴3，活动曲轨4通过连接板6安装在圆轴上。设计时，应使重矿车进入曲轨后与曲轨的重心位于圆轴的左侧；若为空矿车，则空车与曲轨的重心位于圆轴的右侧。当重矿车沿轨道进入曲轨后，由于联合重心位于圆轴左侧，曲轨带着重车绕圆轴向前翻转。卸载后，由于重心位于圆轴右侧，曲轨带着空车绕圆

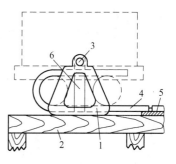

图7-44　前翻式简易翻车机

1—底座；2—木架；3—圆轴；
4—活动曲轨；5—垫木；6—连接板

轴向后翻转，当曲轨接触垫木5时，翻车机恢复原位。翻车时，矿车车轮套在曲轨内，矿车不会从翻车机内掉出。

7.4.3　矿车调动设备

7.4.3.1　调度绞车

常用的JD型调度绞车如图7-45所示，电动机悬装在绞车卷筒外侧，传动机构装在卷筒内部，结构紧凑，外形尺寸小。电动机1通过齿轮2、3和齿轮5、6减速后，带动行星轮机构的太阳齿轮8旋转，再通过行星齿轮9带动内齿圈10转动。若用闸带16刹住内齿圈10，则行星齿轮9在内齿圈的齿面上滚动，其小轴12通过连接板13带动卷筒14转动。卷筒左侧的凸缘15上装有闸带17，可以控制卷筒的放绳速度。

调度绞车用钢绳牵引车组，可使车组在调车区域移动。

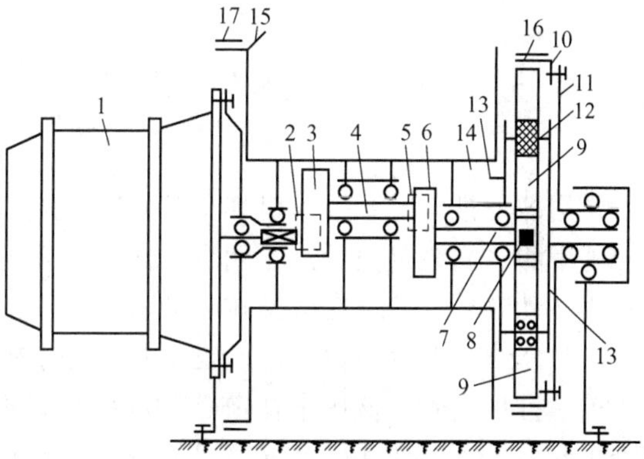

图7-45　JD型调度绞车

1—电动机；2, 3, 5, 6—减速齿轮；4, 7—轴；
8—太阳齿轮；9—行星齿轮；10—内齿圈；11—板面；
12—小轴；13—连接板；14—卷筒；
15—卷筒凸缘；16, 17—闸带

7.4.3.2　推车机

推车机用于短距离推送矿车，可把矿车推入罐笼或翻车机，也可使矿车在车场中移动。它分为上推式和下推式两类。

常用的上推式推车机如图7-46所示。它是一个带推臂6的自行小车，可在槽钢制成的纵向架1内移动。小车由电动机、减速器、行走轮和重锤等组成。启动电动机4，通过联轴器和蜗杆蜗轮减速器带动主动轮2转动，小车用推臂6顶推矿车前进。为了增加小车的黏着重量，在小车上装有重锤5。当推车机将矿车推入罐笼，小车即扳动返程开关，电动机4反转，小车后退，推臂上的滚轮8沿副导轨9上升，使推臂抬高，从待推的矿车上面经过，并在矿车后面落下。此时，小车返回原位，电动机自动断电。图中钢轨的下面是

复式阻车器 10，它每次让一辆矿车通过。当扳动转辙器手柄，使阻车器前面的挡爪打开，后面的挡爪关闭时，电动机随之启动，推车机开始工作。

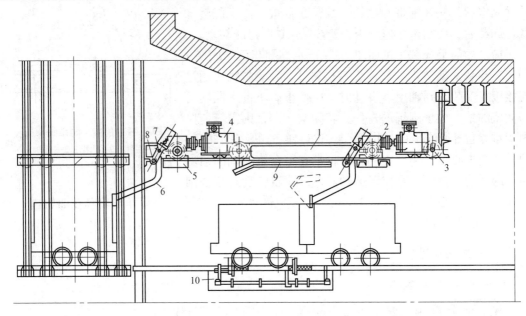

图 7-46　上推式推车机

1—纵向架；2—主动轮；3—从动轮；4—电动机；5—重锤；6—推臂；7—小轴；

8—滚轮；9—副导轨；10—复式阻车器

常用的下推式链式推车机如图 7-47 所示。推车机装在轨道下面的地沟内，板式链位于轨道中间，它绕过前后链轮闭合。前链轮 6 为主动链轮，由电动机通过减速器驱动；后链轮为从动链轮，安装在链条拉紧装置 4 上。链条上每隔一辆矿车的长度安装一对推爪 2，前推爪只能绕小轴向后偏转，后推爪只能绕小轴向前偏转。因此，矿车可顺利从前后两端进入前后推爪之间。该矿车在链条顺时针转动时，被后推爪推着前进；链条停止运转时，前推爪起阻车器的作用。在链条上每隔一定距离装有滚轮，链条移动时，滚轮沿导轨滚动，托住链条，防止链条下垂。当矿车车轴较低时，推爪可直接推动车轴；若车轴较高，必须用角钢在车底焊成底板挡。

用链式推车机向翻车机推车时，推车机和翻车机的开停要交替进行，可用闭锁机构自动控制。当推车机将矿车推入翻车机时，推车机自动断电，电磁制动器抱闸停车，同时翻车机开动卸载。卸载完毕，翻车机自动停车，推车机又自动开车。

常用的下推式钢绳推车机如图 7-48 所示。电动机 7 经减速器 6 驱动摩擦轮 2 转动，拖动钢绳 5 牵引小车 1 沿导轨 8 前进或后退。小车上的推爪因重心偏后头部抬起，小车前进可推动矿车的车轴，使之沿钢轨 10 前进。小车后退，推爪遇到车轴可绕小轴 9 顺时针转动，从矿车下通过，为推动第二辆矿车做好准备。钢绳推车机结构简易，推车行程较长，被中小型矿山广泛使用，但其推力较小，且易损坏。

7.4.3.3　高度补偿装置

在矿车自溜运输线路上，为了使矿车恢复因自溜失去的高度，应设置高度补偿装置。常用的高度补偿装置有爬车机及顶车器。

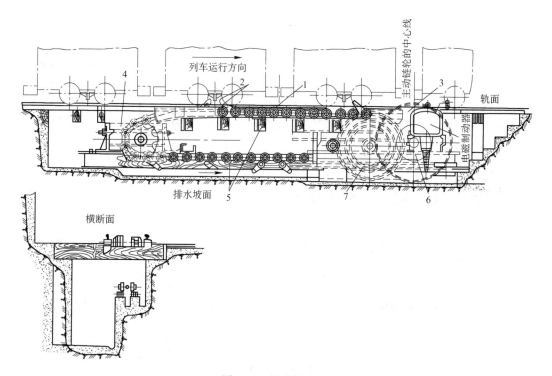

图 7-47　链式推车机

1—板式链；2—推爪；3—传动部；4—拉紧装置；5—架子；6—主动链轮；7—制动器

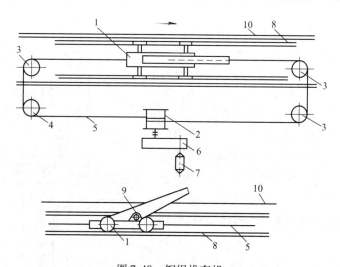

图 7-48　钢绳推车机

1—小车；2—摩擦轮；3—导向轮；4—拉紧轮；5—牵引绳；
6—减速器；7—电动机；8—导轨；9—小轴；10—钢轨

常用的爬车机如图 7-49 所示，其结构与链式推车机类似。板式链绕过主动链轮和从动链轮闭合。主动链轮装在斜坡上端，如图 7-49（d）所示，用电动机经减速器驱动；从动链轮装在斜坡下端，其上装有链条拉紧装置。链条按缓和曲线倾斜安装，倾角以 15°左右为宜。链条运转时，链条上的滚轮沿导轨滚动，防止链条下垂；链条上的推爪推着矿车

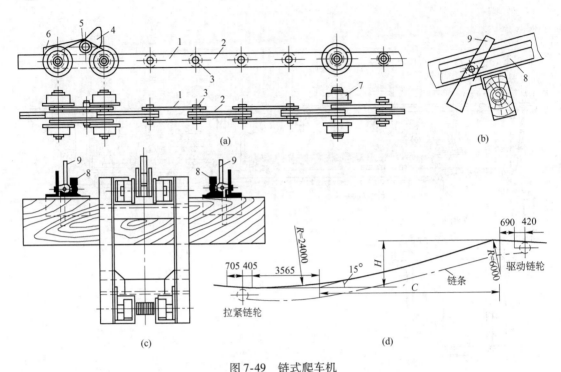

图 7-49　链式爬车机

（a）链条；（b）捞车器；（c）导向机架及钢轨的固定法；（d）总系统图

1，2—平板链带；3—小轴；4—推爪；5—轴；6—配重；7—滚轮；8—钢轨；9—捞车器

沿斜坡向上运行，补修因自溜失去的高度。通常在爬车机前后设置自溜坡，使矿车进出爬车机自溜运行。为了防止发生跑车事故，在斜坡上安装若干捞车器。捞车器是一个摆动杆，矿车上行可顺利通过，下行则被捞车器挡住。

当补偿高度较小时，可用图 7-50 所示的风动顶车器。气缸 2 直立安装在地坑内，其活塞杆上装有升降平台 1。平台上的轨道有自溜坡度，在下部与进车轨道衔接，在上部与出车轨道衔接。从下部轨道自溜驶来的矿车，其车轴压下平台上的后挡爪，进入平台后被平台上的前挡爪阻挡，此时后挡爪复位，前后挡爪夹住矿车，使之固定在平台上。向气缸 2 通入压气，活塞杆伸出，平台 1 沿导轨 3 平稳上升至上部轨道，此时钢绳 4 通过杠杆打开前挡爪，矿车从平台自溜驶出，沿上部轨道运行。放出气缸中的压气，平台在自重作用下下降复位，为顶推第二辆矿车做好准备。

当补偿高度很大时，可用绞车沿斜坡牵引矿车上升。

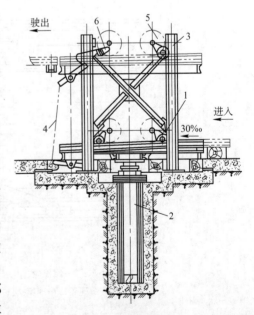

图 7-50　风动顶车器

1—平台；2—气缸；3—导轨；4—钢绳；

5—车轮；6—阻车器

复习思考题

7-1 矿井轨道由哪几部分组成?

7-2 道砟的作用有哪些?

7-3 为什么轨道在平巷沿重车方向要铺成3‰的坡度?

7-4 布置弯曲轨道时应注意哪些问题?

7-5 矿车组最小转弯半径如何确定?

7-6 为什么要在轨道曲线段抬高外轨?

7-7 矿井轨道连接时应注意哪些问题?

7-8 矿用电机车是如何分类?

7-9 电机车撒砂装置的作用是什么?

矿用自卸汽车

8.1 露天矿自卸汽车

8.1.1 露天矿自卸汽车运输的特点与应用

8.1.1.1 露天矿自卸汽车运输的特点

A 主要优点

(1) 汽车运输具有较小的弯道半径和较陡的坡度，灵活性大，特别是对采场范围小、矿体埋藏复杂而分散、需要分采的露天矿更为有利。

(2) 机动灵活，可缩短挖掘机停歇时间和作业循环时间，能充分发挥挖掘机的生产能力，与铁路运输比较可使挖掘机效率提高 10%~20%。

(3) 公路与铁路运输相比，线路铺设和移动的劳动力消耗可减少 30%~50%。

(4) 排土简单。采用推土机辅助排土，所用劳动力少，排土成本较铁路运输可降低 20%~25%。

(5) 便于采用移动坑线开拓，因而更有利于中间开沟向两边推进的开拓方式，以缩短露天开矿基建时间，提前投产和合理安排采矿计划。

(6) 缩短新水平的准备时间，提高采矿工作下降速度，汽车运输每年可达 15~20m，铁路运输的下降速度只能达 4~7m。

(7) 汽车运输能较方便地采用横向剥离，挖掘机工作线长度比铁路运输短 30%~50%。

(8) 采场最终边坡角比铁路运输大，因此可减少剥离量，降低剥采比，基建工程量可减少 20%~25%，从而减少基建投资和缩短基建时间。

B 主要缺点

(1) 司机及修理人员较多，为铁路运输的 2~3 倍，保养和修理费用较高，因而运输成本高。

(2) 燃油和轮胎耗量大，轮胎费用占运营费的 1/5~1/4，汽车排出废气污染环境。

(3) 合理经济运输距离较短，一般在 3~5km 以内。

（4）路面结构随着汽车重量的增加而需加厚，道路保养工作量大。

（5）运输受气候影响大，汽车寿命短，出车率较低。

8.1.1.2 露天矿自卸汽车运输的应用

选择合理的运输方式是露天矿设计工作的重要内容。汽车运输由于具有很多优点，因此在露天矿山运输中占有很重要的地位。汽车运输可作为露天矿山的主要运输方式之一，也可以与其他运输设备联合使用。随着露天矿山和汽车工业的不断发展，汽车运输必将得到更加广泛的应用。

汽车运输适用于以下情况：

（1）矿点分散的矿床。

（2）山坡露天矿的高差或凹陷露天矿深度在 $100 \sim 200\,m$，矿体赋存条件和地形条件复杂。

（3）矿石品种多，需分采分运。

（4）矿岩运距小于 3km，采用大型汽车时应小于 5km。

（5）陡帮开采。

（6）与胶带运输机等组成联合开拓运输方案。

矿用汽车的工作条件不同于其他一般汽车的工作条件。矿用自卸汽车的工作特点是运输距离短，启动、停车、转变和调车十分频繁，行走的坡道陡，道路的曲率半径小，有时还要在土路上行走。另外，电铲装车时对汽车冲击很大。因此，矿用自卸汽车在结构上应满足下列要求：

（1）由于电铲装车和颠簸行驶时，冲击载荷剧烈，因此车体和底盘结构应具有足够的坚固性，并有减振性能良好的悬挂装置。

（2）运输硬岩的车体必须采用耐磨且坚固的金属结构。

（3）卸载时应机械化，并且动作迅速。

（4）司机棚顶上应有防护板，以保证司机的安全，对于含有害矿尘的矿山，司机室要密闭。

（5）制动装置要可靠，起步加速性能和通过性能应该良好。

（6）司机劳动条件要好，驾驶操纵轻便，视野开阔。

8.1.2 露天矿自卸汽车的分类

8.1.2.1 按卸载方式分类

露天矿山使用的自卸汽车分为后卸式、底卸式和自卸式汽车系列，其中后卸式应用广泛。

（1）后卸式汽车。后卸式汽车是矿山普遍采用的汽车类型，有双轴式和三轴式两种结构形式。双轴汽车虽可以四轮驱动，但通常为后桥驱动，前桥转向。三轴式汽车由两个后桥驱动，它用于特重型汽车或比较小的铰接式汽车。本节主要论述后卸式汽车（以下简称自卸汽车）。

（2）底卸式汽车。底卸式汽车可分为双轴式和三轴式两种结构形式；可以采用整体车架，也可采用铰接车架。底卸式汽车使用很少。

（3）自卸式汽车系列。自卸式汽车系列是由一个人驾驶两节或两节以上的挂车组，主要由鞍式牵引车和单轴挂车组成。由于它的装卸部分可以分离，所以无需整套的备用设备。美国还生产双挂式和多挂式汽车列车，主车后带多个挂车，每个挂车上都装有独立操纵的发动机和一根驱动轴。重型货车多采用列车形式，运输效率较高。

8.1.2.2　按动力传动形式分类

露天矿自卸汽车分为机械传动式、液力机械传动式、静液压传动式和电传动式。矿用自卸汽车根据用途不同，采用不同形式的传动系统。

（1）机械传动式汽车。采用人工操作的常规齿轮变速箱，通常在离合器上装有气压助推器。这是使用最早的一种传动形式，设计使用经验多，加工制造工艺成熟，传动效率可达90%，性能好。但是，随着车辆载重量的增加，变速箱挡数增多，结构复杂，要求驾驶员操纵熟练，驾驶员易疲劳。机械传动仅用于小型矿用汽车上。

（2）液力机械传动式汽车。在传动系统中增加液力变矩器，减少了变速箱挡数，省去主离合器，操纵容易，维修工作量小，消除了柴油机波及传动系统的扭振，可延长零件寿命。其不足之处是液力传动效率低。为了综合利用液力和机械传动的优点，某些矿用汽车在低挡时采用液力传动，起步后正常运转时使用机械传动。世界上30~100t的矿用自卸汽车大多数采用液力机械传动形式。20世纪80年代以来，随着液力变矩器传递效率和自动适应性的提高，液力机械传动已可完全有效地用于100t以上乃至327t的矿用汽车，车辆性能完全可与同级电动轮汽车媲美。

（3）静液压传动式汽车。由发动机带动的液压泵使高压油驱动装于主动车轮的液压马达，省去了复杂的机械传动件，自重系数小，操纵比较轻便；但液压元件要求制造精度高，易损件的修复比较困难，主要用于中小型汽车上。20世纪70年代以来，静液压传动式汽车在一些国家得到发展，如载重量分别为77t、104t、135t、154t等型矿用自卸汽车均采用这种传动形式。

（4）电传动式汽车（又称电动轮汽车）。它以柴油机为动力，带动主发电产生电能，通过电缆将电能送到与汽车驱动轮轮边减速器结合在一起的驱动电动机，驱动车轮传动。调节发电机和电动机的励磁电路和改变电路的连接方式可实现汽车的前进、后退及变速、制动等多种工况。电传动汽车省去了机械变速系统，便于总体设计布置，还具有减少维修量，操纵方便，运输成本低等特点，但制造成本高。采用架线辅助系统双能源矿用自卸车是电传动汽车的一种发展产品，它用于深凹露天矿。这种电传动汽车分别采用柴油机，架空输电作为动力，爬坡能力可达18%；在大坡度的固定段上采用架空电源驱动时汽车牵引电机的功率可达柴油机额定功率的2倍以上，在临时路段上，则由本身的柴油机驱动。这种双能源汽车兼有汽车和无轨电车的优点，牵引功率大，可提高运输车辆的平均行驶速度；而在临时的经常变化的路段上，不用架空线，可使在装载点和排土场上作业的组织工作简化。

8.1.2.3　按驱动桥形式和车身结构分类

矿用汽车按驱动桥（轴）形式可分为后轴驱动，中后轴驱动（三轴车）和全轴驱动等形式；按车身结构特点分为铰接式和整体式两种。

8.1.3　露天矿自卸汽车的结构

露天矿自卸汽车主要由车体、发动机和底盘三部分组成。底盘由传动系统、行走部分、操纵机构（转向系和制动系）和卸载机构组成，具体可以分为动力系统装置、传动系统装置、悬挂系统装置、转向系统装置、制动系统装置。

8.1.3.1　基本结构

露天矿山使用的自卸汽车一般为双轴式或三轴式结构，如图 8-1 所示。双轴式可分为单轴驱动和双轴驱动，常用车型多为后轴驱动，前轴转向。三轴式自卸汽车由两个后轴驱动，一般为大型自卸汽车所采用。从其外形看，露天矿自卸汽车与一般载重汽车的不同点

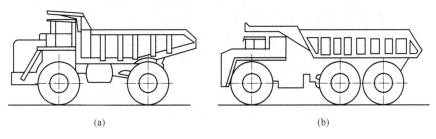

(a)　　　　　　　　　　　　　　　(b)

图 8-1　自卸汽车轴式结构
（a）双轴式；（b）三轴式

是驾驶室上面有一个保护棚，它与车厢焊接成一体，可以保护驾驶室和司机不被散落的矿岩砸伤。自卸汽车的外形结构如图 8-2 所示，重型矿用自卸汽车主要构件的外形特征及相互安装位置如图 8-3 所示。

我国多数露天矿山所用的自卸载重汽车的吨级为 30～80t；其中以 LN392 型（见图 8-4）Terex33-07 型（见图 8-5）自卸汽车为典型代表。

近年来引进一批国外大型电动轮汽车，其中以 Caterpillar789C 型和 730E 型为代表。730E 型电动轮汽车是日本小松德莱赛生产的，其外形尺寸见图 8-6 所示。其发动机为 Komatsu SSA16V159，4 冲程 16 缸，电传动，轮胎为 37.00R57，空车质量为 138t，车厢容积 111m³，最大车速 55.7km/h，最大功率 1492kW。

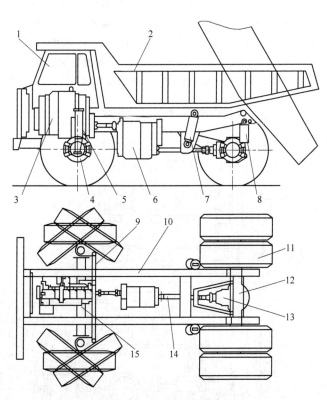

图 8-2　自卸载重汽车外形
1—驾驶室；2—货箱；3—发动机；4—制动系统；5—前悬挂；
6—传动系统；7—举升缸；8—后悬挂；9—转向系统；
10—车架；11—车轮；12—后桥（驱动桥）；13—差速器；
14—转动轴；15—前桥（转向桥）

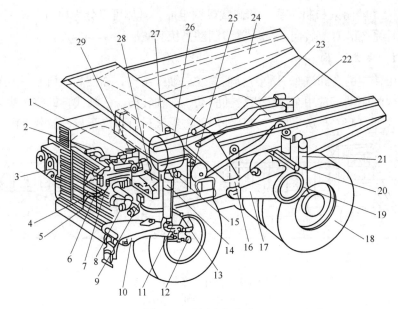

图 8-3　矿用自卸汽车

1—发动机；2—回水箱；3—空气滤清器；4—水泵进水管；5—水箱；6，7—滤清器；8—进气管总成；9—预热器；
10—牵引臂；11—主销；12—羊角；13—横拉杆；14—前悬挂油缸；15—燃油泵；16—倾斜油缸；17—后桥壳；
18—行走车轮；19—车架；20—系杆；21—后悬挂油缸；22—进气室转油箱；23—排气管；24—车厢；
25—燃油粗滤器；26—单向阀；27—燃油箱；28—减速器踏板阀；29—加速踏板阀

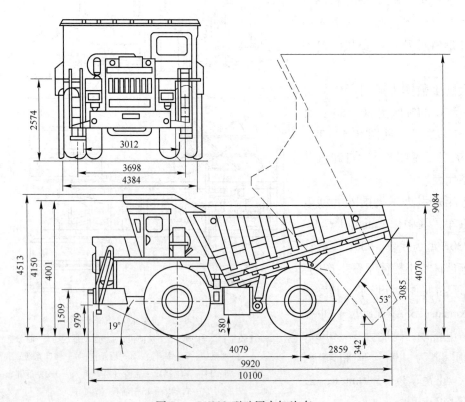

图 8-4　LN392 型矿用自卸汽车

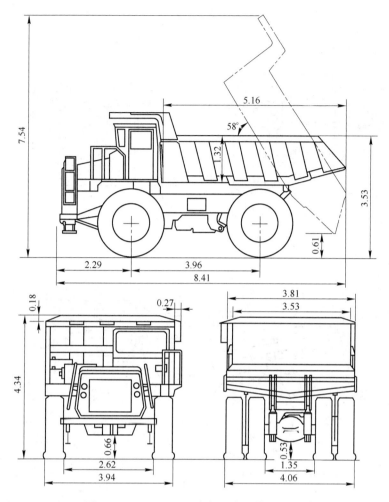

图 8-5　Terex33-07 型自卸汽车（单位：m）

8.1.3.2　动力装置

目前重型自卸汽车均以柴油机作动力（即发动机），因为柴油机比汽油机有更多的优点。

与汽油机相比，柴油机的热效率高，柴油价格便宜，经济性好；柴油机燃料供给系统和燃烧都较汽油机可靠，不易出现故障；柴油机所排出的废气中，对大气污染的有害成分相对少一些；柴油的引火点高，不易引起火灾，有利于安全生产。但是柴油机的结构复杂、重量大；燃油供给系统主要装置要求材质好、加工精度要求高，制造成本较高；启动时需要的动力大；柴油机噪声大，排气中含二氧化碳与游离碳多。

重型汽车用柴油机按行程分为二行程和四行程两种，绝大部分重型汽车采用四行程。

8.1.3.3　传动装置

国内外矿用自卸汽车种类很多，载重吨位也各不相同，其传动方式主要有机械传动、液力机械传动和电力传动三种。

（1）机械传动。由发动机发出的动力，通过离合器、机械变速器、传动轴及驱动轴等

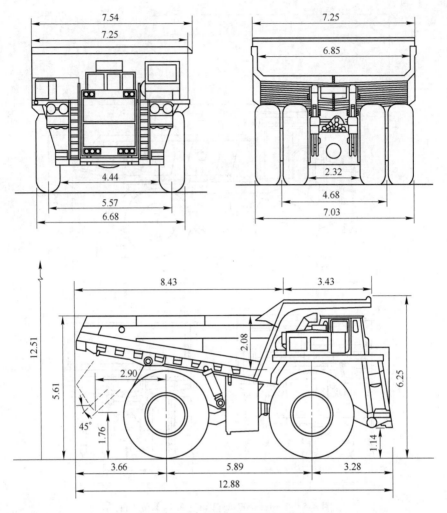

图 8-6　730E 型电动轮自卸汽车（单位：m）

传给主动车轮，这种传动方式为机械传动。载重量在 30t 以下的重型汽车多采用机械传动，因为机械传动具有结构简单、制造容易、使用可靠和传动效率高等优点。例如，交通 SH361 型、克拉斯 256B 型和北京 BJ370 型汽车均采用机械传动形式。

随着汽车载重量的增加，大型离合器和变速器的旋转质量也增大，给换挡造成了困难。踩离合器换挡时间长，变速器的齿轮有强烈的撞击声，使齿轮的轴承受到严重的损坏，因而要求驾驶员有较高的操作技巧。另外，由于机械变速器改变转矩是有级的，而当道路阻力发生变化时，要求必须及时换挡，否则发动机工作不稳定、容易熄火，尤其是在矿区使用的汽车，道路条件较差，换挡频繁，驾驶员容易疲劳，离合器磨损极其严重，故对大吨位重型自卸汽车，机械传动难以满足要求。

（2）液力机械传动。由发动机发出的动力，通过液力变矩器和机械变速器，再通过传动轴、变速器和半轴把动力传给主动车轮，这种传动为液力机械传动。目前，世界上 30 ～ 100t 的矿用自卸汽车基本上均采用这种传动方式。

由于液力变矩器的传递效率和自适应性能的提高，它可自动地随着道路阻力的变化而改变输出扭矩，使驾驶员操作简单。液力变矩器能够衰减传动系统的扭转振动，防止传动过载，能够延长发动机和传动系统的使用寿命，因此，近 20 年来，液力机械传动已完全有效地应用于 100t 以上乃至 160t 的矿用自卸汽车上。车辆的性能完全可与同级电动轮汽车媲美。它的造价又比电动轮汽车低，可见，从发展趋势看，它有取代同吨位电动轮汽车的可能。

上海产的 SH380 型、俄国产的别拉斯 540 型和美国产的豪拜 35C 型和 75B 型汽车都采用液力机械传动系统。

（3）电力传动。发动机直接带动发电机，发电机发出的电直接供给发动机，电动机再驱动车轮，这种传动形式为电力传动。根据发电机和电动机形式不同，电力传动可分为 4 种：

1）直流发电机-直流电动机驱动系统。直流发电机发出的电能直接供给直流电动机。这种传动装置的优点是不通过任何转换装置，因此系统结构简单。其缺点是直流体积大、重量大、成本高，转数又可能很高，所以这种传动系统很少应用。

2）交流发电机-直流电动机驱动系统。交流发电机发出的三相交流电，经过大功率硅整流器整流成直流电，再供给直流电动机。目前国内外大吨位矿用自卸汽车均采用这种传动形式。

3）交流发电机-整流变频装置-交流电动机驱动系统。交流发电机发出的交流电经过整流和变频装置以后，输送给交流电动机，也就是逆变后的三相交流电的频率根据调速需要是可控制的。这种传动的优点是结构简单，电机外形尺寸小；可以设计制造大功率电动机，运行可靠，维护方便。

4）交流发电机-交流电动机驱动系统。同步交流发电机发出的电能送给变频器，变频器再向交流电动机输送频率可控的交流电。这种传动系统对变频技术和电动机结构都有较高的要求，目前尚未推广使用。

电力传动的汽车结构简单可靠，制动和停车准确，能自动调速，没有机械传动的离合器、变速器、液力变矩器、万向联轴节、传动轴、后桥差速器等部件，因而维修量小。此外，电力传动牵引性能好，爬坡能力强，可以实现无级调速，运行平稳，发动机可以稳定在经济工况下运转，操作简单，行车安全可靠等，所以经济效果比较好。但电力传动的汽车自重较大、造价较高，再由于电机尺寸和重量的限制，只有载重量在 100t 以上的自卸汽车才适合采用电力传动。别拉斯 549 型、豪拜 120C 与 200B 型和特雷克斯 33-15B 型矿用自卸汽车均采用电力传动系统。

8.1.3.4　悬挂装置

悬挂装置是汽车的一个重要部件，悬挂的作用是将车架与车桥弹性连接起来，以减轻和消除由于道路不平给车身带来的动载荷，保证汽车必要的行驶平稳性。

悬挂装置主要由弹性元件、减振器和导向装置三部分组成。这三部分分别起缓冲、减振和导向作用，三者共同的任务都是传递动力。

汽车悬挂装置的结构形式很多。其按导向装置的形式，可分为独立悬挂和非独立悬挂两种。前者与断开式车桥连用，而后者与非断开桥连用。载重汽车的驱动桥和转向桥大都采用非独立悬挂。悬挂按采用的弹性元件种类，可分为钢板弹簧悬挂、叶片弹簧悬挂、螺旋弹簧悬挂、扭杆弹簧悬挂和油气弹簧悬挂等多种形式。目前，大多数载重汽车采用叶片弹簧悬挂。近年来由于矿用重型汽车向大吨位发展，同时为了提高整车的平顺性及轮胎使用寿命，减轻驾驶人员的疲劳，现已广泛应用油气悬挂。少量汽车开始采用橡胶弹簧悬挂。

（1）钢板弹簧悬挂结构。钢板弹簧通常是纵向安置的，一般用滑板结构来代替活动吊耳的连接，如图 8-7 所示。它的主要优点是结构简单、重量轻、制造工艺简单、拆卸方便，减少了润滑点，减小了主片附加应力，延长了弹簧寿命。滑板结构是近年来的一种发展趋势，钢板弹簧用两个 U 形螺栓固定在前桥上。为加速振动的衰减，在载重汽车的前悬挂中一般都装有减振器，而载重汽车后悬挂则不一定装减振器。

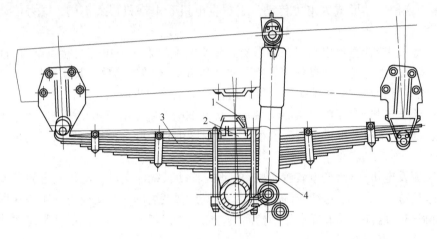

图 8-7　钢板弹簧悬挂结构

1—缓冲块；2—衬铁；3—钢板弹簧；4—减振器

（2）油气悬挂结构。从悬挂的类型来看，目前 30t 以下的载重汽车仍多采用钢板弹簧和橡胶空心簧。载重在 30t 以上的重型载重汽车，越来越多地采用油气悬挂。采用油气悬挂的目的是改善驾驶员的作业条件，提高平均车速，适应矿山的恶劣道路条件和装载条件。

油气悬挂一般都由悬挂缸和导向机构两部分组成。现在以上海 SH380A 型油气悬挂缸（见图 8-8）为例介绍油气悬挂装置的结构。它包括两部分：球形气室和液力缸。球形气室固定在液力缸上，其内部用油气隔膜 13 隔开，一侧充工业氮气，另一侧充满油液并与液力缸内油液相通。氮气是惰性气体，对金属没有腐蚀作用，在球形气室上装有充气阀接头 14。当桥与车架相对运动时，活塞 4 与缸筒 3 上下滑动。缸筒盖上装有一个减振阀、两个加油阀、两个压缩阀和两个复原阀 8。

当载荷增加时，车架与车桥间距缩短，活塞 4 上移，使充油内腔容积缩小，迫使油压升高。这时液力缸内的油经减振阀 7、压缩阀 10 和复原阀 8 进入球形气室 1 内压迫油气隔膜 13，使氮气室内压力升高，直至与活塞压力相等时，活塞才停止移动。这时，车架与车桥的相对位置就不再变化。当载荷减小时，高压氮气推动油气隔膜把油液压回液力缸内，使活塞 4 向下移动，车架与车桥间距变长。到活塞上压力与气室内压力相等时，活塞即停止移动，从而达到新的平衡。就这样随着外载荷的增加与减少车架与车桥自动适应。

减振阀、压缩阀和复原阀都在缸筒上开一些小孔起阻尼作用，当压力差为 0.5MPa 时压缩阀开启，当压力差为 1MPa 时复原阀开启，这样振动衰减效果较好。

8.1.3.5 动力转向装置

转向系是用来改变汽车的行驶方向和保持汽车直线行驶的。普通汽车的转向系由转向器和转向传动装置两部分组成。重型汽车由于转向阻力很大，为使转向轻便，一般均采用动力转向。

动力转向是以发动机输出的动力为能源来增大驾驶员操纵前轮转向的力量的。这样，转向操纵十分省力，提高了汽车行驶的安全性。

在重型汽车的转向系统中，除装有转向器外，还增加了分配阀、动力缸、油泵、油箱和管路，形成一个完整的动力转向系统。

动力转向所用的高压油由发动机所驱动的油泵供给。转向加力器由动力缸和分配阀组成。动力缸内装有活塞，活塞固定在车架的支架上。驾驶员通过方向盘和转向器，控制加力器的分配阀，使自油泵供来的高压油进入动力缸活塞的左方或右方。在油压作用下，动力缸移动，通过纵拉杆及转向传动机构使转向轮向左或向右偏转。

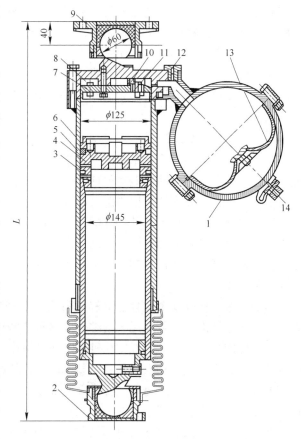

图 8-8 油气悬挂结构

1—球形气室；2—下端球铰链接盘；3—液力缸筒；4—活塞；
5—密封圈；6—密封圈调整螺母；7—减振阀；8—复原阀；
9—上端球铰链接盘；10—压缩阀；11—加油阀；
12—加油塞；13—油气隔膜；14—充气阀

由于车型和载重量不同，上述动力转向系统各总成的结构形式和组成也有差异。动力转向系统可按动力能源、液流形式、加力器和转向器之间相互位置的不同进行分类。

动力转向系统按动力能源分，有液压式和气压式两种。液压式动力转向油压比气压式高，所以其动力缸尺寸小、结构紧凑、重量轻。由于液压油具有不可压缩的特性，因此转向灵敏度高，无须润滑。同时，由于油液的阻尼作用，可以吸收路面冲击。所以目前液压式动力转向广泛用于各型汽车上，而气压动力转向则应用极少。

液压式动力转向按液流的形式，可分为常流式和常压式。常流式是指汽车不转向时，系统内工作油是低压，分配阀中滑阀在中间位置，油路保持畅通，即从油泵输出的工作油，经分配阀回到油箱，一直处于常流状态。常压式是指汽车不转向时，系统内工作油也是高压，分配阀总是关闭的。常压式需要储能器，油泵排出的高压油储存在储能器中，达到一定的压力后，油泵自动卸载而空转。

液压式动力转向按加力器和转向器的位置分为整体式和分置式。加力器与转向器合为一体的称为整体式；加力器与转向器分开布置的称为分置式。整体式动力转向结构紧凑，管路少，重量轻。在前轴负荷很大时，若用整体式，则动力缸尺寸大，结构与布置都较困难。因此，整体式多用于前桥负荷在 20t 以下的重型汽车上，分置式结构布置比较灵活，可以采用现有的转向器。尤其对超重型汽车，可以按需要增加动力缸的数目，增加缸径，以满足转向力矩增大的需要，如上海 SH380 型、拉斯 540 型及豪拜 120C 型自卸汽车都采用分置式。

8.1.3.6　制动装置

制动系的功用是迫使汽车减速或停车，控制下坡时的车速，并保持汽车能停放在斜坡上。汽车具有良好的制动性能对保证安全行车和提高运输生产率起着极其重要的作用。

重型汽车，尤其是超重型矿用自卸汽车，由于吨位大，行驶时车辆的惯性也大，需要的制动力也就大；同时由于其特殊的使用条件，对汽车制动性能的要求与一般载重汽车有所不同。重型汽车除装设有行车制动、停车制动装置外，一般还装设有紧急制动和安全制动装置。紧急制动是在行车制动失效时，作为紧急制动之用。安全制动是在制动系气压不足时起制动作用。

为确保汽车行驶安全并且操纵轻便省力，重型汽车一般均采用气压式制动驱动机构；超重型矿用自卸汽车一般采用气液综合式（即气推油式）制动驱动机构。

矿山使用的重型汽车，经常行驶在弯曲且坡度很大的路面上，长期而又频繁地使用行车制动器，势必造成制动鼓内的温度急剧上升，使摩擦片迅速磨损，引起"衰退现象"和"气封现象"，从而影响行车安全。"衰退现象"是指摩擦片由于温度升高引起摩擦系数降低，而制动力矩也相应减小。"气封现象"是指由于制动鼓过热，轮制动油缸内制动液蒸发而产生气泡，使油压降低，进而使制动性能下降，甚至失效。为此，重型汽车的制动系还增设有各种形式的辅助制动装置，如排气制动、液力减速、电力减速等，以减轻常用的行车制动装置的负担。

汽车在制动过程中，作用于车轮上有效制动力的最大值受轮胎与路面间附着力的限制。如有效制动力等于附着力，车轮将停止转动而产生滑移（即车轮"抱死"或拖印子）。此时，汽车行驶操纵稳定性将受到破坏。如前轮抱死，则前轮对侧向力失去抵抗能力，汽车转向将失去操纵；如后轮抱死，由于后轮丧失承受侧向力的能力，后轮则侧滑而发生甩尾现象。为避免制动时前轮或后轮抱死，有的重型汽车装有前后轮制动力分配的调节装置。

如果制动器的旋转元件是固定在车轮上的，其制动力矩直接作用于车轮，称为车轮制动器。旋转元件装在传动系的传动轴上或主减速器的主动齿轮轴上，则称为中央制动器。车轮制动器一般是由脚操纵作行车制动用，但也有的兼起停车制动的作用；而中央制动器一般用手操纵作停车制动用。车轮制动器和中央制动器的结构原理基本相同，只是车轮制动器的结构更为紧凑。

制动器的一般工作原理如图 8-9 所示。一个以内圆面为工作面的金属制动鼓 8 固定在车轮轮毂上，随车轮一起旋转。制动底板 11 用螺钉固定在后桥凸缘上，它是固定不动的。在制动底板 11 下端有两个销轴孔，其上装有制动蹄 10，在制动蹄外圆表面上固定有摩擦片 9。当制动器不工作时，制动鼓 8 与制动蹄上的摩擦片有一定的间隙，这时汽车可以自由旋转。当汽车需要减速时，驾驶员应踩下制动踏板 1，通过推杆 2 和主缸活塞 3，使主缸内的油液在一定压力下流入制动轮缸 6，并通过两个轮缸活塞 7 使制动蹄 10 绕支撑销 12 向外摆动，使摩擦片 9 与制动鼓 8 压紧而产生摩擦制动。当要消除制动时，驾驶员不踩制动踏板 1，制动油缸中的液压油自动卸荷。制动蹄在制动蹄回位弹簧的作用下，恢复到非制动状态。

8.1.4 露天矿自卸汽车的选型

8.1.4.1 选型原则

露天矿采场运输设备的选择主要取决于开拓运输方式，而影响开拓运输方式的因素又很多，因此，选择开拓运输方式必须通过技术经济比较综合确定。影响开拓运输方式选择的主要因素是矿山自然地质条件、开采技术条件（如矿山规模、采场尺寸、生产工艺流程、技术装备水平及设备匹配）、经济因素等。

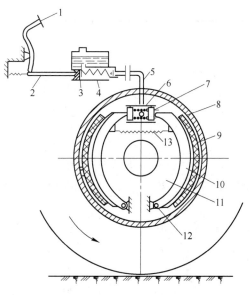

图 8-9 制动器工作原理
1—制动踏板；2—推杆；3—主缸活塞；4—制动主缸；
5—油管；6—制动轮缸；7—轮缸活塞；8—制动鼓；
9—摩擦片；10—制动蹄；11—制动底板；
12—支撑销；13—制动蹄回位弹簧

影响露天矿自卸汽车选型的因素很多，其中最主要的是矿岩的年运量、运距、挖掘机等装载设备斗容的规格及道路技术条件等。

在露天矿汽车运输设备中，普遍采用后卸式自卸汽车。载重量小于 7t 的柴油自卸汽车常与斗容 1m³ 的挖掘机匹配，用以运送松软土岩和碎石；中小型露天矿广泛使用 10～20t 机械传动的柴油自卸汽车；大型露天矿使用载重量大于 20t 的具有液压传动系统的柴油机自卸汽车和载重量大于 75t 的具有电力传动系统的电动轮自卸汽车。

为了充分发挥汽车与挖掘机的综合效率，汽车车厢容量与挖掘机的斗容量之比，一般为一车装 4～6 斗，最大不要超过 7～8 斗。

为了充分发挥汽车运输的经济效益，对于年运量大、运距短的矿山，一般应选择载重大的汽车，反之，应选择载重小的汽车。

露天矿自卸汽车的选型，还应考虑汽车本身工作可靠、结构合理、技术先进、质量稳定、能耗低等条件，以及确保备品备件的供应，车厢强度应适应大块矿石的冲砸。当有多种车型可供选择时，应进行技术经济比较，推荐最优车型。一个露天矿应尽可能选用同一型号的汽车。矿山常用自卸汽车的主要技术性能见表 8-1。

表 8-1 矿山常用自卸汽车的主要技术性能

类型	自重/t	载重/t	车厢容积/m³	发动机型号	发动机排量/L	转弯半径/m	缸数/形式	生产厂家	轮胎规格
TR100	68.60	100	41.6	康明斯 KTA38-C	37.7		12/V 型	北方股份	27.00-49
TR60	41.30	60	26	康明斯 QSK19-C650	18.9		6/直列	北方股份	24.00-35
TA25	20.87	25	10.0	康明斯 QSC8.3	8.3		6/直列	北方股份	25.00-19.50

续表 8-1

类型	自重/t	载重/t	车厢容积/m³	发动机型号	发动机排量/L	转弯半径/m	缸数/形式	生产厂家	轮胎规格
TA27	21.90	27	12.5	康明斯 QSL9	8.9		6/直列	北方股份	25.00-19.50
MT5500B		326	158	MTU/DDV4000, QSK60 (78)		16.2	16, 18, 20	北方股份	55/80R63 子午胎
MT4400		236	100	QSK60, MTU/DDV4000		15.2	16	北方股份	46/90R57 子午胎
BZKD20	16	20	10.7	康明斯 NT855-C250		8.5		中环	14.00-24
BZKD25	18.2	25	12	康明斯 M-11-C290		8.5		中环	16.00-25
BZQ31470	61.22	86.2		康明斯 KT38C				本溪北方	27.00-49
BZQ31120	54.5	68		康明斯 VTA-28C				本溪北方	24.00-35
SGA3550	23	32		康明斯 M-11-C350		10		首钢重汽	
SGA3722	30	42		康明斯 KTA19		10		首钢重汽	
SF32601	106	154		康明斯 K1800E				湘潭电机	
SF31904	85	108		康明斯 KTA38C				湘潭电机	
775D		69.9	41.5	CAT3142E				卡特皮勒	24.00-R35
777D		100	60.1	CAT3508B				卡特皮勒	27.00-R49
T252	129	181	107.8	MTU/DDV12V4000, QSK45		12.34	16	利勃海尔	37G57, 40R57
T262	152	281	119	MTU/DDV12V4000, QSK60		14.25	16	利勃海尔	40R57
R130B	226.8	128.2	78.4	康明斯 KTTA-38-C				尤克利德-日立	
R170C	278.9	156.9	101.95	康明斯 K1800E				尤克利德-日立	
TM-3000		108.8	46~67	底特律 12V-149TIB 康明斯 KAT-38-C		12.2		尤尼特-瑞格	
TM33000		136	61~87	底特律 12V-149TIB 康明斯 KAT-38-C		12.19		尤尼特-瑞格	
75131	107	130	70	KTA-50C		13		白俄罗斯-别拉斯	33.00-51
7514	95	120	61	8DM-21AM		13		白俄罗斯-别拉斯	33.00-51

8.1.4.2　选型注意事项

（1）对于矿用汽车，由于运距较近，道路曲折，坡道较多，其行车速度受行车安全的限定，因此厂家定的最大车速不是反映运输效率的性能指标。

（2）最大爬坡度与爬坡的耐久性指标，若矿山坡度较大，坡道较长，就应设法了解清楚，才能决策。

（3）汽车的质量利用系数小，说明汽车的空车质量大，这仅在一定程度上反映了汽车的强度和过载能力好。过载能力还涉及很多因素，如发动机的储备功率、车架、轮胎和悬架的强度等。因此，仅凭质量利用系数很难做出准确的判断。另外，空车质量较大，汽车的燃油经济性必然较差，故需要进行综合考虑。

（4）汽车的比功率（即发动机功率与汽车总质量的比值）一般能表明汽车动力性的好坏。但动力性涉及总传动比和传动效率等其他因素，仅凭比功率也难以做出准判断。而且，增大比功率，虽能改善动力性，但一般而言，由于储备功率过大，汽车经常不在发动机的经济工矿下工作，因此汽车的经济性能较差。

（5）从理论上说，车厢的举升和降落时间会影响整个循环作业时间，影响运输效率。但是不同车型的举升，降落的时间相差不过几秒最多几十秒，因此对总的效率影响不大，可以不作重点考虑。但选型时要注意车厢的强度能否适应大块岩石的冲砸。

（6）短轴距的 4×2 驱动的矿用汽车的最小转弯半径为 $7 \sim 12m$，而且与吨位的大小成正比关系。同吨位不同车型的矿用汽车的转弯半径差异不大，一般都能够适应矿山道路规范的要求。但是，三轴自卸汽车的转弯半径比上述数值要大得多，往往很难适应矿山的道路。因此，小型矿山若选用20t的公路用三轴自卸汽车，而矿山的弯道又较多，就应慎重地考察其适应性。

（7）一般情况下，矿用汽车的最小离地间隙能够满足露天矿山道路上的通过性要求。但若矿山爆破后矿岩的块度较大，汽车又装得很满，加之道路坑洼较多，容易掉石，就应注意最小离地间隙的大小能够适应，或在实际使用中采取防护措施，以防止前车掉石撞坏后车的底部（一般是发动机油底壳、变速器底部或后桥壳）。

（8）制动性能的好坏对矿用汽车至关重要。它不仅是安全行车的保证，而且也是下坡行车车速的主要制约因素，直接影响生产效率的高低，因此应作重点考察。对于以重载下坡为主的山坡露天矿，一定要选用具有辅助减速装置（例如电动轮汽车的动力制动、液力机械减速器中的下坡减速器）的汽车；对采用机械变速器的汽车，应尽量增设发动机排气制动装置。

（9）燃油消耗即燃油经济性是一个重要指标。但实际上厂家资料往往差别不大，而实地考察得到的数据由于矿业条件各异，缺少可比性，加之管理上的因素，真实的油耗很难获得，必须具体分析。

（10）汽车的可靠性、保养维修的方便性、各种油管的防火安全措施以及技术服务或供应零配件的保证性等，虽然较难用具体的数值表示，而且也较难获得，却都是十分重要的因素，应充分考虑这些因素。为此，在矿用汽车选型时，除广泛收集各种汽车的性能指标，进行比较筛选外，还要通过各种渠道（实地考察、访问用户等），收集一般资料上未能反映出的使用寿命、可靠性和维修性等情况。

（11）对备件供应问题，必须在购车之前就给以重视。对厂商的售后服务的实际情况，应作切实的考察，对常用备件的国内供应保证，应在购车时就同步地具体落实。对于主要总成和重要的零配件近期内无法落实供应或质量不能保证的车型，即使整车购置价格便宜，购置时还应十分慎重。

（12）对进口车型样本所载指标，应择其重要的，经过国内使用核实。

（13）注意主要总成及任选件的选用。矿用汽车的很多总成，如发动机型号、车厢容积、制动方式和启动方式等，均有多种可供用户选择。此外，还有一些任选件，如驾驶室空调、冷却系散热器的自动百叶窗、排气制动装置、自动润滑装置和轮胎自动充气等，供用户选装。因此，在选定基本车型后，应在签订合同时给以落实。

8.2　地下矿用汽车

地下矿用汽车适用于有斜坡道的矿山，它可将矿岩从工作面运往溜井口或运送到地面，在无轨开采地下矿山，可作为阶段运输主要运输设备，构成无轨采矿运输系统，以提高采矿强度。地下矿用汽车经济合理运距为 500～4000m，载重量大时取大值，适用的运输线路坡度不大于 20%。图 8-10 是地下矿用汽车的实物图。

图 8-10　地下矿用汽车

8.2.1　地下矿用汽车的分类

按卸载方式不同，地下矿用汽车可分为倾卸式和推卸式两类。

倾卸式汽车是用液压油缸将车厢前端顶起，使矿岩从车厢后端靠自溜而卸载。倾卸式汽车的主要缺点是卸载空间较大，在井下卸载时，需在卸载处开凿卸载硐室。与推卸式汽车相比，倾卸式汽车成本低，自重较轻，速度较快，运量较大，维修保养费用也较低。

推卸式汽车车厢内的矿岩是被液压油缸驱动的卸载推板推出车厢后端而卸载，其卸载高度较低。

图 8-11 和图 8-12 分别为美国瓦格纳公司生产的 MT-425-30 型 25t 倾卸式汽车和 MTT-420 型 20t 推卸式汽车外形图。

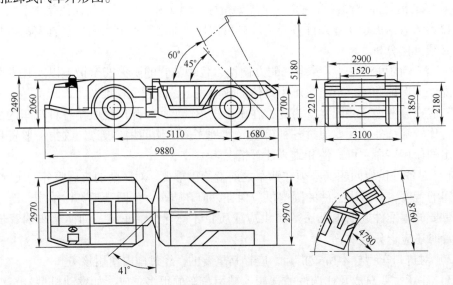

图 8-11　MT-425-30 型倾卸式汽车

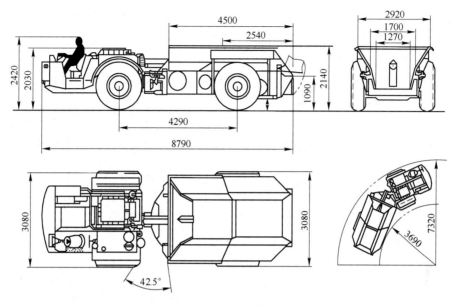

图 8-12 MTT-420 型推卸式汽车

按轮轴配置数，地下矿用汽车分为双轮轴式和三轮轴式。目前使用较多的是双轮轴式。

按传动方式，地下矿用汽车分为液力-机械式、液压-机械式、全液压式和电动轮式四类。

8.2.2 地下矿用汽车的特点与应用

8.2.2.1 地下矿用汽车的特点

A 地下矿用汽车运输的优点

(1) 机动灵活，应用范围广，生产能力大，可将采掘工作面的矿岩直接运送到各个卸载场地，能在大坡度、小弯道等不利条件下运输矿岩、材料、设备等。

(2) 在合理运距条件下，生产运输环节少，显著提高劳动生产率。

(3) 在矿山全套设施建成前，可用于提前出矿。

B 地下矿用汽车运输的缺点

(1) 地下矿用汽车虽然有废气净化装置，但柴油发动机排出的废气仍然污染井下空气，目前仍不能彻底解决，因此必须加强通风，增加了通风费用。

(2) 由于地下矿山路面不好，轮胎消耗量大，备件费用增加。

(3) 维修工作量大，需要技术熟练的维修工人和装备良好的维修设施。

(4) 要求巷道断面尺寸较大，增加了井巷开凿费用。

C 地下矿用汽车的应用

地下矿用汽车的选择主要是根据矿岩运输量、巷道断面尺寸、装车设备、运输距离、卸载要求以及矿山服务年限等条件来确定，同时还应考虑能耗、备件供应、维修能力、环境保护以及管理水平等因素，通过技术经济比较后选择合理的车型。

确定地下矿用汽车的装载量和不同装载量的车型时还应考虑矿山的生产发展。

一般要求在同一企业所选用的地下矿用汽车型号尽可能少，最好选择同一型号的汽车，以便于操作、维修、备件供应和调度管理。

地下矿用汽车采用柴油机驱动，废气排放应符合国家规定的标准，因此在选择地下矿用汽车时，还应考虑其废气污染情况。

地下矿用汽车是在井下巷道内运输矿（岩）石，受运输巷道的限制，其宽度和高度必须满足巷道规格的要求。无轨运输设备，如载重汽车的外形尺寸与巷道支护之间的间隙不得小于 0.6m，人行道宽度不得小于 1.2m。

地下开采常用运输汽车的主要技术性能见表 8-2。

表 8-2　地下开采常用运输汽车的主要技术性能

型　号	载重 /t	自重 /t	容积 /m³	功率 /kW	发动机	传动方式	驱动方式	外形尺寸 /mm×mm×mm
TD-20	18	20	11.1	172	F10L413FW	液力机械	二轴 4×4	8840×2240×2340
Sxhopf.-T193	20	16.5	8.5	135	F8L413FW	液力机械	二轴 4×4	8660×2300×2200
ME985T20	20	16	11.9	170	F10L413FW	液力机械	三轴 4×4	8665×2490×2590
MK-20.1	20	16.6	10	136	F8L413FW	液力机械	二轴 4×4	8885×2200×2305
MT-444	40		25.5	354				
MT5010	50		28.8	485				
Toro60	60	9.45	28	567				
EJX20	20		10.7	207	DetroitS50			
EJX530	28		15.3	298	DetroitS60			
60D	38		18.3	380	Car3408E			
MK-A15.1	15		7.5	102	F6L413FW			
DT-17	17		9.6		Cat3216			
DT-20	18.2		10.9	164				
ET33	30			298				
PMKT10.00	20		10.5	178				
AJK20	20	19	11	130	F8L413FWB			
JZC10	10	9.5	4.0	63	DeutzF6L912			7480×1750×2200
DKC-12	12		10.35		DeutzF6L413FW			7500×1800×2200
JCCY-2	4	12.5	2	63	DeutzF6L912FW			7060×1768×1880
JKQ-25	25	25.5	15	170				9200×2950×2300
UK-12	12		6.6	102				
CA-12	12	11.5	6	102	F6L413FW	液力机械		7400×1850×2300
CA-18	18	17	9	172		液力机械		8990×2300×2500
CA-20	20	19.5	10	205	Detroit50	液力机械		9000×2300×2500

8.2.3　地下矿用自卸汽车的结构

地下矿用自卸汽车是井下巷道运输设备，其结构不同于地面汽车。

（1）传动系统。地下矿用自卸汽车的传动系统有液力机械传动、液压机械传动、全液压传动和电动轮传动4种。据不完全统计，96%的地下矿用自卸汽车有动力变速装置，其余为电动轮传动装置，大致有一半使用自动变速选择器，另一半为手动变速。国外地下矿用自卸汽车94%为双桥结构，6%为三桥结构，国产 UK-12、DQ-18 型地下矿用自卸汽车均为双桥结构。绝大多数国内外井下矿用自卸汽车传动系统都采用液力机械传动、四轮驱动方式。传动系统一般是在世界范围内选择质量最可靠的部件，如柴油机多为德国生产的 Deutz 风冷低污染产品，该柴油机采用两级燃烧方式，能有效地控制其尾气中有害物质的含量；变矩器、变速箱、驱动桥可采用在铲运机上已广泛使用的美国 Clark 系列产品。其传动路线为柴油机—变矩器—变速箱—驱动桥（对于双桥结构为前后桥，三桥结构则为前中桥）。

（2）制动系统。国内外井下矿用自卸汽车制动系统有三种形式：干盘式制动、多（单）盘湿式制动和蹄式制动。前两种制动形式的应用最为普遍，如德国 GHH 公司生产的 MK-A 型井下矿用自卸汽车就采用干盘式制动形式；美国 Wagner 公司生产的 MT 系列、加拿大 DUX 公司生产的 TD 系列、中国 UK-12 型井下矿用自卸汽车都采用比较先进的全密封多盘湿式制动方式，这种制动方式其制动盘不外露，浸在油内，可以连续冷却，并可以自动调节，因而使其维修周期和使用寿命显著延长，是一种广泛采用的新的制动方式；国产 DQ-189 型井下矿用自卸汽车采用双管路蹄式制动系统，工作制动、紧急制动、停车制动有机地组合在一起，使制动安全、迅速、可靠。

（3）净化系统。由于巷道内通风条件差，国内外都对柴油机的尾气净化给予了高度重视，除发动机绝大部分采用德国 Deutz 系列低污染柴油机以外，还均采用了机外催化净化装置。低污染柴油机排出的尾气经催化箱中的催化剂氧化后，将一氧化碳（CO）、碳氢化合物（CH）等有害尾气变成无害尾气，排入大气中。

（4）卸载方式。矿用自卸汽车的卸载方式有倾翻卸载和推板-半倾翻卸载两种。倾翻卸载方式是用液压油缸推举货箱倾翻卸载。该方式结构简单，易于实现。为了使物料倾卸干净，卸载角一般为60°~70°。其由于卸载高度高，因而要求卸载硐室的高度较大。国内外井下矿用自卸汽车普遍采用这种卸载方式。推板-半倾翻卸载方式的货箱由两节组成，卸载分为两个过程：首先推卸油缸将第一节货箱及物料向后推移，在此过程中，第二节货箱中的物料一部分被推出货箱外，另一部分与第一节货箱中的物料重合；然后举升油缸工作，将货箱举起，货箱中的物料被卸尽。这种卸载方式要求的卸载硐室高度不高，可在一般主运输巷道内卸载，但货箱结构较复杂，井下矿用自卸汽车很少采用这种卸载方式。

（5）车架与悬挂。由于巷道断面较小，要求的运输车辆转弯半径要小，因而国内外几乎所有井下矿用自卸汽车都采用前后铰接式车体结构，水平折腰转向角为 ±40°~±45°，保证了较小的转弯半径，如美国 Wagner MT-433 30t 井下矿用自卸汽车转弯半径仅为 8992mm；德国 GHH MK-A60 60t 井下矿用自卸汽车转弯半径也只有 10430mm。由于巷道运输道路高低不平，为了提高其通过性能，国内外井下矿用自卸汽车都具有垂直摆动机构，以便使驱动的四轮在任何情况下都能全轮着地，在泥泞和高低不平的路面上行驶，更能显示出其优越的通过性能。垂直摆动有前桥摆动和前后车架相对摆动两种方式。

（6）司机室。司机室一般都前置，这样布置司机视野开阔，驾驶室远离柴油机尾气净化箱，有利于司机的健康。德国 GHH 公司生产的 MK-A12.1-60 型井下矿用自卸汽车采用双方向盘双向驾驶的布置方案，只需转动司机座椅便可实现双向驾驶；美国 Wagner 公司生产的 MT 系列和国产 DQ-18 型井下矿用自卸汽车均采用司机侧座单方向盘的驾驶室布置方案。

复习思考题

8-1　矿用自卸汽车是如何分类的？

8-2　矿用自卸汽车有哪些优缺点？

8-3　矿用自卸汽车适合什么场合工作？

8-4　选用矿用自卸汽车的基本原则是什么？

8-5　选用矿用自卸汽车需要注意哪几个问题？

9　矿井提升机械

9.1　竖井提升机械

矿井提升容器是直接提升矿石、废石，上下人员、材料及设备的工具。

按提升容器类型，提升容器分为罐笼、箕斗、箕斗罐笼、串车、台车、斜井人车和吊桶等。其中应用最为广泛的是罐笼和箕斗，其次是串车及斜井人车，串车及斜井人车用于斜井，台车应用较少。

按提升方式，提升容器分为直接提升容器和间接提升容器。其中箕斗、吊桶、箕斗罐笼属于直接提升容器，罐笼、串车、台车、斜井人车属于间接提升容器。

按提升作用，提升容器分为主井提升容器、副井提升容器和建井提升容器。

按服务方式，提升容器分为竖井提升容器和斜井提升容器。

9.1.1　罐笼

罐笼按其结构不同可分为普通罐笼和翻转罐笼，后者应用较少；按提升钢丝绳的数目可分为单绳罐笼和多绳罐笼；按层数可分为单层罐笼和双层罐笼。近年随着发展出现了合金罐笼。

我国金属和非金属矿山广泛采用单层及双层罐笼（见图9-1），在材质上主要采用钢罐笼，部分采用铝合金罐笼。

与箕斗相比，罐笼是一种多用途的提升容器，它既可提升矿石、废石，也可以升降人员、运送材料及设备等。罐笼主要用于副井提升，也可用于小型矿井的主井提升。

我国金属矿山罐笼标准底盘尺寸分别为 1 号罐笼 1300mm×980mm，2 号罐笼 1800mm×1150mm，3 号罐笼 2200mm×1350mm，4 号罐笼 3300mm×1450mm，5 号罐笼 4000mm×1450mm，6 号罐笼 4000mm×1800mm。

罐笼主要由罐体、连接（悬挂）装置、导向装置、防坠落装置等组成，并配有承接装置。

图9-1　双层罐笼实物图

（1）罐体。罐体是由槽钢、角钢等构件焊接或铆接而成的金属框架，一般由骨架、侧板、罐顶、罐底及轨道等组成，如图 9-2 所示。其两侧焊有带孔的钢板，上面设有扶手，以供升降人员之用。罐底设坚固的无孔钢板。为避免矿车在罐内移动，在罐底装有阻车器（罐挡）。罐笼顶部设有半圆弧形的淋水棚和可以打开的罐盖，以便运送长材料时用。一般罐笼两端设有帘式罐门，以保证提升人员时的安全。

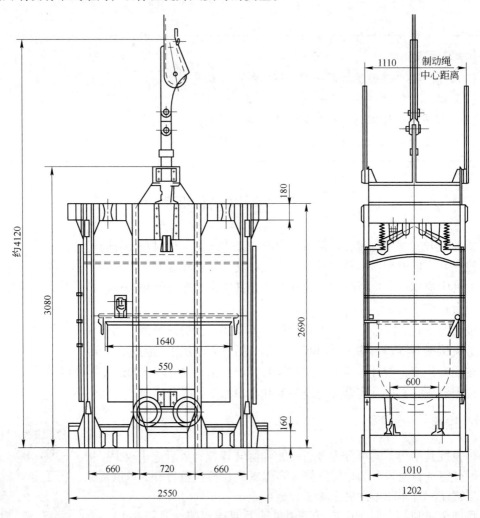

图 9-2　常见罐笼结构

（2）防坠落装置。升降人员的单绳提升罐笼必须装设安全可靠的防坠器。木罐道罐笼采用 YM 型防坠器。钢丝绳罐道采用 YS 型、GS 型、BF 型、FS 型防坠器。

罐笼防坠装置也称防坠器，是在提升容器因钢丝绳、连接装置等断裂发生意外事故时，能使提升容器立即卡在罐道上而不坠落的装置。防坠器的形式与罐道类型有关，目前广泛采用的是制动绳防坠器。

为保证生产及人员的安全，升降人员或升降人员和物料的单绳提升罐笼必须装设可靠的防坠器。当提升钢丝绳或连接装置万一被拉断时，防坠器可使罐笼平稳地支承在井筒中的罐道（或制动绳）上，而不致坠落井底，防坠器必须保证在任何条件下都能制动住断绳下坠的罐笼，动作应迅速而又平稳可靠。罐笼的最大允许减速度、减速延续时间、防坠器动作的空行程时间、罐笼制动距离等必须符合具体规定，保证制动罐笼时的人身安全。

防坠器一般由开动机构、传动机构、抓捕机构和缓冲机构四部分组成。开动和传动机构一般是互相连接在一起，由断绳时自动开启的弹簧和杠杆系统组成；抓捕机构和缓冲机构在一般防坠器上是联合的工作机构，有的防坠器还装有单独的缓冲装置。

防坠器一般可分为靠抓捕机构对罐道的切割插入阻力制动罐笼的切割式、靠抓捕机构和罐道之间的摩擦阻力制动罐笼的摩擦式、抓捕机构与支承物（制动绳）之间无相对运动的定点抓捕式三种。

（3）连接装置。连接装置又称悬挂装置，是指钢丝绳与提升容器之间的连接器具。一般采用双面夹紧自动调位楔形绳卡连接装置，其结构为：两块侧板用螺栓连接在一起，钢丝绳绕装在楔块上，当钢丝绳拉紧时，楔块挤进由梯形铁（能自动调位）与侧板构成的楔壳内，将钢丝绳两边卡紧。吊环和孔用来调整钢丝绳长度。限位板在拉紧钢丝绳后用螺栓拧紧，以阻止楔块松脱。其特点是：钢丝绳直线进入，能防止在最危险部分产生附加弯曲应力，减少断丝现象，延长钢丝绳使用寿命；双面夹紧具有较大的楔紧安全系数，可防止钢丝绳因载荷的变化在楔面上产生的滑动及磨损；自动调位结构能使钢丝绳上夹紧压力分布均匀，且其长度较短，可减少容器的总高度。

（4）导向装置。罐笼的导向装置一般称为罐耳，有滑动和滚动两种。罐笼借助罐耳沿着装在井筒中的罐道运动。罐耳与罐道配合，使提升容器在井筒中稳定运行，防止其发生扭转或摆动。罐道有木质、金属（钢轨和型钢组合）、钢丝绳三种。钢丝绳罐道具有结构简单、节省钢材、通风阻力小、便于安装、维护简便等优点，已经获得越来越广泛的使用。

罐笼一般应用在产量约 700t/d、井深约 300m 的竖井中，副井由于提升人员的需要必须选用罐笼。罐笼井可以出风，也可以入风。部分常用罐笼型号见表 9-1。

表 9-1　部分常用罐笼型号

序号	型　号	层数	断面/mm×mm	矿车类型	乘人数	大件名称	备　注
1	YJGS-1.3-1	1	1300×980	YGC0.5(6)	6		单绳
2	YJGG-1.8-1	1	1800×1150	YGC0.7(6)等	10	ZCZ-17 装岩机	单绳
3	YJGG-2.2-1	1	2200×1350	YCC1.2(6)	15	东风-2 装岩机	单绳
4	YJGG-3.3a-1	1	3300×1450	YCC2(6、7)	25	3t 电机车	单绳
5	YJGG-4-1	1	4000×1450	YFC0.7×2(6)	30	3~6t 电机车	单绳
6	YJGS-1.8-2	2	1800×1150	YFC0.7×2(6)	20	ZCZ-17 装岩机	单绳
7	YJGG-2.2a-2	2	2200×1350	YFC0.7×2(6、7)	30	东风-2 装岩机	单绳
8	YJGG-3.3a-2	2	3300×1450	YCC2(6、7)	50	3t 电机车	单绳
9	YJGG-4-2	2	4000×1800	YFC0.7×2(6、7)	76	ZYQ-14 装岩机	单绳
10	YMGS-1.3-1	1	1300×980		6		多绳
11	YMGG-1.8-1	1	1800×1150	YGC0.7(6)	10		多绳
12	YMGG-2.2-1	1	2200×1350	YCC1.2(6)	15		多绳
13	YMGS-3.3-1	1	3300×1450	YGC2(7)	25		多绳

续表 9-1

序号	型　　号	层数	断面/mm×mm	矿车类型	乘人数	大件名称	备　注
14	YMGG-4-1	1	4000×1450	YGC1.2(7)	30		多绳
15	YMGG-2.2-2	2	2200×1350	YCC1.2×2(6)	30		多绳
16	YMGS-3.3-2	2	3300×1450	YGC2×2(7)	50		多绳
17	YMGS-4-2	2	4000×1450	YGC1.2×4(7)	60		多绳
18	YMGS-4-2	2	4000×1800	YCC2×2(6、7)	76		多绳

符号举例说明：

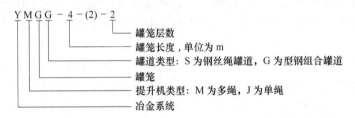

```
Y M G G － 4 －(2)－ 2
                      └─ 罐笼层数
                   └──── 罐笼长度，单位为 m
              └───────── 罐道类型：S 为钢丝绳罐道，G 为型钢组合罐道
        └─────────────── 罐笼
     └────────────────── 提升机类型：M 为多绳，J 为单绳
  └───────────────────── 冶金系统
```

9.1.2　竖井箕斗

箕斗是提升矿石或废石的单一容器。其按卸载方式分为底卸式、翻转式和侧卸式。竖井提升主要采用底卸式和翻转式，其中多绳提升一般采用底卸式，单绳提升可采用底卸式，也可采用翻转式。

与罐笼提升相比，箕斗的优点是自重小，使提升机尺寸和电动机功率减小，效率高；井筒断面小，无需增大井筒断面就能在井下使用大尺寸矿车；箕斗装、卸载时间短，生产能力大。其缺点是必须在井下设置破碎系统，在井口设置矿仓，井下、井口设装卸载装置，井架高度增加。箕斗不能运送人员，必须另设提升人员的副井，箕斗井不能作为进风井。

9.1.2.1　翻转式箕斗

翻转式箕斗的构造如图 9-3（a）所示。它主要由沿罐道运动的框架 1 与斗箱 2 组成。框架用槽钢或角钢焊成，罐耳和连接装置都固定在框架上。斗箱用钢板铆成，外面用角钢、槽钢或带钢加固，以增加其强度和刚度。箕斗底部和前后部斗壁容易压坏，常敷以衬板，磨损后可以更换。

翻转式箕斗卸载过程如图 9-3（b）所示，框架下部的底座 3 上固定有旋转轴 4，斗箱两侧各安一卸载滚轮 5，斗箱上部设有角板 6，供箕斗翻转 135°卸载时，支撑在井架支撑轮 8 上。当箕斗进入卸载位置时，滚轮 5 进入卸载曲轨 7，并使斗箱 2 向着储矿仓方向倾倒，借旋转轴 4 作支点转动，直到斗箱翻转 135°时，框架停止运行，矿石靠自重卸入储矿仓。当箕斗过卷时，斗箱上部的角板 6 就被支撑在卸载曲轨下面的两个支撑轮 8 上，并使箕斗的重量转到轮 8 上来，滚轮 5 失去支撑，框架继续运行，滚轮 5 上升并转到过卷曲轨 9 上，斗箱沿曲轨 9 进行，但转角不会继续增加，避免造成事故。当箕斗下放时，斗箱由曲轨中退出、沿曲轨回到原来垂直状态。

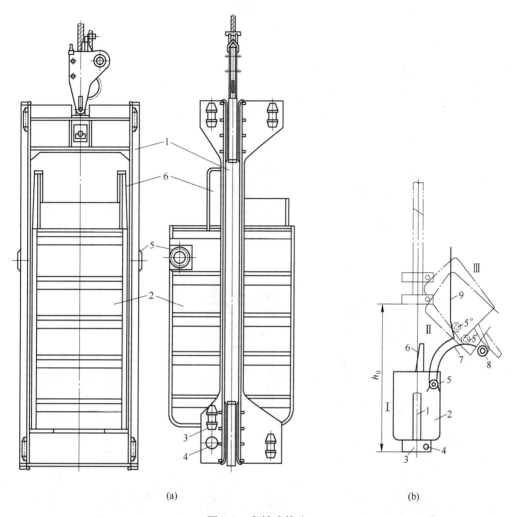

图 9-3 翻转式箕斗

（a）翻转式箕斗构造；（b）翻转式箕斗卸载示意图

1—框架；2—斗箱；3—底座；4—旋转轴；5—卸载滚轮；6—角板；7—卸载曲轨；8—托轮；

9—过卷曲轨；Ⅰ—箕斗卸载前位置；Ⅱ—卸载位置；Ⅲ—过卷位置

翻转箕斗在卸载过程中，由于斗箱一部分重量被卸载曲轨支撑，因而产生自重不平衡现象。

使用箕斗时，在井底与井口需分别设置装卸载矿仓，增加了投资，若同时需提升多种矿石则不易分类提升。但箕斗自重小，要求的井筒断面及设备功率小，装卸载时间短，生产率高，容易实现自动化，劳动强度较低，所以一般日产量 1000t 以上、井深超过 200m 的矿山，大都在主井采用箕斗提升。

9.1.2.2 底卸式箕斗

活动底卸式箕斗的结构和卸载过程如图 9-4 所示。箕斗在装载和提升过程中，依靠装在斗箱下部两侧的导轮挂钩 6 钩住焊在框架下部两内侧的掣子，以保持位置的确定，当箕斗进入卸载点时，框架立柱顶端进入楔形罐道，下部卸载导轨槽嵌入卸载导轨，使框架保

240

持横向稳定。与此同时，装在斗箱上的导轮挂钩的导轮垂直进入安装在井塔上的活动卸载直轨 4（见图 9-4b）。卸载直轨通过导轮使钩子绕自身的支点转动，钩子与框架上的撑子脱开。当箕斗继续上升，框架上部的行程开关曲轨 2 作用于固定在井塔上的开关，使箕斗停止运行。这时，通过电磁气控阀，活动卸载直轨上的气缸动作，气缸通过卸载直轨将拉力作用在钩子的支承轴上，拉动斗箱往外倾斜。箕斗底的托轮 8 则沿着框架底部的托轮曲轨 9 移动，箕斗底打开，开始卸载。随着气缸的拉动，斗箱摆动至最外边时，箕斗底的倾角为 50°。

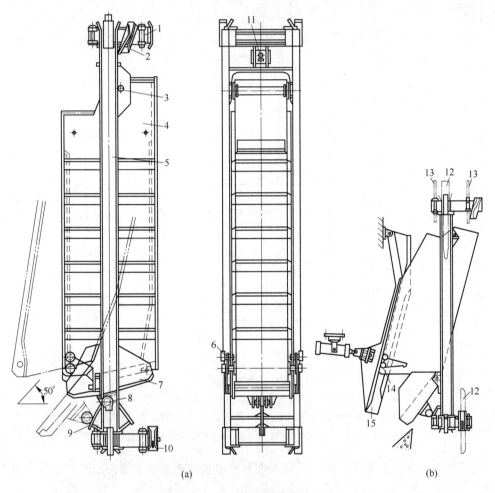

(a)　　(b)

图 9-4　活动直轨底卸式箕斗

（a）活动直轨底卸式箕斗结构；（b）活动直轨底卸式箕斗卸载示意图

1—罐耳；2—行程开关曲轨；3—斗箱旋转轴；4—斗箱；5—框架；6，14—导轮挂钩；

7—箕斗底；8—托轮；9—托轮曲轨；10—导轨槽；11—悬吊轴；

12—楔形罐道及导轨；13—钢绳罐道；15—卸载直轨

卸载后，电磁气控阀反向，气缸推动活动直轨复位，使斗箱和箕斗底也恢复到关闭位置。此时，箕斗可以低速下放。在导轮挂钩的导轮离开卸载直轨后，钩子在自重的作用下回转，钩住框架上的撑子，使斗箱与框架保持相对固定。

部分常用竖井箕斗类型见表 9-2。

表 9-2　部分常用竖井箕斗

序　号	型　号	容积/m³	断面/mm×mm	卸载方式	自重/t	载重/t
1	DJD1/2-3.2	3.2	1346×1214	底卸式	7.65	7
2	DJS1/2-5	5	1646×1204	底卸式	10.3	11
3	DJS2/3-9 Ⅰ	9	1800×1388	底卸式	15.08	19
4	DJD2/3-11 Ⅱ	11	1620×1808	底卸式	17.75	23.5
5	FTD2 (4)	2	1100×1000	翻转式		4
6	FTD4 (8.5)	4	1400×1100	翻转式		8.5

符号举例说明：

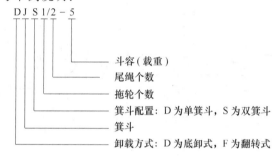

D J S 1/2 - 5

斗容（载重）
尾绳个数
拖轮个数
箕斗配置：D 为单箕斗，S 为双箕斗
箕斗
卸载方式：D 为底卸式，F 为翻转式

9.1.3　罐笼箕斗

罐笼箕斗（见图 9-5），也称箕斗罐笼，是一种实用新型防坠罐笼箕斗，具体地说是一种带防坠器的罐笼和箕斗双功能竖井提升容器，只需一套提升容器即可完成小矿山的提升、人员升降和其他辅助提升工作。该设备包括防坠器、罐笼两侧板、罐笼两活动底板和侧底卸扇形闸门，罐笼两活动底板抬起固定后作为箕斗提升时的斗箱侧板，箕斗提升时采用侧底卸扇形闸门曲轨自动卸载。整个设备结构合理，运行安全可靠。有些矿井使用这种容器，只需一套提升设备就可以完成提升矿石和其他辅助提升任务。但是由于自重大，结构复杂，设计困难，运行自动化程度低，矿井很少采用箕斗罐笼。

图 9-5　罐笼箕斗实物图

9.2　斜井提升机械

斜井提升容器有斜井箕斗、串车、台车和人车等。

9.2.1　斜井箕斗

斜井箕斗有前翻式、后卸式和底卸式三种。前翻式箕斗（见图 9-6）结构简单、坚固、重量轻，适用于提升重载，地下矿使用较多，但卸载时动荷载大，有自重不平衡现象，卸载曲轨较长，在斜井倾角较小时，装满系数小。小型矿山斜井倾角较大时，通常采用前翻式箕斗。后卸式箕斗（见图9-7）比前翻式箕斗使用范围广，卸载比较平稳，动载荷小，倾角较小时装满系数大，但结构较复杂，设备质量大，卷扬道倾角过大卸载困难。后卸式箕斗优点是卸载容易，缺点是结构复杂，自重大，通常在斜井倾角不大时选用后卸式箕斗。底卸式箕斗在斜井中很少使用。

图9-6　斜井提升箕斗实物图

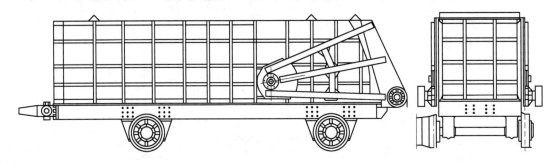

图9-7　后卸式箕斗

斜井箕斗提升优点是提升运行速度快，提升能力大，机械化程度高，稳定性好，安全；缺点是需要设置箕斗的装载和卸载装置，增加运输环节和工程量。

部分常用斜井箕斗的性能参数见表9-3。

表9-3　部分常用斜井箕斗的性能参数

序号	型号	容积/m³	外形尺寸/mm×mm×mm	卸载方式	自重/t	载重/t	备注
1	HBJ14	14	6950×2540×2770	前翻式	19	18	应用斜坡
2	HBJ7	7	5470×2355×2150	前翻式	10	9	
3	HBJ3.5	3.5	4270×2130×1720	前翻式	5	4.5	
4	HJJ11.5	11.5	6770×2310×2470	前翻式	15	20	应用井下
5	HJJ3	3	3730×1800×1665	前翻式	4.5	5.4	
6	HJJ6	6	5250×2115×1920	前翻式	9.4	10.8	
7	HXJ-3	3.3	5505×1630×1485	后卸式	3.4	6	
8	HXJ-6	6.6	7380×1770×1840	后卸式	4.9	12	

9.2.2　串车

串车提升又称矿车组提升，容器是矿山运输矿车。其优点是系统环节少，基建工程量小，既可减少投资，又可减少粉尘和粉矿的产生；缺点是提升能力小，矿车运行速度慢，易发生跑车或掉道事故，要求串车要用连接装置以保安全。串车提升适用于提升量小，斜井倾角不超过25°的矿山。考虑空矿车组顺利下放，斜井倾角一般不小于8°为宜，矿车容积一般为 0.5 ~ 1.2m³。

斜井串车提升分单钩串车和双钩串车提升。单钩串车提升斜井断面小，初期投资省，但提升能力小。要求提升能力大时，宜采用双钩串车提升。

用于斜井串车提升的矿车一般为 0.5 ~ 1.2m³ 的固定式和翻转式矿车。当斜井（坡）倾角较大，采用矿车组提升方式时，应当考虑矿车在运行中的稳定性，此时以选用固定式矿车为宜。为在上、下部车场内调车方便以及运行安全，一组矿车的车数应尽可能与电机车牵引的车数成倍数关系。考虑车场布置尺寸不宜过大和矿车运行的稳定性，一组矿车的车数不宜过多，一般为 3 ~ 5 辆。斜井（坡）提升的车辆，还必须根据矿车连接器和车底架的强度校核矿车组车数，必要时须挂带安全绳。

9.2.3 台车

斜井台车提升是利用台车来提升矿石。台车提升的优点是斜井倾角可以较大，阶段运输水平与斜井台车连接简单；缺点是提升能力小，一般是人工推矿车入台车。台车提升适用于斜井倾角在 30° ~ 40°，提升量在 200t/d 以下的矿井。台车一般作为矿井、采区的设备、材料的辅助提升设备。

斜坡台车有单层单车式、单层双车式、双层单车式三种形式。其中以单层单车式应用最为广泛，后两种形式的台车应用较少。

部分常用台车的性能参数见表 9-4。

表 9-4 部分常用台车的性能参数

序号	名称	台面尺寸/mm × mm	台面轨距/mm	台车轨距/mm	矿车类型	装载数量	台面倾角/(°)
1	2t 台车	2000 × 1800	600	1435	0.75m³ 翻斗车	1	28.5
2	台车	2283 × 1900	762	762	0.75m³ 翻斗车	1	37
3	台车	2000 × 1500	600	900	0.6m³ 翻斗车	1	30
4	单车台车	1600 × 1315	600	900	0.6m³ 翻斗车	1	24
5	双车台车	2600 × 2100	600	1435	0.75m³ 翻斗车	2	32

9.2.4 人车

斜井人车节数一般为 3 ~ 4 节，即首车 1 节、挂车 1 ~ 2 节、尾车 1 节。人车（见图 9-8）用提升机直接牵引，完成斜井中运送人员的任务。

人车上的安全装置（包括开动机构、制动机构和缓冲器等）均安设在首车上。当断绳跑车或遇有紧急情况需手动刹车时，通过开动机构中各部件的动作，打开制动器进行制动。

图 9-8 斜井提升人车实物图

人车制动时，抱爪抱住钢轨的瞬间，乘坐人员的滑架和挂车仍具有很大的动能，因此在首车上安装了两台钢丝绳螺旋缓冲器，其作用是使人车制动时，产生的最大减速度限制在乘坐人员能够承受的安全限度内，以防止发生停车碰伤事故。

斜井人车的安全制动装置抓捕方式有两种：一种是插爪插入枕木进行安全制动，如图 9-9 所示；另一种是抱爪抓捕钢轨进行安全制动，即抱轨式斜井人车，如图 9-10 所示。

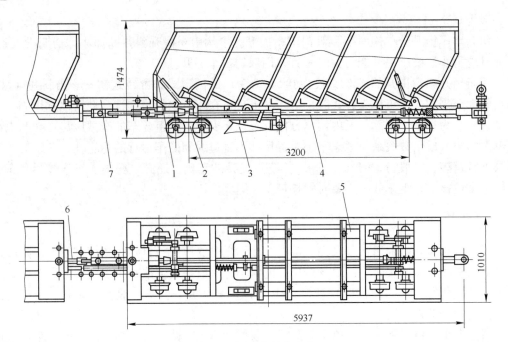

图 9-9　插爪式斜井人车

1—车体；2—转向器；3—制动器；4—联动机构；5—缓冲木；6—连接部分；7—支撑与限位装置

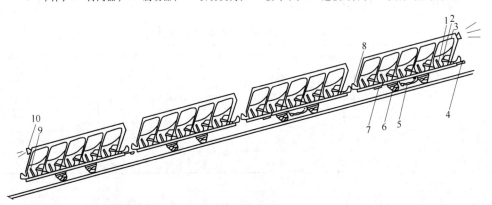

图 9-10　抱轨式斜井人车

1，9—手动操纵装置；2—闭锁装置；3—轨体；4—立拉杆；5—制动装置；
6—轮对；7—缓冲装置；8—连接链及碰头；10—照明灯

部分常用人车的性能参数见表 9-5。

表 9-5　部分常用人车的性能参数

序号	型　号	外形尺寸/mm × mm × mm	轨距/mm	倾角/(°)	载人数/人	人车总数	备注
1	XRC6-6/4	3115 × 1050 × 1420	600	6 ~ 30	6	2	插爪式
2	XRC10-6/6	4800 × 1060 × 1470	600	6 ~ 30	10	4	插爪式
3	XRC15-9/6	4800 × 1356 × 1470	900	6 ~ 30	15	4	插爪式
4	XRB8-6/4	3185 × 1070 × 1579	600	10 ~ 40	8	4	抱轨式
5	XRB15-9/6	3960 × 1370 × 1538	900	10 ~ 40	15	4	抱轨式

序号	型　号	外形尺寸/mm×mm×mm	轨距/mm	倾角/(°)	载人数/人	人车总数	备注
6	XRB25-1435/6	4186×2045×1730	1435	10～40	25	4	抱轨式
7	XRB12-6/6	4700×1040×1495	600		12	4	抱轨式
8	PRB12-6/3	4280×1030×1480	600		12	4	平巷
9	SR-40	3385×1050×1558	600		8	4	抓轨式

符号举例说明：

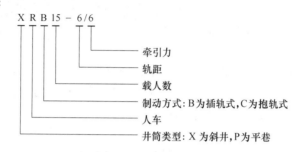

9.3　矿井提升机

矿井提升机可按不同标准进行分类。

（1）按动力传输类型分：缠绕式提升机（单绳缠绕式、多绳缠绕式）、摩擦式提升机（单轮摩擦式、多轮摩擦式）。

（2）按井筒倾角分：竖井提升机、斜井提升机。

（3）按电气拖动方式分：交流提升、直流提升（高速直流、低速直流）。

（4）按提升机位置分：地面式、井下式。

（5）按卷筒类型分：圆柱形（单筒、双筒）、圆锥形，圆柱圆锥形、绞轮。

我国生产及应用的主要提升机有单绳缠绕式（有单筒和双筒矿井提升机）、摩擦式有多绳落地式和塔式多绳摩擦式提升机。

矿井提升机由机械部分、导向部分、电气部分三部分组成。

（1）机械部分。机械部分由工作系统（主轴装置）、传动系统、制动系统、控制系统、保护系统组成。

（2）导向部分。导向部分由天轮、导向轮、摩擦提升车槽装置。

（3）电气部分。电气部分由拖动电机（主、微）、电气控制装置、电气保护装置组成。

9.3.1　单绳缠绕式提升机

单绳缠绕式提升机（见图9-11）是较早出现的一种提升机。其工作原理是：将两根提升钢丝绳的一端以相反的方向分别缠绕并固定在提升机的两个卷筒上，另一端绕过井架上的天轮分别与两个提升容器连接。这样，通过电动机改变卷筒的转动方向，可将提升钢丝绳分别在两个卷筒上缠绕和松放，达到提升或下放容器，完成提升任务的目的。

单绳缠绕式提升机是一种圆柱形卷筒提升机，根据卷筒的数目不同，可分为双卷筒和单卷筒两种。

单卷筒提升机只有一个卷筒，一般仅用作单钩提升。如果单卷筒提升机用作双钩提升，则要在一个卷筒上固定两根缠绕方向相反的提升钢丝绳。提升机运行时，一根钢丝绳向卷筒上缠绕，同时，另一根钢丝绳自卷筒上松放。

双卷筒提升机的两个卷筒在与轴的连接方式上有所不同：其中一个卷筒通过楔键或热装与主轴固接在一起，称为固定卷

图 9-11　单绳缠绕式提升机

筒，又称为死卷筒；另一个卷筒滑装在主轴上，通过离合器与主轴连接，称为游动卷筒，又称为活卷筒。采用这种结构是因为在矿井生产过程中提升钢丝绳在终端载荷作用下产生弹性伸长，或在多水平提升中提升水平的转换，需要两个卷筒之间能够相对转动，以调节绳长，使得两个容器分别对准井口和井底水平。

（1）工作系统。工作系统主要是指主轴装置和主轴承、卷筒等，它的作用是：缠绕或搭挂提升钢丝绳；承受各种正常载荷（包括固定载荷和工作载荷），并将此载荷经过轴承传给基础；承受各种紧急事故情况下所造成的非常载荷；调节丝绳长度。

（2）传动系统。在用一般交流感应电动机或高速直流电动机拖动时，其传动系统主要包括减速器和联轴器，在用直流低速电动机拖动时，其传动系统不需要减速器和联轴器（如采用直流低速直联悬挂式电动机）或仅需要一个联轴器（如采用一般通用低速流电动机）。

减速器的作用是减速和传递动力，联轴器的作用是连接两个旋转运动的部分，并通过其传递动力。

（3）制动系统。制动系统包括制动器和制动器控制装置两部分。制动的目的是：在提升机停车时能可靠地闸住机器；在减速阶段及重物下放时，能参与提升机速度控制；起安全保护作用或紧急事故情况下使提升机迅速停车，以避免事故发生；对单绳缠绕式双筒提升机，在节约钢丝绳长度或更换水平时，能闸住游动卷筒，松开固定卷筒。

控制装置的作用是：调节制动力矩，在任何事故状态下进行紧急制动（即安全制动），为单绳双筒提升调绳装置提供调绳离合器油缸所需的压力油（用盘形制动器的提升机）。

（4）控制系统。该系统主要由深度指示器、深度指示器传动装置和操纵台组成。

深度指示器有牌坊式、圆盘式、小丝杠式。

深度指示器传动装置有牌坊式深度指示器传动装置、圆式深度指示器传动装置、监控器。深度指示器传动装置或监控器的作用是根据提升设备的位置及状态对提升系统进行控制，保证提升系统的安全。

操纵台有斜面操纵台、组合式操纵台。操纵台上装设的各种手把和开关用来操纵提升机完成提升、下放及各种动作。操纵台上装设的各种仪表用来向司机反映提升机的运行情况及设备工作状况。

（5）保护系统。保护系统主要包括测速发电机装置、护板、护栅、护罩等。测速发电机装置的作用是：通过设在操纵台上的电压表向司机指示提升机的实际运行速度，参与等

速运和减速阶段的超速保护。

部分常用 JK 系列缠绕式提升机的性能参数见表 9-6。

表 9-6 部分常用 JK 系列缠绕式提升机的性能参数

序号	型　号	卷筒宽度/m	卷筒直径/m	提升高度/m	减速器	外形尺寸/mm × mm × mm	自重/t	备注
1	JK-2/2	1.5	2	900	ZHLR-115K	9 × 9 × 3.5	23.1	中信重型机械
2	2JK-2/20	1	2	565	ZHLR-115	9.5 × 9 × 3.5	27.3	
3	JK-2.5/20	2	2.5	1335	KZHLR-150K	10 × 9.5 × 3.5	37.1	
4	2JK-2.5/20	1.2	2.5	739	ZHLR-130K	10 × 9.5 × 3.5	37	
5	2JK-3/20	1.5	3	970	ZHLR-150K	11 × 10 × 3.5	53.1	
6	2JK-3.5/15.5	1.7	3.5	670	ZHLR-170K	13.5 × 11 × 3.55	98	
7	JK2.5 × 2 20/30	2	2.5	1475	JSZ-2 × 650			四川机械
8	JK3 × 2.2 20/30	2.2	3	996	MT-400			
9	2JTP1.2 × 1.2 20/30	1.2	1.2	464	JSZ-2 × 350			
10	2JK2 × 1 20/30	1	2	652	JSZ-2 × 500			
11	2JK3 × 1.5 20/30	1.5	3	624	MT-300			
12	JK-2/20	1.5	2	1025		6.8 × 6.5 × 3		山西机械
13	JKB-2.5/31.5	2.3	2.5	1100		11.8 × 9.3 × 3		
14	JK-2/30A	1.5	2			7 × 6.9 × 2.73		锦州机械
15	2JK-2/30A	1	2			8.1 × 6.3 × 2.7		
16	2JK-2.5 × 1.5/20A	1.5	2.5			12 × 10 × 3		

9.3.2 多绳摩擦式提升机

摩擦式提升机是利用提升钢丝绳与摩擦轮摩擦衬垫之间的摩擦力来传递动力的。摩擦式提升机在运转时，摩擦轮靠摩擦力来带动提升钢丝绳，使重载侧钢丝绳上升，空载侧钢丝绳下放。

摩擦式最初使用的是单绳摩擦式提升机，后来随着矿井深度和产量的增加，提升钢丝绳的直径越来越大，不但制造困难和悬挂不便，而且使提升机的有关尺寸也随之增大，因此在单绳摩擦式提升机的基础上制造出了以几根钢丝绳来代替一根钢丝绳的多绳摩擦提升机。

多绳摩擦式提升机具有安全性高、钢丝绳直径细、主导轮直径小、设备重量轻、耗电少、价格便宜等优点，发展很快，除用于深立井提升外，还可用于浅立井和斜井提升。钢丝绳搭放在提升机的主导轮（摩擦轮）上，两端悬挂提升容器或一端挂平衡重（锤）。运转时，借主导轮的摩擦衬垫与钢丝绳间的摩擦力，带动钢丝绳完成容器的升降。钢丝绳一般为 2~10 根。

多绳摩擦式提升机可分为井塔式和落地式两种。井塔式提升机（见图 9-12）的机房设在井塔顶层，与井塔合成一体，节省场地，钢丝绳不暴露在外，不受雨雪的侵蚀，但井塔的重量大，基建时间长，造价高。落地式提升机（见图 9-13）的机房直接设在地面上，井架低，投资小，抗振性能好；缺点是钢丝绳暴露在外，弯曲次数多，影响钢丝绳的工作条件及使用寿命。

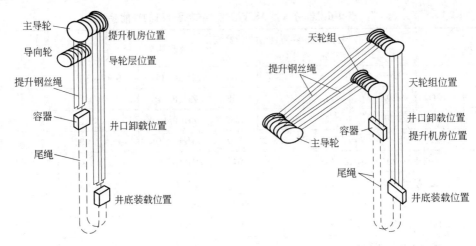

图 9-12　井塔式多绳摩擦式提升机　　　　图 9-13　落地式多绳摩擦式提升机

多绳摩擦式提升机主要由主轴装置、制动器装置、液压站、减速器、电动机、深度指示器系统、操纵台、导向轮装置（落地式为天轮装置）、车槽装置（落地式带有拨绳装置）、弹性联轴器、齿化联轴器等部件组成，如图 9-14 所示。主导轮表面装有带绳槽的摩擦衬垫。衬垫应具有较高的摩擦系数和耐磨、耐压性能，其材质直接影响提升机的生产能力、工作安全性及应用范围。目前使用较多的衬垫材料有聚氯乙烯或聚氨基甲酸乙酯橡胶等。由于钢丝绳与主导轮衬垫间不可避免的蠕动和滑动，停车时深度指示器偏离零位，故应设自动调零装置，在每次停车期间使指针自动指向零位。车槽装置用于车削绳槽，保持直径一致，有利于每根钢丝绳张力均匀。为了减少振动，可采用弹簧机座减速器。

型号标注方法举例：

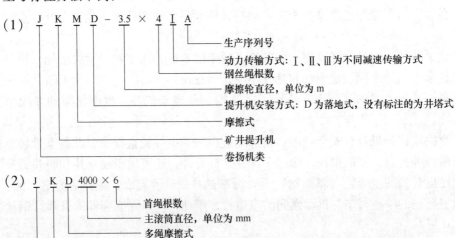

（1）　J K M D - 3.5 × 4 I A
　　　　　　　　　　　　　　　└── 生产序列号
　　　　　　　　　　　　　　└──── 动力传输方式：Ⅰ、Ⅱ、Ⅲ为不同减速传输方式
　　　　　　　　　　　　　└────── 钢丝绳根数
　　　　　　　　　　　└──────── 摩擦轮直径，单位为 m
　　　　　　　　　└────────── 提升机安装方式：D 为落地式，没有标注的为井塔式
　　　　　　　└──────────── 摩擦式
　　　　　└────────────── 矿井提升机
　　　└──────────────── 卷扬机类

（2）　J K D 4000 × 6
　　　　　　　　　　　└── 首绳根数
　　　　　　　　　└──── 主滚筒直径，单位为 mm
　　　　　　　└────── 多绳摩擦式
　　　　　└──────── 矿井
　　　└────────── 提升机

图 9-14　多绳摩擦式提升机

部分常用多绳摩擦式提升机的性能参数见表 9-7。

表 9-7　部分常用多绳摩擦式提升机的性能参数

序号	型　号	卷轮直径/m	钢绳根数	提升方式	减速器	外形尺寸 /mm × mm × mm	自重/t	备　注
1	JKM-2 ×4	2	4	井塔式			29.5	中信重型机械
2	JKM-4 ×4	4	4				84	
3	JKM1.6 ×4E	1.6			XP560	6.4 ×7 ×1.75	17.5	
4	JKM-2.8 ×6	2.8	6				46.3	
5	JKMD-2.8 ×2E	2.8		落地式	XP800	7.8 ×10 ×2.65	47.3	
6	JKMD-3.5 ×4E	3.5			P2H800	8 ×9.5 ×3	101	
7	JKMD-4 ×4E	4			XP1250	11 ×10 ×3.4	141	
8	JKM-2.25 ×4	2.25		井塔式	MT200	8 ×8 ×2.3	28.5	四川矿山机械
9	JKM-3.25 ×4	3.25			MT560	9 ×9 ×3		
10	JKM-4.5 ×6	4.5				10 ×9.5 ×4		
11	JKD2100 ×4	2.1	4	井塔	ZGH70			上海矿山机械厂
12	JKD1850 ×4	1.85	4		ZGH70			

复习思考题

9-1　常用提升容器有哪些?

9-2　简述箕斗的应用及特点。

9-3　简述罐笼的应用与特点。

9-4　简述常用的提升方式及其应用条件。

9-5　常用提升机械有哪些?

第4篇

辅 助 机 械

本篇包括第10章，主要介绍矿山空气压缩机、通风机和排水设备。

采矿过程中，许多凿岩、装载机械是以压缩空气为动力的，因此需要用空压机来提供压缩空气。人员在地下活动、井巷掘进等活动，都需要用通风设备来源源不断地提供新鲜风流。此外，来源于大气降水、地表水和地下水等的矿井（坑）涌水等需要用排水设备排往地表或坑外。这些设备统称为矿山辅助机械，它们对矿山开采有着重要的作用。

 10 **矿山压气、通风和排水机械**

【学习要求】
(1) 了解矿山常用空压机的分类、结构特点和应用条件。
(2) 了解矿山离心式通风机的类型、结构特点和应用条件。
(3) 了解矿山常用轴流式通风机的类型、结构特点和应用条件。
(4) 熟知矿井排水设备的组成。
(5) 熟知离心式水泵的特点。

10.1 矿山空气压缩机

矿山在凿岩钻孔、装运卸及机修等作业中，有许多设备和工具是用压气驱动的，压气是矿山主要动力源之一。压气设备是压缩和输送气体的设备，包括空气压缩机主体及其辅助设备。

空气压缩机种类很多，一般分为间歇式（亦称容积式）和连续式（亦称速度式）。间歇式包括往复式和回转式；往复式分为活塞式和隔膜式；回转式分为螺杆式、滑片式、罗茨式和液环式。连续式包括动力式和喷射式；动力式也称透平式，又分为离心式、轴流式和混流式。矿山常用的空气压缩机有往复式、螺杆式、滑片式和离心式等。

空气压缩机的气缸排列方式有卧式和立式，其冷却方式有水冷和风冷。

空气压缩机的辅助设备包括空气过滤器、油水分离器、储气罐和冷却水系统等。

10.1.1　常用空气压缩机

10.1.1.1　活塞往复式空气压缩机

如图10-1所示，活塞往复式空气压缩机的部件大体由7大部分组成：

（1）运动机构组，包括机架、主轴承、主曲轴、连杆、十字头及飞轮。

（2）气缸组，包括气缸、气缸衬、气缸盖及填料箱。

（3）活塞组，包括活塞、活塞环及活塞杆。

（4）配气机构，包括阀室和气阀。

（5）调节装置，包括实现排气量和压力调节的各种机件，如附加余隙容积、辅助用的阀和管道等。

（6）冷却装置，包括中间冷却器和水套。

（7）润滑装置，包括油泵、滤油器、管道、油冷却器等。

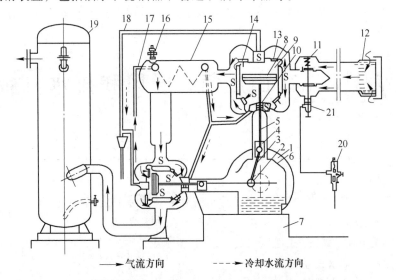

　　　　　——▶气流方向　　　　　----▶冷却水流方向

图10-1　L形活塞式往复式空气压缩机结构与工作流程

1—皮带轮；2—曲轴；3—连杆；4—十字头；5—活塞杆；6—机身；7—底座；8—活塞；9—气缸；

10—填料箱；11—卸荷阀；12—过滤器；13—吸气阀；14—排气阀；15—中间冷却器；16—安全阀；

17—进水管；18—出水管；19—储气罐；20—压力调节器；21—卸荷阀组件；S—冷却水串通位置

活塞往复式空气压缩机主要部件分述如下：

（1）机架与轴承。机架用普通铸铁做成，为压气机的支持部分，压气机的气缸即固定于其上。不同形式的压气机具有不同形式的机架。压气机主轴承的底座和机架铸成一个整体。轴承内衬有轴瓦，轴瓦的内表面镶了巴氏合金。轴承盖与底座用螺栓和螺母固定在一起。新型的压气机也有采用滚珠轴承的。

（2）气缸。低压和中压气缸用高级铸铁做成，高压气缸则用铸钢做成。气缸壁上铸有一个中空体，称为水套，冷却水不断从其中流过。气缸头上有气缸盖，侧面有装润滑油管的小孔。风冷式空压机的气缸用向外伸出的散热片代替水套。散热片与气缸铸成一个整体，外界空气与散热片接触，产生自然对流，使气缸得到冷却。

（3）活塞。活塞用铸铁制成。单动式压气机的活塞为杯状，内部装有活塞销，活塞销固定在活塞壁的孔中。连杆的一端即套在活塞销上。双动式压气机使用盘状活塞，活塞杆用螺母紧固在活塞上，杆的另一端则与十字头连在一起。为了防止高压腔的空气漏到低压腔，在活塞周围表面的槽中装有活塞环。活塞环由高级铸铁做成，应具有足够的弹性。对于单动式压气机，还装有去油环，以去掉气缸壁上过剩的润滑油。

（4）十字头。在双动式压气机中需采用十字头来连接活塞杆与连杆。在十字头的两边，装有两块可以更换的滑块，滑块在平行道内往复运动。由于十字头承受反复载荷，所以通常用高级铸铁或铸钢制成。

（5）连杆。连杆的一端用销子与十字头连接或直接与压气机的活塞相连，另一端则与主曲轴相连。与十字头连接的一端称为连杆头，与主曲轴相连的一端称为曲柄头。连杆头中有衬套。曲柄头是由两半块合成，里面有衬套，有时称此衬套为连杆轴承。连杆一般用铸钢做成。

（6）曲轴。曲轴是用优质钢锻造的。在压气机中，曲拐一般位于轴颈之间。在两级压气机中，两个曲拐通常互成90°或180°。

（7）填料箱。为了防止活塞杆穿过气缸盖处发生漏气，必须采用填料箱作为密封装置。把棉质或金属填料放在箱内，外面用压盖压紧，压盖则用螺栓紧固在气缸头上。

（8）中间冷却器。中间冷却器的主要任务是降低进入第二级气缸的空气温度，以节省功率并析出压缩空气中油分和水分。其结构形式有多管式、套管式、突片式和蛇管式多种。大型压气机大都采用多管式中间冷却器，只有小容量的移动式压气机才采用蛇管式。为了节约钢材与减轻冷却器的重量，小型压气机的冷却器可改成突片式。

（9）气阀。为了周期地使压气机气缸的工作容积与吸气管道和排气管相通，也就是说为了实现吸气过程与排气过程，必须采用吸气阀和排气阀。现代压气机都采用平板形的阀。

10.1.1.2　回转式空气压缩机

回转式空气压缩机的工作原理与往复式空气压缩机基本相似，区别是前者具有回转运动，后者则为往复运动。

回转式滑片空气压缩机的组成如图10-2所示，工作原理如图10-3所示。沿转子轴线方向排列着若干各槽，在槽中插入用钢片或塑料片做成的滑片4。转子在圆筒中处于偏心位置，因此构成一月牙形空间。转子转动时，滑片在离心力的作用下自槽中伸出，将月牙形空间隔分成若干小室。转子沿箭头方向转动时，空气经吸气接管进入压气机，然后进入小室A。随着转子转动，小室A的容积逐渐减小。在B

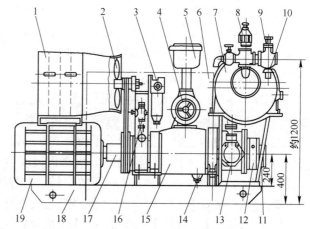

图10-2　回转式滑片空气压缩机

1—油冷却器；2—风扇；3—油过滤器；4—减荷阀；

5—空气过滤器；6—电控及仪表板；7—储气罐；

8—安全阀；9—最小压力阀；10—自动卸荷阀；

11—副油泵；12—主油泵；13—排气止回阀；

14—粗滤器；15—压缩机；16—压力调节器；

17—联轴器；18—底座；19—电动机

室与排气接管连通之前，小室 A 中的空
气一直被压缩，进而形成压气。

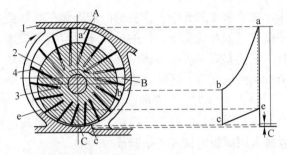

图 10-3　回转式滑片空压机的工作原理
1—圆筒形铸铁外壳；2—铸铁转子；3—轴；4—滑片

回转式空压机与往复式空压机比较，
具有以下特点：

（1）体积小，重量特别轻，平衡良
好，因而基础小。

（2）设有曲柄连杆机构，工作平衡
均匀。

（3）没有气阀，构造比较简单。

（4）供气均匀，电动机负荷均匀，转速高，可与电动机直接相连。

（5）制造与安装要求严格，否则会降低效率。

（6）润滑油消耗量较大。

（7）效率稍差于往复式压气机。

10.1.1.3　螺杆式空气压缩机

矿山使用的螺杆式空气压缩机多为移动式，有的配装在钻机和挖掘机等大型设备上。
螺杆式空气压缩机按润滑状况不同，可分为干式与喷油式两种。常用的螺杆式空压机如图
10-4 所示。在无油（干式）机器中，阳转子靠同步齿轮带动阴转子。转子啮合过程互不
接触。通过一对螺杆的高速旋转达到密封气体、提高气体压力的目的。在喷油机中，喷入
机体的大量润滑油起着润滑、密封、冷却和降低噪声的作用；由于油膜的密封作用取代了
油封，所以机器的结构更为简单。喷入机体的润滑油与压缩气体混合，在进入排气管道后
再被分离出来，约有 90% 的油可以回收后供重复使用，其余约 10% 随压缩空气进入管网。

螺杆式空气压缩机的气缸成 "8" 字形，内装两个转子——阳转子（或称阳螺杆）和
阴转子（或称阴螺杆），如图 10-5 所示。当转子旋转时，转子凹槽与气缸内壁所构成的容
积不断变化，从而实现空气的吸入、压缩即排出。

10.1.1.4　离心式空气压缩机

离心式空压机适用于大容量的压气机站，其结构如图 10-6 所示。它是由入口接管、
渐缩管、入口导流器、工作轮、扩散器及出口接管等组成。这类空压机分为转子与静子两
大部分。转子部分由主轴、工作轮、平衡盘、联轴器等组成。工作轮是压缩机的主要工作
部分，转动叶片的机械作用使流动的空气获得速度和压力。静子部分包括扩压器、弯道、
回流器、蜗壳以及支承轴承和止推轴承等。转子与静子部分设有密封以减少泄漏。

空气经入口接管进入环形渐缩管，渐缩管使气流在入口导流器前增加速度，形成均匀的
速度场和压力场；多个或一个中间级和一个末级串联成压缩机段。气体经压缩机段中多个工
作轮逐级压缩后，引出机外，经中间冷却器冷却，再经吸气室引至下一压缩机段继续进行压
缩；当气体经最后一压缩机段后，排出机外，流至冷却器再行冷却，经排气管送往用气点。

与往复式空压机比较，离心式空压机具有以下特点：

（1）质量轻，尺寸小。

（2）转速高，可与汽轮机直接相连。

（3）压缩空气供气均匀，不含油类杂质。

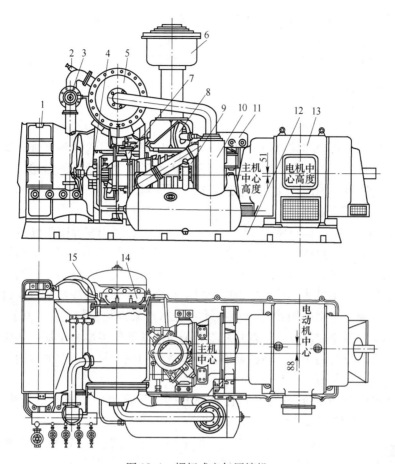

图 10-4 螺杆式空气压缩机

1—油冷却器；2—安全阀；3—气路系统；4—油泵；5—储气罐；6—空气过滤器；7—调节阀；8—减荷阀；
9—主机组；10—油分离器；11—仪表板；12—机座；13—电动机；14—油过滤器；15—油路系统

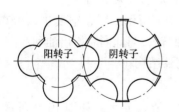

图 10-5 螺杆式空气压缩机阴、阳转子

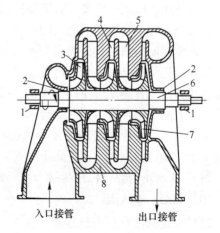

图 10-6 离心式空压机

1—轴承；2—密封；3，7—工作轮；4—扩散器；
5—导流器；6—轴；8—蜗壳

（4）没有气阀和曲柄连杆机构，所以构造简单。

（5）制造工艺技术要求较高，安装调试较麻烦。

（6）空压机并联工作时容易产生振动和不稳定现象。

10.1.2 空气压缩机辅助设备

10.1.2.1 空气过滤器

自然界空气中的灰尘和其他杂质大量进入空气压缩机后，将使各机械运动表面磨损加快、密封不良、排气温度升高、功率消耗增大，因而压缩机的生产能力相应减小，压缩空气的质量也大为降低。因此，外界空气进入空气压缩机之前，必须经过空气过滤器以滤清其中所含的灰尘和其他杂质。

空气过滤器是根据固体杂质颗粒的大小及重量不同，利用惯性阻隔和吸附等方法将灰尘和杂质与空气分离，保证进入气缸中的空气含尘量低于 $0.03mg/m^3$。常用的空气过滤器装置有金属网空气过滤器、填充纤维空气过滤器、油浴式空气过滤器、金属过滤器、自动浸油空气过滤器和集中过滤器等。矿山应用较为普遍的是干式过滤器与金属过滤器。干式过滤器是使空气通过致密的织物（也可用纤维滤芯）来净化空气的。它可清除约99.9%的含尘量，但必须经常清洗滤芯，否则灰尘和杂质阻塞使气流阻力增加。如果采用金属油浴式过滤器，进入过滤器中的气体经流道转折，较大的颗粒落入下面油池而被消除，较小颗粒被阻隔，过滤效果好。

大、中型空气压缩机的过滤器装在室外的进气管道上，距离空气压缩机不得超过10m，并应处在空气清洁通风良好、干燥的地方。

对空气过滤器，除要求清洁空气外，还要求阻力尽可能小，结构简单，重量轻，便于调换和清洗。对于排气量大的空气压缩机也可采用组合式过滤器。

10.1.2.2 油水分离器

油水分离器又称液气分离器，功能是分离压缩空气中所含的油分和水分，使压缩空气得到初步净化，以减少污染、管道腐蚀和对用户的使用产生不利影响。

油水分离器是利用不同的结构形式，使进入其中的压缩空气气流的方向和速度发生改变，并依靠气流的惯性，分离出密度较大的油滴和水滴。

压气输送管路上的油水分离器通常采用以下三种基本结构形式：第一种是使气流产生环形回转，第二种是使气流产生撞击并折回，第三种是使气流产生离心旋转。在实际生产应用中，上述结构形式可同时综合采用，这样分离油、水的效果更加显著。

使气流产生环形回转的油水分离器的结构如图 10-7 所示。压缩空气进入分离器内，气流由于受隔板的阻挡，产生先下降而后上升的环形回转，与此同时析出油和水。

图 10-8 所示为使气流产生撞击并折回的油水分离器结构。

10.1.2.3 储气罐

储气罐是圆筒状的密封容器，有立式和卧式两种。立式储气罐如图 10-9 所示，用锅炉钢板焊接而成，高度为直径的 2～3 倍；进气管在下面，而排气管在上，进气管在罐内的一段呈弧形，出口向下倾斜且弯向罐内壁，使空气进入产生旋涡，从而分离油水，然后靠压缩空气的压力把油水从排泄阀中排出。

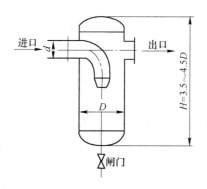

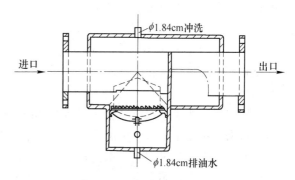

图 10-7 使气流产生环形回转的油水分离器   图 10-8 使气流产生撞击并折回的油水分离器

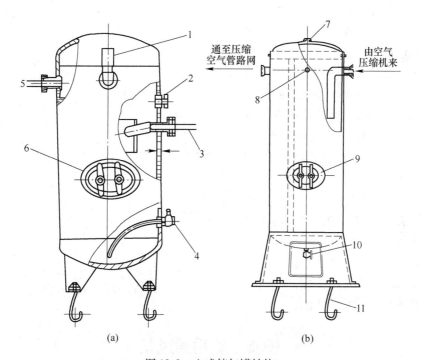

图 10-9 立式储气罐结构

（a）支腿底座；（b）裙板底座

1—全阀；2—压力表及负荷调节器接口；3—进气口；4—油水排泄阀；5—排气口；6，9—人孔；
7—安装安全阀用的管套；8—安装压力计用的管套；10—凝积物的排出塞门；11—地脚螺栓

各种形式的压气机都设有储气罐（又称风包），装置在压气机与输送压缩空气的管网之间，其功用如下：

（1）缓和由于往复式压气的不连续性而引起的压力波动。

（2）除去压缩空气中所含的水分及润滑油。水和润滑油能使压缩空气管道的断面缩小，增加阻力损失；水还能使风动机械生锈并发生水力冲击。

（3）储存一定数量的压缩空气，供空气消耗量增大或压气机停止运转时用。

与储气罐相连的辅助附件有：与管道连接的法兰盘、与接通调节器的小管相连的法兰盘、安全阀（储气压力超值即自动放气并发出响声）、放出水和油的闸阀、安装压力计用的管套、压气输入孔和压气输出孔。

10.1.2.4　水冷却系统

固定式空气压缩机大多采用水冷式冷却系统。冷却水经水泵或高位水池压送到压缩机的水套、中间冷却器和后冷却器后，经热水回水管流出站外，所以矿山空气压缩机站常设有冷却水供水系统。

压气机站的供水系统分为单流系统和循环系统两种。当压气机站附近有大量自然水时，可采用单流系统。在单流系统中，水流过压气机的冷却表面之后即被导入锅炉等设备利用或直接引至污水沟中。水消耗量很小的压气机站，也可用自来水进行冷却。在循环系统中，水可多次地用来冷却压气机。把压气机流出的受热的水，导入冷却塔或喷水池冷却到原来的温度，再供压气机使用，水消耗量不大的压气机站，也可用普通水池进行冷却，但要保证水质符合要求。

用冷却塔的水冷却系统如图 10-10所示。冷却塔 1 是木制塔，用 1 号水泵将热水从水井 2 号送往塔的上部。水沿塔内落下，打在用特有木条做成的格子上，分成小滴，并被迎面流过的空气所冷却。冷却后的水流入池 3 内，再用 2号水泵将水送给压气机 4 供冷却用。如果筑有高位水池，则可省去 2 号水泵。

在喷水池内，装在地上面的专用喷射器和喷嘴将水喷成细滴，水滴由于和周围空气接触而得到冷却。热水在约0.1MPa 的压力下送至喷水池，因而分成细微的喷流，冷却后的水落入池中，再用水泵将水供给压气机使用。

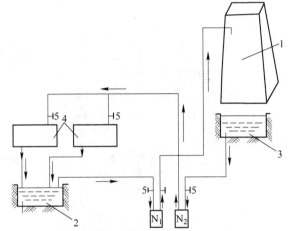

图 10-10　用冷却塔的水冷却系统
1—冷却塔；2—水井；3—水池；4—压气机；5—闸阀；
N_1—1 号水泵；N_2—2 号水泵

10.2　矿用通风机

矿用通风机按所输送空气的压力大小，分为低压型（风压不大于 0.01MPa）和高压型（风压在 0.01~0.3MPa）两类。前者通常称通风机，矿山简称风机；后者通常称鼓风机。

矿用通风机按其构造原理，分为离心式和轴流式两大类。离心通风机按进气方式可分为单吸入和双吸入两种。

矿用通风机按其用途，分为主扇、辅扇和局扇三种。主扇是用于全矿井或矿井某一翼的通风机，又称主要通风机。辅扇是用于矿井通风网路内某些分支风路中借以调节其风量，协助主扇工作的通风机，又称辅助扇风机。局扇是用于矿井无贯穿风流的局部地点通风的通风机，又称局部扇风机。

主扇和辅扇的机型和功率一般均较大，多为固定式。局扇的机型和功率一般较小，多为移动式，而且以轴流式为主。

10.2.1　离心式通风机

离心式通风机结构简单，工作轮和机壳一般都采用结构钢板焊制，少数采用铆接，制造容易。离心式通风机结构组成如图 10-11 所示。

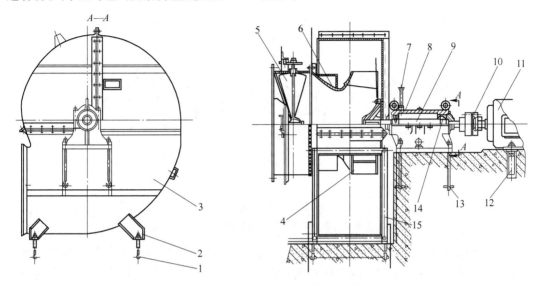

图 10-11　离心式通风机的结构组成

1，12，13—地脚螺栓；2—支架；3—机壳；4—工作轮；5—调节风门；6—集流器；7—温度计；
8—轴承箱；9—传动轴；10—联轴器；11—电动机；14—轴承；15—法兰

（1）工作轮。工作轮是通风机的心脏部分，它的几何形状和尺寸对通风机的特性有重大的影响。离心通风机的工作轮一般由前盘、后（中）盘、叶片和轴盘等组成，有焊接和铆接两种形式。

工作轮的前盘有平前盘、锥形前盘和弧形前盘等几种，如图 10-12 所示。平前盘制造简单，但一般对气流的流动情况有不良影响。锥形前盘和弧形前盘的工作轮，制造比较复杂，但其气动效率和工作轮强度都比平前盘优越。

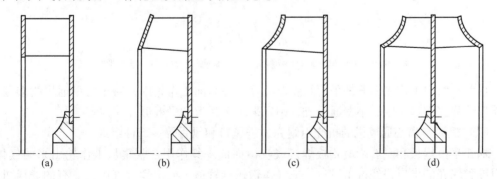

（a）　　　　　　　（b）　　　　　　　（c）　　　　　　　（d）

图 10-12　工作轮结构形式

（a）平前盘叶轮；（b）锥形前盘叶轮；（c）弧形前盘叶轮；（d）双吸叶轮

双侧进气的离心通风机工作轮，是两侧各有一个相同的前盘，工作轮中间有一个通用的中盘，中盘铆在轴盘上。

　　工作轮上的主要部件是叶片。离心通风机工作轮的叶片，一般为 6 ~ 64 个。叶片出口安装角和叶片形状的不同，工作轮的结构形式也不同。

　　根据叶片出口角的不同，离心通风机的工作轮可分为如图 10-13 所示的前向工作轮、径向工作轮和后向工作轮三种。叶片出口角 β 大于 90° 的为前向叶片；等于 90° 的为径向叶片；小于 90° 的为后向叶片。

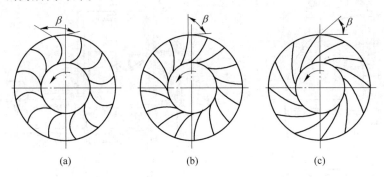

図 10-13　工作轮种类

（a）前向工作轮；（b）径向工作轮；（c）后向工作轮

　　离心通风机叶片有如图 10-14 所示的平板形、圆弧形和中空机翼形等几种形状。平板形叶片制造简单。中空机翼形叶片具有优良的空气动力特性，叶片强度高，通风机的气动效率一般较高。如果在中空机翼形叶片的内部加上补强筋，可以提高叶片的强度和刚度，但工艺性比较复杂。中空机翼形叶片磨漏后，杂质易进入叶片内部，使工作轮失去平衡而产生振动。

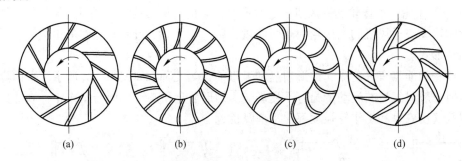

図 10-14　叶片形状

（a）平板形叶片；（b）圆弧形窄叶片；（c）圆弧形叶片；（d）机翼形叶片

　　目前，前向工作轮一般都采用圆弧形叶片。在后向工作轮中，对于大型通风机多采用机翼形叶片。而对于中、小型通风机，则以采用圆弧形和平板形叶片为宜。

　　（2）机壳。离心通风机的机壳由蜗壳、进风口和风舌等零部件组成。

　　蜗壳是由蜗板和左右两块侧板焊接或咬口而成。其作用是收集从工作轮出来的气体，并引导到蜗壳的出口，经过出风口，把气体输送到管道中或排到大气中去。有的通风机将气体的一部分动压通过蜗壳转变为静压。蜗壳的蜗板是一条对数螺旋线。为了制造方便，一般将蜗壳设计制成等宽矩形断面。

　　进风口又称集风器，它保证气流能均匀地充满工作轮的进口，使气流流动损失最小。离心通风机的进风口有筒形、锥形、筒锥形、筒弧形、弧形、弧锥形、弧筒形等多种。

（3）进气箱。进气箱一般只使用在大型的或双吸的离心通风机上。其主要作用是使轴承装于通风机的机壳外边，便于安装与检修，对改善风机的轴承工作条件更为有利。对进风口直接装有弯管的通风机，在进风口前装上进气箱，能减少因气流不均匀进入工作轮产生的流动损失。一般断面逐渐有些收敛的进气箱的效果较好。

（4）前导器。一般在大型离心通风机或要求特性能调节的通风机的进风口或进风口的流道内装置前导器。用改变前导器叶片角度的方法，来扩大通风机性能、使用范围和提高调节的经济性。前导器有轴向式和径向式两种。

（5）扩散器。扩散器装于通风机机壳出口处，其作用是降低出口气流速度，使部分动压转变为静压。根据出口管路的需要，扩散器有圆形截面和方形截面两种。

10.2.2 轴流式通风机

矿用大型轴流式通风机结构组成如图 10-15 所示。中小型轴流式通风机结构如图 10-16所示。

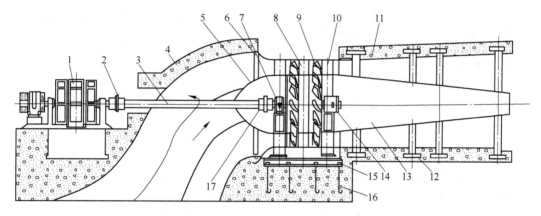

图 10-15　矿用大型轴流式通风机结构组成

1—电动机；2，17—联轴器；3—传动轴；4—集流室；5—流线罩；6—集流器；7，14—轴承座；8—中间整流器；9—工作轮；10—后整流器；11—扩散器；12—支座；13—导流器；15—机架；16—地脚螺栓

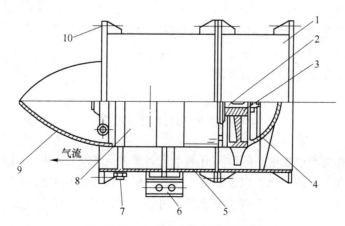

图 10-16　中小型轴流式通风机结构

1—前壳体；2—电动机轴；3—工作轮；4—流线罩；5—后壳体；6—支架；7—连接螺栓；8—电动机；9—导流器；10—法兰

（1）工作轮。工作轮由若干扭曲的机翼型叶片和轮毂组成。工作轮的翼形叶片是传递能量的重要部件，它的形状直接关系通风机的送气压力、工作效率和能耗大小。叶型种类很多，常用的有 RAF-6E 叶型、CLARKY 叶型、LS 叶型、葛廷根叶型、圆弧板叶型。

（2）集流器。通风机集流器的作用是使气流在其中得到加速，在压力损失很小的情况下保证进气速度场均匀。集流器对通风机性能的影响很大，与无集流器的风机相比，设计良好的集流器可使风机效率提高 10%~15%。集流器工作面的形状一般为圆弧形。

（3）整流罩和整流体。为使进气条件更为完善，降低风机的噪声，在工作轮或进口导叶前必须装置与集流器相适应的整流罩，以构成通风机进口气流通道，如图 10-17 所示。

试验表明，设计良好的整流罩可使风机流量提高 10% 左右。

整流罩的形状可设计成半圆形或半椭圆形，也可与尾部整流体一起设计成流线形状，如图 10-18 所示。其最大直径距前端的距离为 0.4l。在设计中，可将风机轮毂直径作为此

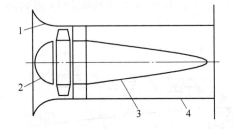

图 10-17　通风机进口气流通道装置

1—集流器；2—整流罩；3—整流体；4—扩散筒

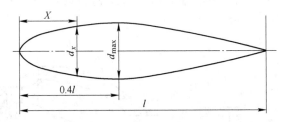

图 10-18　流线形整流体

流线形体的最大直径，取 0.4l 的头部作为集流器，取其余 0.6l 长的尾部作为扩散筒的整流体。

（4）扩散筒。轴流通风机在设置后导叶以后，其出口动压仍然很大，占全压的 30% 以上。因此必须在其后面安装扩散筒，以进一步提高风机的静压效率。目前，一般装有扩散筒的轴流通风机的最高静压效率已达 82%~85%。

扩散筒的结构形式随外筒和芯筒（整流体）的形式不同而异，如图 10-19 所示。等直径外筒及锥形或等直径整流体，比流线形整流体制造方便。

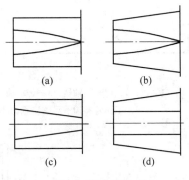

图 10-19　扩散筒的形式

10.3　矿山排水设备

在矿山建设和生产过程中，随时都有涌水进入矿井（坑）。矿井（坑）涌水主要来源于大气降水、地表水和地下水，以及老窿、旧井巷积水和水沙充填的回水。矿山排水设备的任务就是将矿井（坑）水及时排至地面或坑外，为矿山开采创造良好的条件，确保矿山安全生产。

矿井水中含有各种矿物质，并且含有泥沙、煤屑等杂质，故矿井水的密度比清水大。若矿井水中含有的悬浮状固体颗粒进入水泵，会加速金属表面的磨损，所以矿井水中的悬

浮颗粒应在进入水泵前加以沉淀，而后再经水泵排出矿井。

　　有的矿井水呈酸性，会腐蚀水泵、管路等设备，缩短排水设备的正常使用年限，因此，对酸性矿井水，特别是 pH < 3 的强酸性矿井水必须采取措施。一种办法是在排水前用石灰等碱性物质对水进行中和，减弱其酸度后再排出地面；另一种办法是采用耐酸泵排水，对管路进行耐酸防护处理。

10.3.1　矿井排水设备的组成

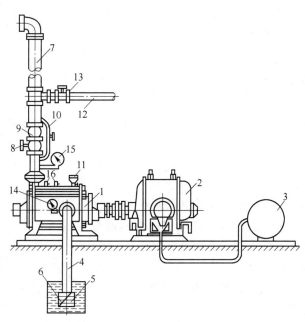

　　矿井排水设备的组成如图 10-20 所示。滤水器 5 装在吸水管 4 的末端，其作用是防止水中杂物进入泵内。滤水器应插入吸水井水面 0.5m 以下。滤水器中的底阀 6 用以防止灌入泵内和吸水管内的引水以及停泵后的存水漏入井中。调节闸阀 8 安装在排水管 7 上，位于逆止阀 9 的下方，其作用是调节水泵的流量和在关闭闸阀的情况下启动水泵，以减小电动机的启动负荷。逆止阀 9 的作用是在水泵突然停止运转（如突然停电）时，或者在未关闭调节闸阀 8 的情况下停泵时，自动关闭，切断水流，使水泵不至于受到水力冲击而遭损坏。漏斗 11 的作用是在水泵启动前向泵内灌水，此时，水泵内的空气经放气栓 16 放

图 10-20　矿井排水设备组成

1—离心式水泵；2—电动机；3—启动设备；4—吸水管；
5—滤水器；6—底阀；7—排水管；8—调节闸阀；
9—逆止阀；10—旁通管；11—漏斗；12—放水管；
13—放水闸阀；14—真空表；15—压力表；16—放气栓

出。水泵再次启动时，可通过旁通管 10 向水泵内灌水。在检修水泵和排水管路时，应将放水管 12 上的放水闸阀 13 打开，通过放水管 12 将排水管路中的水放回吸水井。压力表 15 和真空表 14 的作用是检测排水管中的压力和吸水管中的真空度。

10.3.2　离心式水泵

　　矿山排水多使用离心式水泵。离心式水泵的结构形式与离心式通风机相似，主要部件是工作轮（亦称叶轮）、叶片、轴、螺旋形泵壳等，如图 10-21 所示。

　　水泵启动前，先由注水漏斗向泵内注水，然后启动水泵，工作轮随轴旋转，工作轮中的水也被叶片带动旋转。这时，水在离心力的作用下以很高的速度和压力从工作轮边缘向四周甩出去，并由泵壳导流，流向压水口并流出。此时，在工作轮入口造成一定的真空，吸水井中的水在大气压力作用下，经吸水管进入工作轮。工作轮不断旋转，使排水不间断地进行。

　　由此可见，离心泵主要是靠工作轮在水中旋转，工作轮中叶片与水相互作用把能量传递给水，并使其增加能量。

　　（1）工作轮。为了节省有色金属，我国多数离心式水泵的工作轮用铸铁制成。除特殊

的情况（如排送腐蚀性很强的水）外，很少用有色金属（如铜等）来制造水泵的工作轮。工作轮按吸水口数目可分为单面进水和双面进水；按构造又可分为封闭式与敞开式，如图 10-22 所示。离心式水泵中封闭式单面进水的工作轮较多。敞开式工作轮多用于污水泵或砂泵，其敞开的叶道由泵壳前盖遮住，前盖可拆开以清除叶道污垢和堵塞物。

（2）导流部件。旋转着的工作轮将它吸入的水以很大的速度（绝对速度可达 50m/s）向四周排出。固定不动的流通部分的作用是将这些水流汇集，并降低其速度送入排水管或下一个工作轮中（速度降低为 1 ~ 5m/s）。为了使水泵获得较高的效率，应当避免水流在固定的流通部分中发生冲击、涡流，并应逐渐降低速度，变动压为静压。

一般单级离心泵泵壳和多级离心泵导流段内部工作面如蜗壳形，如图 10-23 所示，这种结构导流性好，阻力较小。它可使由工作轮出来的水流进入螺道时速度降低，而螺道断面逐渐扩大以汇集全部水流，最后水经扩散器（接管部分）再次降低速度后排出。

对于多级离心式水泵，导流器和回流道依次把水引入下一个工作

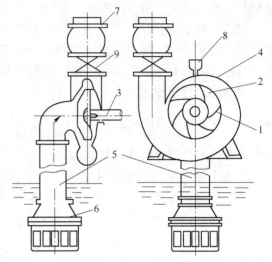

图 10-21　离心式水泵结构
1—工作轮；2—叶片；3—轴；4—外壳；5—吸水管；
6—滤水器底阀；7—排水管；8—漏斗；9—闸阀

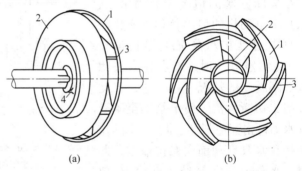

图 10-22　工作轮结构
（a）封闭式；（b）敞开式
1—后轮盘；2—轮壳；3—叶片；4—轮毂

轮，最后由螺壳经扩散器进入排水管道，过程如图 10-24 所示。

水泵的导流器也称导水轮，装于工作轮外围，上面具有扩散形的流道，与由工作轮出来的水流方向相符合，如图 10-23 所示。导流器通常用于分段离心式水泵，图 10-24 所示为水在带导流器的分段离心式水泵中的流动情况。由工作轮 1 排出来的水进入导流器 2，在此减速后导入回流道，引入下一个工作轮。最后一个工作轮排出的水经过导流器引入螺道 4，汇集后流入扩散器 5，再次降低速度送入排水管道中。

分段式水泵中间各段的构造相同，段数可以增减以改变水泵的压头。分段式水泵比多级螺壳式水泵结构紧凑，占地小。但多级螺壳式水泵在使用过程中拆装非常方便。水泵的泵壳用铸铁或铸铜铸成。

（3）主轴与轴承。离心式水泵的主轴由碳素钢锻制或机制而成（对于酸性水则选用不锈钢）。水泵的工作轮通常用键固定于轴上，轴的两端安装滚动轴承。

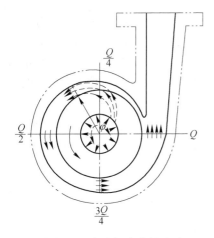

图 10-23 水在螺壳中的流动

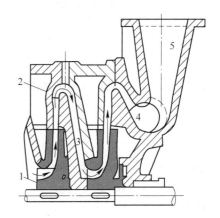

图 10-24 水在带导流器的分段离心式水泵中的流动

1—工作轮；2—导流器；3—回流道；4—螺道；5—扩散器

水泵可用滚动轴承或滑动轴承。滑动轴承允许带平衡盘的水泵转子做轴向移动。现代水泵制造中多采用滚动轴承，带平衡盘的水泵亦用之。轴承装于特设的套中。

此外，深井泵的中间支持轴承可采用橡胶或塑料轴承，以水作润滑剂。

（4）密封构件。

1）密封环。水泵的密封环装设在工作轮入口处泵壳上，防止压力水由泵壳与工作轮之间的间隙返回入口。密封环的好坏不仅关系水泵的流量，而且对效率也有很大的影响。密封环构造样式繁多，最常见的密封环如图 10-25（a）所示。密封环 K 固定在泵壳上，它与工作轮颈之间需要有一定的径向间隙和一定的间隙长度。图 10-25（b）中 K 为水泵的密封环，此环活动地装在泵壳上。当水泵工作时密封环借水的压力紧贴于壳壁上。因此环与壁的径向间隙可以做得相当大（1.5~2mm）。这种环和固定的密封环相比，允许水泵的轴有较大的挠度。此环与工作轮颈之间的径向间隙却做得很小，因此不需要很长的间隙长度即能满足要求。

2）填料箱。在水泵的轴伸出泵壳处设置有填料箱作为密封，水泵排水端的填料箱用来防止压力水漏出，而吸水一端则防止空气透入。填料箱如图 10-26 所示，在箱（泵壳的

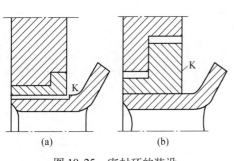

图 10-25 密封环的装设

（a）固定安装密封环；（b）活动安装密封环

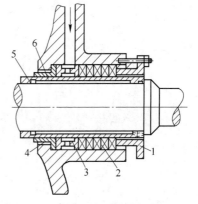

图 10-26 水泵的填料箱

1—压盖；2—填料；3—水封环；4—插套；5—水泵轴；6—轴套

一部分）内塞填料2（石棉线或浸过油的棉线或麻），左有插套4，右为压盖1，当拧紧压盖上的螺钉时，压盖填料挤紧抱于轴5或轴套6（保护轴用）上，即达到密封的目的。

　　水泵吸水一端的填料箱中有水封环3，由水泵中引入压力水，以阻止空气透入并润滑填料。对于排送污水和泥浆的水泵，则两端的填料箱均应具有水封环，并用高于该水泵压力的清水注入其中。水泵在运转中填料箱应当有少量水滴出才为正常。

复习思考题

10-1　简述回转式空压机的优缺点。

10-2　简述离心式空气压缩机的工作原理。

10-3　矿用通风机按用途如何分类？

10-4　简述离心式通风机工作轮的类型。

10-5　简述离心式水泵的工作原理。

参 考 文 献

[1] 宁恩渐. 采掘机械 [M]. 北京：冶金工业出版社，1980.

[2] 黄开启，古莹奎. 矿山工程机械 [M]. 北京：化学工业出版社，2013.

[3] 全国矿山机械标准化技术委员会. KQ 潜孔钻机：JB/T 9023.1—1999 [S]. 北京：机械工业部机械标准化研究所，1999.

[4] 钟春晖. 矿山运输及提升 [M]. 北京：化学工业出版社，2009.

[5] 中国冶金建设协会. 冶金矿山采矿设计规范：GB 50830—2013 [S]. 北京：中国计划出版社，2013.

[6] 采矿设计手册编委会. 采矿设计手册（第1～4卷）[M]. 北京：中国建筑工业出版社，1989.

[7] 王运敏. 中国采矿设备手册（上、下册）[M]. 北京：科学出版社，2007.

[8] 采矿手册编辑委员会. 采矿手册（第1～7卷）[M]. 北京：冶金工业出版社，1988.

[9] 高庆澜，液压凿岩机理论、设计与应用 [M]. 北京：机械工业出版社，1998.

[10] 陈玉凡. 矿山机械（钻孔机构部分）[M]. 北京：冶金工业出版社，1981.

[11] 王荣祥，李捷，任效乾. 矿山工程设备技术 [M]. 北京：冶金工业出版社，2005.

[12] 周志鸿，马飞. 地下凿岩设备 [M]. 北京：冶金工业出版社，2004.

[13] 王志生，邱莉. SimbaH252 全液压台车的使用 [J]. 矿山机械，2000（10）：80-81.

[14] 董鑫业，胡铭. 凿岩钎具行业概况与差距 [J]. 凿岩机械气动工具，2006（3）：1-6.

[15] 王鹰. 连续输送机械设计手册 [M]. 北京：中国铁道工业出版社，2001.

[16] 机械工程手册编委会. 机械工程手册：专用机械卷（二）[M]. 北京：机械工业出版社，1997.

[17] 朱学敏. 土方工程机械 [M]. 北京：机械工业出版社，2003.

[18] 高梦雄. 地下装载机结构、设计与使用 [M]. 北京：冶金工业出版社，2002.

[19] 张栋林. 地下铲运机 [M]. 北京：冶金工业出版社，2002.

[20] 陈国山. 矿山提升与运输 [M]. 2 版. 北京：冶金工业出版社，2015.

[21] 苑忠国. 采掘机械 [M]. 北京：冶金工业出版社，2009.

[22] 李晓豁. 露天采矿机械 [M]. 北京：冶金工业出版社，2010.

[23] 陈国山. 露天采矿技术 [M]. 北京：冶金工业出版社，2008.

[24] 孙延宗. 岩巷工程施工　掘进工程 [M]. 北京：冶金工业出版社，2011.